普通高等教育"十一五"国家级规划教材（高职高专教育）

用电检查

（第二版）

主编　吴新辉

编写　陶菊勤　谌祥维　崔向东　吴　萍

主审　李珞新　刘建华

U0260480

中国电力出版社
CHINA ELECTRIC POWER PRESS

内 容 提 要

本书为普通高等教育"十一五"国家级规划教材（高职高专教育）。

本书共分为八章，主要包括用电检查的内容、范围和意义，用电检查人员的职责、要求及现行的用电检查的标准和法律法规，用电检查人员必须具备的专业知识和技能，各类用电设备的检查标准和规范，安全运行与管理，用电管理、违约用电、电能计量及窃电查处等方面的内容。

本书可作为高职高专电力技术类专业的教材，也可作为供电企业相关工种职业技能鉴定的复习参考书及工程技术人员的参考书。

图书在版编目（CIP）数据

用电检查/吴新辉主编 . —2 版 . —北京：中国电力出版社，2014.8（2021.11重印）

普通高等教育"十二五"规划教材 . 高职高专教育　普通高等教育"十一五"国家级规划教材 . 高职高专教育

ISBN 978 - 7 - 5123 - 6310 - 6

Ⅰ. ①用… Ⅱ. ①吴… Ⅲ. ①用电管理－高等职业教育－教材 Ⅳ. ①TM92

中国版本图书馆 CIP 数据核字（2014）第 181562 号

中国电力出版社出版、发行

（北京市东城区北京站西街 19 号　100005　http：//www.cepp.sgcc.com.cn）

北京天泽润科贸有限公司印刷

各地新华书店经售

*

2008 年 3 月第一版

2014 年 8 月第二版　　2021 年 11 月北京第七次印刷

787 毫米×1092 毫米　16 开本　17.5 印张　421 千字

定价 35.00 元

前　　言

　　电能以其使用方便、清洁、容易控制和转换等优点，已成为国民经济和人民生活必不可少的二次能源。由于电能的生产、输送和使用是在同一时间完成的，这就决定了供电企业和客户是相互依存、相互影响的密切关系。随着电力体制改革的不断深入，按相关法律和规定对电力客户的受（送）电装置和用电行为进行有效的检查、监督，保证正常的供电秩序和公共安全，是供电企业电力营销管理的主要环节。对电力客户检查、监督、指导，帮助客户进行安全、经济、合理用电也是用电检查人员的责任。

　　用电检查工作政策性强，专业知识涉及面广，提高用电检查人员的业务素质是做好这项工作的基本前提。本教材根据《用电检查管理办法》，针对当前电力营销工作对用电检查人员专业知识、业务水平的要求而编写。

　　本教材第二版分为八章，第一、二、三、四章由武汉电力职业技术学院吴新辉编写，第五、七章由吴萍编写，第六章第六、七节由陶菊勤（武汉供电公司）编写，本章其余节由崔向东（武汉供电公司）编写，第八章由谌祥维编写。统稿工作由吴新辉完成，审稿由李珞新和刘建华（长沙理工大学）完成。

　　本教材在编写过程中收集和参阅了各方面的资料，得到武汉电力职业技术学院、武汉供电公司、长沙理工大学电气与信息工程学院有关人员的大力支持和帮助，并提出了宝贵的意见和建议。在此一并致以衷心的感谢。

　　由于编者水平有限，书中疏漏之处在所难免，恳请读者批评指正。

编　者

2014 年 5 月

目　　录

第一章 概 述

随着现代社会的发展，人们对电的依赖程度越来越高，不管是工农业生产、交通运输、商业和服务业，还是日常生活，都离不开电。为了保障电网的安全、稳定、经济运行，维护正常的供用电秩序，保护供用电双方的合法权益，国家在《电力法》中明确规定"对危害供用电安全和扰乱供用电秩序的，供电企业有权制止"，并允许供电企业用电检查人员进入客户进行用电安全检查，指导和帮助客户进行安全、经济、合理的用电。

第一节 用电检查的内容与范围

供电企业应按照规定对本供电营业区内的客户进行用电检查，客户应当接受检查，并为供电企业的用电检查提供方便。

一、用电检查的内容

（1）客户执行国家有关电力供应与使用的法规、方针、政策、标准、规章制度情况。

（2）客户受（送）电装置工程施工质量检验。

（3）客户受（送）电装置中电气设备运行安全状况。

（4）客户保安电源和非电性质的保安措施。

（5）客户反事故措施。

（6）客户进网作业电工的资格、进网作业安全状况及作业安全保障措施。

（7）客户执行计划用电、节约用电情况。

（8）用电计量装置、电力负荷控制装置、继电保护和自动装置、调度通信等安全运行状况。

（9）供用电合同及有关协议履行的情况。

（10）受电端电能质量状况。

（11）违章用电和窃电行为。

（12）并网电源、自备电源并网安全状况。

二、用电检查的范围

用电检查的主要范围是客户受电装置，但被检查的客户有下列情况之一者，检查的范围可延伸到相应目标所在处。

（1）有多类电价的。

（2）有自备电源设备（包括自备发电厂）的。

（3）有二次变压配电的。

（4）有违章现象需延伸检查的。

（5）有影响电能质量的用电设备的。

（6）发生影响电力系统事故需作调查的。

（7）客户要求帮助检查的。

（8）法律规定的其他用电检查。

客户对其设备的安全负责。用电检查人员不承担因被检查设备不安全引起的任何直接损坏或损害的赔偿责任。

第二节　用电检查人员的职责和资格

一、电网经营企业用电检查人员的职责

各跨省电网、省级电网和独立电网的电网经营企业，在其用电管理部门应配备专职人员负责网内用电检查工作。其职责是：

（1）负责受理网内供电企业用电检查人员的资格申请、业务培训、资格考核和发证工作。

（2）依据国家有关规定，制定并颁发网内用电检查管理的规章制度。

（3）督促检查供电企业依法开展用电检查工作。

（4）负责网内用电检查的日常管理和协调工作。

二、供电企业的用电检查人员的职责

供电企业在用电管理部门配备合格的用电检查人员和必要的装备，依照本办法规定开展用电检查工作。其职责是：

（1）宣传贯彻国家有关电力供应与使用的法律、法规、方针、政策以及国家和电力行业标准、管理制度。

（2）负责并组织实施下列工作：

1）负责客户受（送）电装置工程电气图纸和有关资料的审查；

2）负责客户进网作业电工培训、考核并统一报送电力管理部门审核、发证等事宜；

3）负责对承接、承修、承试电力工程单位的资质考核，并统一报送电力管理部门审核、发证；

4）负责节约用电措施的推广应用；

5）负责安全用电知识宣传和普及教育工作；

6）参与对客户重大电气事故的调查；

7）组织并网电源的并网安全检查和并网许可工作。

（3）根据实际需要，按本规定的内容定期或不定期地对客户的安全用电、节约用电、计划用电状况进行监督检查。

三、申请用电检查人员必备的条件

申请一级用电检查资格者，应已取得电气专业高级工程师或工程师、高级技师资格；或者具有电气专业大专以上文化程度，并在用电岗位上连续工作 5 年以上；或者取得二级用电检查资格后，在用电检查岗位工作 5 年以上。

申请二级用电检查资格者，应已取得电气专业工程师、助理工程师、技师资格；或者具有电气专业中专以上文化程度，并在用电岗位连续工作 3 年以上；或者取得三级用电检查资格后，在用电检查岗位工作 3 年以上。

申请三级用电检查资格者，应已取得电气专业助理工程师、技术员资格；或者具有电气专业中专以上文化程度，并在用电岗位工作 1 年以上；或者已在用电检查岗位连续工作 5 年以上。

四、各级用电检查人员的工作范围

三级用电检查人员仅能担任 0.4kV 及以下电压受电的客户的用电检查工作。

二级用电检查人员能担任 10kV 及以下电压供电客户的用电检查工作。

一级用电检查人员能担任 220kV 及以下电压供电客户的用电检查工作。

五、聘任的用电检查人员应具备的条件

（1）作风正派，办事公道，廉洁奉公。

（2）已取得相应的用电检查资格。聘为一级用电检查人员者，应具有一级用电检查资格；聘为二级用电检查人员者，应具有二级及以上用电检查资格；聘为三级用电检查人员者，应具有三级及以上用电检查资格。

（3）经过法律知识培训，熟悉与供用电业务有关的法律、法规、方针、政策、技术标准以及供用电管理规章制度。

第三节　对用电检查人员的要求

用电检查工作涉及面广、工作内容多、政策性强、技术业务复杂、工作重要、责任十分重大。因此，对用电检查人员自身素质的要求也很高，除了要具备丰富的专业知识外，还应具备良好的思想道德品质，并且熟悉国家有关用电工作的法规、政策、方针，具备良好的政策理解水平。

一、用电检查人员应该具备的专业知识

1. 必备知识

（1）电工基础理论及知识。

（2）电动机、发电机、变压器、高低压开关、操作机构、电力电容器和避雷器的原理、结构与性能。

（3）高压电气设备的交接与预防性试验。

（4）电能表、互感器的原理、结构、接线及倍率计算。

（5）一般通用的电气设备，如电焊机、电弧炉、机床等的用电特性。

（6）主要用电行业的生产过程和用电特点。

（7）继电保护与自动装置的基本原理。

（8）安全用电的基本知识。

（9）合理与节约用电的一般途径、改善功率因数的方法、单位产品电耗的计算。

（10）所辖区域的电气系统结构图和接线图。

2. 技能要求

（1）能讲解一般的电气理论知识。

（2）能检查发现高、低压电气设备缺陷及不安全因素。

（3）能现场处理电气事故，并能分析判断电气事故的原因和指出防止事故的对策。

（4）能看懂客户电气设计图纸，包括原理图、展开图、安装图等。

（5）能看懂电气设备的交接与预防性试验报告。

（6）能绘制客户的一次系统接线图。

（7）能正确配备客户的电能计量装置，并能发现错误接线和倍率计算的差错。

（8）会使用万用表、兆欧表、电流表、电桥、功率因数表等常用电工仪表，会使用秒表测算负荷。

（9）能指导客户开展安全、合理与节约用电及提高功率因数的工作。

（10）能发现客户的违章用电和窃电。

（11）能依照有关规定签订供用电合同。

（12）能根据现场检查情况撰写用电检查报告。

二、用电检查人员应熟悉的法律法规

1. 电力法律法规

（1）《中华人民共和国电力法》。

（2）《电力供应与使用条例》。

（3）《用电检查管理办法》。

（4）《居民客户家用电器损坏处理办法》。

（5）《供电营业规则》。

（6）《电网调度管理条例》。

（7）《电力设施保护条例》。

（8）《供用电监督管理条例》。

2. 相关法律法规

（1）《中华人民共和国经济合同法》。

（2）《中华人民共和国涉外经济合同法》第一条至第六条、第十二条、第十四条、第二十六条至第二十七条、第二十九条、第三十二条至第三十三条、第三十七条至第三十八条。

（3）《中华人民共和国节约能源法》第二条、第四条、第十二条至第十三条、第十七条、第十九条、第二十一条至第三十一条、第三十七条、第三十九条。

（4）《中华人民共和国计量法》第四条、第七条、第九条至第十条、第十二条、第二十条。

（5）《中华人民共和国民事诉讼法》第二十四条至第二十五条、第二百一十七条。

（6）《中华人民共和国刑法》第三十条至第三十一条、第一百一十八条至第一百一十九条、第一百三十四条至第一百三十五条、第一百三十七条、第一百四十六条、第二百六十四条。

（7）《中华人民共和国仲裁法》第一条至第九条、第十六条至第二十九条、第三十九条至第五十七条、第六十二条至第六十四条、第七十四条。

（8）《中华人民共和国民法通则》第九条至第十五条、第四十一条至第四十九条、第一百一十一条至第一百一十六条、第一百三十四条、第一百五十三条。

（9）《中华人民共和国治安管理处罚条例》第一条至第四条、第十五条。

（10）《水利电力部门电测、热工计量仪表和装置检定、管理的规定》。

三、用电检查人员应熟悉的电力技术国家标准和行业标准

1. 设计技术

（1）DL/T 621—1997《交流电气装置的接地》。

（2）GB 50052—1995《供配电系统设计规范》。

(3) GB 50053—1994《10kV 及以下变电站设计规范》。

(4) GB 50054—1995《低压配电设计规范》。

(5) GB 50059—1992《35～110kV 变电站设计规范》。

(6) GB 50060—1992《3～110kV 高压配电装置设计规范》。

(7) GB 50062—1992《电力装置的继电保护和自动装置设计规范》。

(8) GB 50227—1995《并联电容器装置设计规范》。

(9) SDJ 7—1979《电力设备过电压保护设计技术规程》。

(10) SDJ 9—1987《电测量仪表装置设计技术规程》。

2. 施工验收技术

(1) GB 50150—1991《电气装置安装工程　电气设备交接试验标准》。

(2) GB 50169—1992《电气装置安装工程　接地装置施工及验收规范》。

(3) GB 50168—1992《电气装置安装工程　电缆线路施工及验收规范》。

(4) GB 50171—1992《电气装置安装工程　盘、柜及二次回路接线施工及验收规范》。

(5) GB 50172—1992《电气装置安装工程　蓄电池施工及验收规范》。

(6) GB 50173—1992《电气装置安装工程　35kV 及以下架空电力线路施工及验收规范》。

(7) GBJ 147—1990《电气装置安装工程　高压电器施工及验收规范》。

(8) GBJ 148—1990《电气装置安装工程　电力变压器、油浸电抗器、互感器施工及验收规范》。

(9) GBJ 149—1990《电气装置安装工程　母线装置施工及验收规范》。

3. 电业安全工作

(1) DL 408—1991《电业安全工作规程　发电厂和变电站电气部分》。

(2) DL 409—1991《电业安全工作规程　电力线路部分》。

(3) DL 558—1994《电业生产事故调查规程》。

(4) DL 447—1992《农村低压电气安全工作规程》。

(5) DL 493—1992《农村安全用电规程》。

4. 运行技术

(1) DL/T 572—1995《电力变压器运行规程》。

(2) SD 292—1988《架空配电线路及设备运行规程（试行）》。

(3) DL/T 596—1996《电力设备预防性试验规程》。

(4)《架空送电线路运行规程》电力工业部（1979）电生字 53 号。

(5)《电力电缆运行规程》电力工业部（1979）电生字 53 号。

(6)《继电保护及安全自动装置运行管理规程》水利电力部（1982）水电生字 11 号。

(7) DL 499—1992《农村低压电力技术规程》。

5. 电能质量

(1) GB/T 15945—1995《电能质量　电力系统频率允许偏差》。

(2) GB 12325—1990《电能质量　供电电压允许偏差》。

(3) GB 12326—1990《电能质量　电压允许波动和闪变》。

(4) GB/T 15543—1995《电能质量　三相电压允许不平衡度》。

（5）GB/T 14549—1993《电能质量　公用电网谐波》。

6. 合理用电技术

（1）GB 8222—1987《企业设备电能平衡通则》。

（2）GB 5623—1985《产品电耗定额制定和管理导则》。

四、用电检查人员应掌握电网的结构和保护方式

（1）组成电网的各种电压等级及容量的变电站和各种不同电压等级及长度的电力线路的情况。

（2）电力系统接线。

（3）电网与客户的设备分界点。

（4）电网采用的主要保护方式及所辖客户继电保护、自动装置的配置方案和整定值等。

（5）常用电网参数和定值。

五、用电检查人员应了解主要用电行业的生产过程和用电特点

1. 生产过程

（1）生产工艺流程。

（2）主要物理、化学反应过程。

（3）原材料及其用途。

（4）主要设备的规格和容量等。

2. 用电特点

（1）各生产工序用电比例。

（2）用电规律。

（3）主要设备的用电情况、单位产品电耗。

（4）主要节电技术措施等。

复 习 思 考 题

（1）用电检查的内容有哪些？

（2）用电检查人员的职责有哪些？

（3）各级用电检查人员的工作范围如何区别？

（4）聘任为用电检查职务的人员应具备什么条件？

第二章 电 能 质 量

第一节 电能质量的标准

现代电力系统除了满足电能的供求需要外，还必须保障供电系统及客户对电能质量的要求。电能是电力系统的唯一产品，电能质量的好坏，直接影响电网、工农生产以及人民生活的正常秩序。

电能质量是指供用电客户端的电能品质的优劣程度，通常以供用电双方供电设备产权分界点（或供用电合同规定的售电电能计量装置安装点）的电能质量作为评价依据。电能质量包括频率质量和电压质量两部分。

区分电能质量的优劣，主要考虑电能的频率、幅值、波动及三相的平衡度是否符合国家为电能质量而制定的相关标准。

一、电能质量指标及标准

（一）频率偏差允许值（GB/T 15945—1995）

（1）电力系统正常频率偏差允许值为±0.2Hz。当系统容量小时，偏差值可以放宽到±0.5Hz。

（2）客户冲击负荷引起的系统频率变动一般不得超过±0.2Hz，根据冲击负荷的性质和大小以及系统的条件也可适当变动限制，但应保证近区电力网、发电机组和客户的安全稳定以及正常供电。

（二）供电电压允许偏差（GB 12325—1990）

（1）35kV 及以上供电电压正、负偏差的绝对值之和不超过额定电压的 10%。

（2）10kV 及以下三相供电电压允许偏差为额定电压的±7%。

（3）220V 单相供电电压允许偏差为额定电压的+7%、−10%。电压偏差的计算式为

$$电压偏差(\%) = \frac{实测电压 - 额定电压}{额定电压} \times 100\%$$

（三）电压波动和闪变的允许值（GB 12326—1990）

（1）电力系统公共供电点，由冲击性功率负荷产生的电压波动允许值见表 2 - 1。

表 2 - 1　　　　　由冲击性功率负荷产生的电压波动允许值

额定电压(kV)	电压波动允许值 U_t(%)	额定电压(kV)	电压波动允许值 U_t(%)	额定电压(kV)	电压波动允许值 U_t(%)
10 以下	2.5	35～110	2	220 及以上	1.6

（2）电力系统公共供电点，由冲击性功率负荷产生的闪变电压值应满足 ΔU 的允许值，见表 2 - 2。

表 2 - 2　　　　由冲击性功率负荷产生的闪变电压值应满足 ΔU 的允许值

应用场合	ΔU 允许值（%）	应用场合	ΔU 允许值（%）
对照明要求较高的白炽灯负荷	0.4（推荐值）	一般照明负荷	0.6（推荐值）

（四）电压不平衡度允许值（GB/T 15543—1995）

（1）电力系统公共连接点正常电压不平衡度允许值为 2％，短时不得超过 4％。电气设备额定工况的电压允许不平衡度和负序电流允许值仍按各自标准规定，例如，旋转电机按 GB 755《旋转电机基本技术要求》规定。

（2）接于公共接点的每一个客户，引起该点正常电压不平衡度允许值一般为 1.3％，根据连接点的负荷状况，邻近发电机、继电保护和自动装置安全运行要求可作适当变动，但必须满足第一条的规定。

（五）供用电网谐波允许值（GB/T 148549—1993）

1. 谐波电压限值

公用电网谐波电压限值见表 2-3。

表 2-3　　　　　　　　　　　　　公用电网谐波电压限值

电网标称电压（kV）	电压总谐波畸变率（%）	各次谐波电压含有率（%）	
		奇　次	偶　次
0.38	5.0	4.0	2.0
6	4.0	3.2	1.6
10			
35	3.0	2.4	1.2
66			
110	2.0	1.6	0.8

2. 谐波电流允许值

（1）公共连接点的全部客户向该点注入的谐波电流分量（方均根值）不应超过表 2-4 中规定的允许值。当公共连接点处的最小短路容量不同于基准短路容量时，表 2-4 中的谐波电流允许值应进行换算。

表 2-4　　　　　　　　　　　　谐 波 电 流 允 许 值

标准电压（kV）	基准短路容量（MVA）	谐波次数及谐波电流允许值（A）											
		2	3	4	5	6	7	8	9	10	11	12	13
0.38	10	78	62	39	62	26	44	19	21	16	28	13	24
6	100	43	34	21	34	14	24	11	11	8.5	16	7.1	13
10	100	26	20	13	20	8.5	15	6.4	6.8	5.1	9.3	4.3	7.9
35	250	15	12	7.7	12	5.1	8.8	3.8	4.1	3.1	5.6	2.6	4.7
66	500	16	13	8.1	13	5.4	9.3	4.1	4.3	3.3	5.9	2.7	5.0
110	750	12	9.6	6.0	9.6	4.0	6.8	3.0	3.2	2.4	4.3	2.0	3.7

注　220kV 基准短路容量取 2000MVA。

（2）同一公共连接点的每个客户向电网注入的谐波电流允许值按此客户在该点的协议容量与其公共连接点的供电设备容量之比进行分配。

二、电能质量指标运行合格率

各项电能质量指标运行偏差（百分数）应当在国家标准允许偏差以内。考虑到电网结构、运行方式以及客户用电特性等因素，各项电能质量指标运行合格标准为：

（1）连续运行统计期（年、季、月）内电网频率合格率应不低于99.5％。

（2）连续运行统计期（年、季、月）内电压合格率应不低于下列值：①专线和10kV及以上客户受电端的电压合格率为98％；②380（220）V客户受电端电压合格率应不低于95％。

（3）电压波动与闪变合格率应不低于99％。

（4）三相电压不平衡度合格率应不低于98％。

（5）电压正弦波畸变合格率应不低于98％。

第二节　电能质量下降对电力系统的危害和影响

一、主要危害设备

正常情况下，电网提供的电压是一个正弦波，但非线性负荷客户的负荷电流是非正弦波的，而畸变电流通过配电变压器等设备流入系统，并在系统内流动，其所经过的各种元件会产生电压降，与基波电压相叠加，从而引起各点的电压波形产生不同程度的畸变。

典型非线性负荷分类如下。

（1）整流换流设备：含晶闸管、可控硅等半导体器件的电力电子整流换流设备，如交直流换流、交-交变频设备等。

（2）电弧设备：如电弧炉、弧焊机、日光灯等。

使用非线性负荷的行业包括：

（1）冶金。主要应用于整流、换流、轧机、电弧炉、其他电弧、变频调速。

（2）化工及电解化工。主要应用于整流、电石炉、电焊。

（3）机械。主要应用于整流、轧机、变频、电弧设备。

（4）金属、纸类、塑料加工业。主要应用于整流、轧机、变频、电弧炉、电炉。

（5）交通。主要应用于电气机车、电车、地铁的整流。

（6）通信。主要应用于电台、电话、卫星、广播机房整流。

（7）民用。主要应用于日光灯及各类家用电器。

此外，一些小型发配电设备如电力变压器、发电机、铁芯电抗器等含有磁路不对称及饱和特性的设备，也会产生电力谐波。

二、电力谐波的主要危害

（1）电力谐波对旋转电机和电工设备的主要危害是导致铁损耗和铜损耗增加，设备整体或局部过热，温度上升从而加速绝缘老化，缩短寿命。此外，谐波转矩还会引起电机的振动，从而使噪声增加。

国内外运行经验证明，当电压中的3、5、7次谐波分量达到10％～20％时，旋转电机寿命可能缩短50％～80％。

（2）谐波对静止设备的影响有两个方面，其中一个方面是谐波电流在设备、网络中产生损耗，在负荷变压器如牵引变压器、电弧变压器及整流变压器以及向谐波负荷供电的供电变压器和输电线路中，上述损耗增加率相当大。

对变压器而言，谐波电流还会引起外壳、外层硅钢片和某些紧固件发热，并可能引起变压器振动，使噪声增加。

另一方面是谐波电压对电容器及电缆的介质有较大影响，谐波电压以正比于其幅值电压的形式增加了介质的电场强度，从而缩短设备的寿命，而畸变波形峰值过电压直接损害电容器和电缆的介质绝缘。

对电容器组而言，相对偏低的谐波电压可能会引起较大的谐波电流。

此外，在系统中各变电站及客户大都装有不同容量的补偿电容器组，而且这些设备大多要经常投切以改变补偿电容量，这些电容器组容性阻抗与系统及客户各种负荷的感性阻抗组成众多并联和串联回路，从而存在多个并联或串联谐振点，可能会出现谐振放大或完全谐振，造成异常的过电流和过电压，直接危及供电系统及客户的供用电设备甚至造成系统事故。

事实上，统计表明，在由谐波引起的主设备事故中，有约 70％发生在电容器组上或由其引发。

（3）谐波的存在导致某些保护和自动装置误动，严重危及电力系统安全运行。电力系统中以负序滤过器为启动元件，或含对频率及波形敏感的元件的保护和自动装置会因谐波的影响而发生误动作，国内多种型号的距离保护都有因谐波和负序干扰而误动作的记录，有保护因频率误动而不得不退出运行的情况。

此外，谐波的出现会对整流设备的控制和一些数控设备的运行产生干扰。

（4）谐波影响部分有功及无功计量装置的正确性。有功计量正确性在两方面受影响，其一是感应式电能表在谐波频率下的工作特性会产生变化，其二是谐波源客户会产生谐波有功并送回系统产生发热损耗，这部分功率与基波功率相抵消，最终影响有功电能计量的合理性。

常用的无功功率表计及控制器不能反映含有谐波时的广义无功功率，从而使无功计量及功率因数测控受影响。目前大多数进口的电能计量仪及功率控制器等都能解决上述问题。

（5）谐波在电网传输过程中通过电容耦合和电磁感应对邻近的通信系统造成干扰，不但损害信号的清晰度，严重时会对通信设备造成损坏。

三、电压波动及闪变的影响

受电压波动及闪变的干扰，最敏感的是电子设备，如计算机、数控生产设备、自控设备、通信仪器和广播电视发射及接收设备以及照明灯具等。随着现代技术的发展，上述设备的种类和数量不断增加，在工农业及居民生活中的应用也越来越广泛，因而受电压波动及闪变影响的程度亦进一步加深。

此外，电压的快速波动会使电动机转速不均匀，直接影响一些产品的质量。

四、三相不平衡的危害

三相电压或电流不平衡产生的主要危害有：

（1）旋转电机在不对称状态下运行，会使转子产生附加损耗及发热，从而引起电机整体或局部温升。此外，反向磁场产生附加力矩会使电机出现振动。

对发电机而言，在定子中还会形成一系列高次谐波。

（2）引起以负序分量为启动元件的多种保护发生误动作，直接威胁电网运行。

（3）不平衡电压使硅整流设备出现非特征性谐波，如 2、4 次谐波等。

（4）对发电机、变压器而言，当三相负荷不平衡时，如控制最大相电流为额定值，则其余两相就不能满载，因而设备利用率下降，反之如要维持额定容量，将会造成负荷较大的一相过负荷，而且还会出现磁路不平衡致使波形畸变，设备附加损耗增加等。

第三节　提高电能质量的主要措施

减少干扰源对电能质量的影响，应本着"谁干扰，谁污染，谁治理"的原则，优先对干扰源本身或在其附近采取适当的技术措施。

一、减少谐波影响的技术措施

（1）增加换流装置的相数和脉冲数。

（2）加装交流滤波装置。

（3）改变谐波源的配置或工作方式，例如具有谐波互补性的装置应集中，非互补性的应分散或分时交替使用等。

（4）改变电容器组的串联电抗器，避免电容器对谐波的放大。

（5）采用有源滤波器等新型抑制谐波的措施。

（6）加大谐波源接入点的短路容量或改由高一级电压供电，以增加系统承受谐波的能力。

二、对产生电压波动或闪变的设备可采用的措施

（1）改进设备的运行操作和工艺，例如，大型电动机用降压启动等技术，而电弧炉电极升降用自动调节器和将废钢块破碎再投炉等。

（2）将设备接入供电容量更大的供电点或高一级电压的系统，以提高电网承受冲击干扰的能力。

（3）装设动态无功补偿装置。

三、由不对称负荷引起的电网三相电压不平衡可以采用的解决方法

（1）将不对称负荷分散接在不同的供电点，以减少集中连接造成不平衡度超标问题。

（2）使用交叉换相等办法使不对称负荷合理分配到各相，尽量使其平衡化。

（3）加大负荷接入点的短路容量，如改变网络或提高供电电压级别以提高系统承受不平衡负荷的能力。

（4）装设平衡装置。

以上简要列出了降低干扰源对电能质量影响的技术措施，其中详细的原理及具体方法在此不再陈述。事实上，具体采用哪一种措施以及如何达到技术目标，都需要根据情况经过技术经济比较才能确定。

复 习 思 考 题

（1）电能质量及其标准是什么？

（2）使用非线性负荷的行业有哪些？

（3）使用谐波的主要危害有哪些？

（4）三相电压或电流不平衡产生的主要危害有哪些？

（5）减少谐波影响的技术措施有哪些？

第三章 雷电及防雷设备

雷电是大自然中最为壮观的气体放电现象，当雷电对大地放电时，雷电威胁人类的生命安全，在现代生活中常使航空、通信、计算机系统、电力、建筑等许多设施遭受破坏，引起火灾，毁坏各种建筑物，损坏各种电气设备。据统计，在电力系统的各种事故中，很大一部分是雷电造成电气设备绝缘损坏而引起停电事故的，为了预防或限制雷电的危害，应该了解雷电的相关知识，在电力系统中采取一系列预防措施，选用一些防雷设备。

第一节 雷电的基本知识

一、雷云的形成

当地面的温度较高时，地面的水分化为水蒸气，并随受热上升的空气升到高空。每上升1km，空气温度约下降 10℃。由于温度下降水蒸气便凝结成为小水滴，在足够冷的高空中水滴会进一步冷却成冰晶。水滴和冰晶经复杂的电荷分离及高空强烈气流的作用便会形成带电的雷云。

关于雷云带电的机理有多种解释，但至今没有统一的定论。一般来说，主要由于以下原因。

（1）水滴破裂效应。强烈的上升气流穿过云层，水滴被撞分裂带电。轻微的水沫带负电，被风吹得较高，形成大块的带负电的雷云；大滴水珠带正电，凝聚成雨下降，或悬浮在云中，形成一些局部带正电的区域。

（2）吸收电荷效应。在大气中有宇宙线穿过并存在方向向下的电场。由于宇宙线的作用，空气游离产生正、负离子。中性水滴在电场的作用下受到极化，使其上端出现负电荷，下端出现正电荷。受极化的大水滴在重力作用下向下坠落，其下端将吸收空气中的负离子，排斥正离子，其上端由于下降速度大而来不及吸收正离子，这样使整个大水滴带负电。受极化的小水滴被气流带着向上移动，其上端的极化负电荷吸收正离子，所以小水滴带正电荷。

（3）水滴结冰效应。实验发现，水在结冰时会带正电荷，而没有结冰的水带负电荷。所以当云中冰晶区中的上升气流将冰粒上面的水带走以后，就会导致电荷的分离，从而使不同云区带电。

二、雷云对地放电的过程

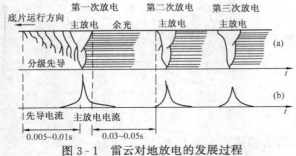

图 3-1 雷云对地放电的发展过程
（a）展开的放电照片；（b）雷电流曲线

雷云对地放电的发展过程如图 3-1 所示。

雷云中的负电荷逐渐积累，同时在附近地面上感应出正电荷。当雷云与大地之间局部电场强度超过大气游离临界场强（约 30kV/cm）时，就开始有局部放电，放电通道自雷云边缘向大地发展——先导放电（电流为数百安），先导通道具有导电性，因此雷云中的负电荷沿通道分布，并继续向地面延伸，地面上的感应正电荷也逐渐增多。先导通道发展临近地面时，由于局部空间电场强度的增加，常在地面出现正电荷的先导放电向天空发展——迎面先导。

先导通道到达地面或与迎面先导相遇后，在通道端部因大气强烈游离而产生高密度的等离子区，自下而上迅速传播，形成一条高导电率的等离子通道，使先导通道以及雷云中的负电荷与大地的正电荷迅速中和——主放电过程（主放电存在的时间极短，为 $50\sim100\mu s$），出现很强的脉冲电流（几十千安至数百千安）。

主放电到达云端结束，云中的残余电荷经过主放电通道流下来——余光放电。余光放电阶段对应的电流数百安，持续时间为 $0.03\sim0.15s$。

由于主放电过程中高速运动时的强烈摩擦以及复合等原因，使通道发出耀眼的强光，这就是通常所见到的"闪电"。又由于通道突然受热和冷却而形成的猛烈膨胀和压缩，以及在高压放电火花作用下，使水和空气分解，产生气体爆炸，于是就发出强烈的"雷鸣"。

三、直击雷和感应雷

1. 直击雷

当雷云对线路或电气设备放电时称为直击雷。主放电瞬间通过线路或电气设备将流过数百千安的巨大雷电流，并以光速向线路两端涌去。这时若没有适当的设备将雷电流迅速引入大地，则大量电荷将使线路发生很高的过电压，势必将绝缘薄弱处击穿。过电压的大小取决于雷电流的幅值与雷电流波头的陡度（即雷电流变化的速度）。

如果直击雷落在铁塔上，即雷云通过铁塔放电，一旦铁塔底脚接地电阻过大，则雷电流泄入大地时势必在铁塔上产生很高的压降。例如雷电流幅值为 50kA，铁塔接地电阻为 30Ω，则雷电流所产生的对地电压为 $50\times30=1500(kV)$，这样高的电压有可能击穿设备或线路的绝缘，这种现象通常称为"反击"。

2. 感应雷

当雷落在输电线路附近时，会在输电线路上感应出过电压，此过电压沿着输电线路向两端传输，落雷点离导线越近，则感应过电压越高。

输电线路上雷电感应过电压是怎样形成的呢？在雷云放电的起始阶段，雷电先导通道中充满与雷云同号的电荷逐渐向地面发展。如果地面附近有输电线路通过，由于线路导线对大地有对地电容 C，因而雷云对导线发生静电感应，相当于在导线上充以大量与雷云异号的电荷 Q，如图 3-2（a）所示。此时在导线上随着雷电感应的充电过程，逐渐建立一个雷电感应过电压 U_g。U_g 的计算式为

$$U_g = Q/C \tag{3-1}$$

由于雷电先导通道发展较慢，所以导线上电荷聚集的过程较慢，感应过电压是逐渐建立而增高的。此时由于电荷受雷云的束缚，所以导线上雷电流很小。当雷云对附近地面放电时，先导通道中的电荷和地面迎面先导中的异号电荷迅速中和（闪电），于是导线上的束缚电荷失去束缚力而转变为自由电荷，它在雷电感应过电压 U_g 的推动下，以电磁波速度向导线两侧传播，

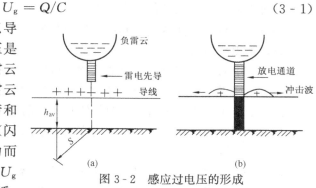

图 3-2 感应过电压的形成

（a）感应过电压的建立；（b）感应过电压冲击波的形成

图 3-2（b）所示是感应过电压冲击波的形成过程。可见，雷击地点离导线愈近，则导线上感应过电压就愈高，如果雷击地点离导线过近，雷云就会直接对导线放电，这时导线上呈现的就不是感应过电压，而是直击雷电压。因此计算感应过电压时，规程中要求直接雷击点与线路之间的水平距离 S 应大于 65m，此时，雷云对地放电，在电力线路上产生的感应过电压最大值的计算式为

$$U_g = 25 \frac{Ih_{av}}{S} \qquad\qquad (3-2)$$

式中　U_g——感应过电压，kV；

　　　　I——雷电流幅值，kA；

　　　h_{av}——导线悬挂平均高度，m；

　　　　S——雷击点距线路的水平距离，m。

　　雷电过电压的形式除了直击雷和感应雷这两种基本形式外，还有一种是沿着架空线路侵入变配所或电力客户的雷电波，这种雷电波是由于线路上遭受直击雷或发生感应雷而产生的。据调查统计，电力系统中由于雷电波侵入而造成的雷害事故，在整个雷害事故中占一半以上，因此对雷电波侵入的防护应予以重视。

　　四、雷电的危害

　　雷电的危害主要表现在以下几个方面：

　　(1) 雷电的机械效应——击毁杆塔和建筑物。

　　(2) 雷电的热效应——烧断导线，烧毁设备，引起火灾。

　　(3) 雷电的电磁效应——产生过电压，击穿电气绝缘，甚至引起火灾和爆炸，造成人畜伤亡。

　　(4) 雷电的闪络放电——引起绝缘子烧坏、开关跳闸、线路停电或引起火灾等。雷电流的机械效应会击毁建筑物和砖砌烟囱等。通过金属导体的雷电流会产生很大的热效应，可使导线熔断。雷击人畜也会造成死亡事故，即使雷击于临近人畜的建筑物上或大地时，同样也会因逆闪络和跨步电压而发生严重伤亡。所以，雷雨时除工作外，应尽量少在户外或野外逗留。在户外工作时尽量不要站在露天里，尤其要距电杆、大树等 5m 以外。

　　还有一种球滚雷，它能沿地面滚动或在空气中飘行而伤害人畜。当雷击于建筑物附近时，强电磁会在建筑物的金属连接物之间感应很高的电压（雷电的二次作用），产生火花放电，严重地威胁着易燃品和爆炸品仓库的安全。为此，雷雨时最好关好门窗，以防止出现的球滚雷对人体、房屋及设备造成危害。从以上所述可知，为了保障建筑物和人身安全，保证电网的可靠运行，必须认真研究雷电特性和采取妥善的防雷措施。

　　五、雷电参数

　　一旦雷电对电气设备或其主建筑物进行放电，它所造成的破坏是非常大的。为了对雷电产生的过电压进行合理的防护，必须掌握雷电参数。几十年来人们对雷电进行了长期的观察和测量，积累了不少有关雷电参数的资料，目前有关雷电发生、发展过程的物理本质虽尚未完全掌握，但随着科研人员对雷电研究的不断深入，雷电参数将不断地得到修正和补充，使之符合客观实际。

　　1. 雷击时计算雷电流的等值电路和雷电流幅值

　　如前所述，雷电先导通道带有与雷云极性相同的电荷（一般雷云多数为负极性），自雷

云向大地发展。由于雷云及先导电场的作用，大地被感应出与雷云极性相反的电荷，当先导通道发展到离大地一定距离时，先导头部与大地之间的空气间隙被击穿，雷电通道中的主放电过程开始，主放电自雷击点沿通道向上发展，若大地为一理想导体，则主放电所到之处的电位即降为零电位。设先导通道中的电荷密度为 σ，主放电速度为 v_L（实际表明，其速度为 $0.1 \sim 0.5$ 倍光速），当雷击土壤电阻率为零的大地时，流经通道的电流（即流入大地的电流）为 σv_L。上述过程可用图 3-3（a）、（b）来描述，实践表明，雷电通道具有分布参数的特征，其波阻抗为 z_o，这样，可以画出如图 3-3（c）所示的等值电路。若雷击于具有分布参数特性的避雷针、线路杆塔、地线或导线时，则雷击时电流的运动如图 3-4（a）所示，负极性电流波 i_z 将自雷击点"o"沿被击物向下流动，相同数量的正极性电流波将自雷击点"o"沿通道向上发展。与图 3-3（c）的等值电路相对应，此时的等值电路如图 3-4（b）所示。

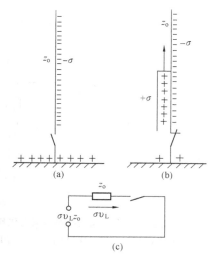

图 3-3 雷击大地的主放电过程
(a) 主放电前；(b) 主放电时；
(c) 计算雷电流的等值电路

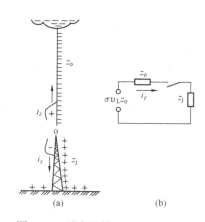

图 3-4 雷击物体时电流波的运动
(a) 电流波的运动；
(b) 计算 i_z 的等值电路

流经被击物体电流波 i_z 的计算式为

$$i_z = \sigma v_L \frac{z_o}{z_o + z_j} \tag{3-3}$$

式中 z_o——雷电通道波阻抗；

       z_j——被击物体的波阻抗（或为被击物体的集中参数阻抗值）。

从式（3-3）可知，流经被击物体的电流波 i_z 与被击物体的波阻抗 z_j 有关，z_j 愈大则 i_z 愈小，反之则 i_z 愈大。当 $z_j = 0$ 时，流经被击物体的电流被定义为"雷电流"，以 i_L 表示。根据式（3-3），$i_L = \sigma v_L$。但实际上被击物体的阻抗不可能为零值，故雷击于低接地电阻的物体时，流过该物体的电流可改写为

$$i_z = i_L \frac{z_o}{z_o + z_j} \tag{3-4}$$

式（3-4）的等值电路如图 3-5（a）、（b）所示。

从地面感受的实际效果和工程实用角度出发，可以将雷击物体的过程看作是一数值为 $i_L/2$ 的雷电流波，沿着一条波阻抗为 z_o 的通道向被击物体传播的过程，如图 3-6（a）所

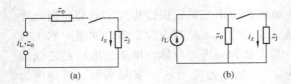

图 3-5　计算流经被击物体雷电流的等值电路
(a) 等值电压源电路；(b) 等值电流源电路

示，其彼德逊等值电路如图 3-6（b）所示，它与图 3-5（a）相同。

目前，我国 DL/T 620—1997《交流电气装置的过电压保护和绝缘配合》将雷电通道的波阻抗 z_0 定为 300Ω。雷电流 i_z 为一非周期冲击波，其幅值与气象、自然条件等有关，是个随机变量，只有通过大量实测才能正确估计其概率分布规律，对一般地区，我国规程 DL/T 620—1997《交流电气装置的过电压保护和绝缘配合》建议按下式计算雷电流概率分布，即

$$\lg P = -I_L/88 \tag{3-5}$$

式中　I_L——雷电流幅值，kA；

　　　P——雷电流幅值超过 I_L 的概率。

例如，以 I_L 等于 50kA 代入式（3-5），可求得 P 为 27%，即出现幅值超过 50kA 的雷电流的概率为 27%。

对我国陕南以外的西北地区，内蒙古自治区的部分地区（此类地区的年平均雷暴日 20以下），雷电流幅值较小，雷电流概率分布的计算式为

$$\lg P = -I_L/44 \tag{3-6}$$

2. 雷电流波形

雷电流的波头和波尾皆为随机变量，其平均波尾为 $50\mu s$ 左右；对于中等强度以上的雷

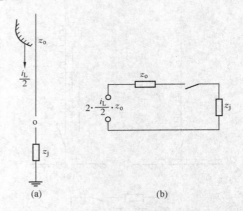

图 3-6　雷击物体的工程实用模型及其等值电路
z_0—雷电通道波阻抗；z_j—被击物的阻抗；i_L—雷电流

电流，波头大致在 $1\sim 4\mu s$ 内。实测表明，雷电流幅值 I_L 与陡度 di/dt 的线性相关系数为 0.6 左右，这说明雷电流幅值增加时雷电流陡度也随之增加，因此波头变化不大。根据实测的统计结果，规程 DL/T 620—1997 建议计算用波头取为 $2.6\mu s$，即认为雷电流的平均上升陡度 di/dt 为

$$\frac{di}{dt} = \frac{I}{2.6}(\text{kA}/\mu s) \tag{3-7}$$

雷电流的波头形状对防雷设计是有影响的，因此在防雷设计中需对波头形状作出规定，在一般线路防雷设计中波头形状可取为斜角波；而在设计特殊高塔（40m 及以上）时，可取为半余弦波头，在波头范围内雷电流可表示为

$$i = \frac{I}{2}(1 - \cos\omega t) \tag{3-8}$$

3. 雷暴日与雷暴小时

雷暴日表征不同地区雷电活动的频繁程度，是指某地区一年中有雷电放电的天数，一天中只要听到一次以上的雷声就算一个雷暴日 T。雷暴小时是每年中有雷电的小时数（即在 1h 内只要听到雷声就作为一个雷暴小时）。据统计我国大部分地区一个雷暴日约折算为三个雷暴小时。雷暴日越多的地区说明雷电活动越频繁，防雷设计的标准越高，防雷措施越应加

强。热而潮湿的地区比冷而干燥的地区雷暴多；雷暴的次数是山区大于平原，平原大于沙漠，陆地大于湖海；雷暴高峰月都在 7、8 月份，活动时间大都在每天 14～22 点之间，各地区雷暴的极大值和极小值多出现在相同的年份。根据雷电活动的频度和雷害的严重程度，我国把年平均雷暴日数 $T \geqslant 90$ 的地区叫做强雷区，$40 \leqslant T \leqslant 90$ 的地区为多雷区，$15 \leqslant T \leqslant 40$ 的地区为中雷区，$T \leqslant 15$ 的地区为少雷区。

各地区应根据雷电活动规律，每年在雷电开始活动之前对防雷设施全部检查完毕，并及时投入运行。

4. 地面落雷密度和输电线路落雷次数

进行防雷设计和采取防雷措施，必须知道地面落雷密度，每一雷暴日每平方千米地面遭受雷击的次数称为地面落雷密度，以 γ 表示。γ 值与平均雷暴日 T 有关，一般 T 较大的地区 γ 值也较大。规程 DL/T 620—1997 规定，对 T 为 40 的地区取 γ 为 0.07 次/（平方千米·雷暴日）。

对于线路来说，由于高出地面、有引雷的作用，根据模拟试验和运行经验，一般高度线路的等值受雷面的宽度为 $10h$ [h 为线路平均高度（m）]，也即等值受雷面积为线路两侧各为 $5h$ 宽的地带，线路愈高，则等值受雷面积愈大。若线路经过地区其年平均雷暴日数为 T，每年每 100km 一般高度线路的落雷次数为 N，则

$$N = \gamma \times \frac{10h}{1000} \times 100 \times T \quad [\text{次} / (100 \text{千米} \cdot \text{年})]$$ （3 - 9）

若平均雷暴日 T 取为 40，γ 为 0.07，则

$$N = 2.8h \quad [\text{次} / (100 \text{千米} \cdot \text{年})]$$ （3 - 10）

式（3 - 10）表明，100km 线路每年约受到 $2.8h$ 次雷击。

第二节 避雷针、避雷线

一、避雷针与避雷线的结构

图 3 - 7 所示为一般避雷针的示意图。避雷针包括三部分：上部的接闪器（针头），中部的接地引下线及下部的接地体。接闪器可用直径为 10mm 及以上，长为 1～2m 的圆钢做成。接地引下线应保证雷电流通过时不致熔断，可以用直径为 6mm 的圆钢或截面不小于 35mm² 的镀锌钢绞线，也可以用厚度不小于 4mm、宽度不小于 20mm 的扁钢做成，还可以利用钢筋混凝土杆内的钢筋或铁塔的本身作为引下线。接地体为一金属电极，可用三根 2.5m 长的 40mm×40mm×4mm 的角钢打入地下再并联而成，其接地电阻不应大于规定的数值。引下线与接闪器及接地体之间，以及引下线和接地体本身的接头，都应可靠烧焊连接。

避雷线也是由三部分组成：平行悬挂在空中的金属线（接闪器）、接地引下线、接地体。引下线上端与接闪器相连，而下端与接地体相连。用于接闪器的金属线一般采用截面不小于 35mm² 的镀锌钢绞线。对引下线及接地体的基本要求与避雷针相同。用来保护输电线路的避雷线，悬挂在输电线路的上方，如果线路是用金属杆塔或钢筋混凝土杆架设，可用金属杆塔本身或钢筋混凝土杆内的钢筋作为接地引下线。

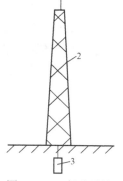

图 3 - 7 一般避雷针的示意图
1—接闪器；
2—接地引下线；
3—接地体

二、避雷针（线）保护原理

避雷针（线）高出被保护物，其作用是将雷电吸引到避雷针（线）本身上来，并安全地将雷电泄入大地，从而保护设备。

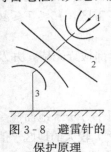

在雷电先导放电的初始阶段，因先导离地面较高，故先导发展的方向不受地面物体的影响。但当先导发展到离地面的某一高度时，开始受地面上物体的影响而决定其放电方向（此高度通常称为雷电放电定位高度）。由于避雷针（线）较高，而且具有良好的接地，因而避雷针（线）上容易因静电感应而积聚与先导极性相反的电荷，使先导通道与避雷针（线）间的电场强度显著增强。即先导放电电场由于避雷针（线）的作用而发生歪曲，如图 3-8 所示，将先导放电的路径引向避雷针（线），并继续发展，直到对避雷针（线）发生主放电。这样，在避雷针（线）附近的物体遭到直接雷击的可能性就显著地降低，即受到了避雷针（线）的保护。

图 3-8　避雷针的
保护原理
1—雷电先导通道；
2—等位线；
3—避雷针

三、避雷针（线）的保护范围

避雷针（线）保护的空间是有一定范围的。避雷针（线）的保护范围可由模拟实验和运行经验来确定。由于雷电的路径受很多偶然因素的影响，因此要保证被保护物绝对不受直接雷击是不现实的。一般地，保护范围是指在此空间范围内的被保护物遭受直接雷击的概率为 0.1% 左右。

（一）单支避雷针

如图 3-9 所示，单支避雷针在地面上的保护范围是一个圆，其半径的计算式为

$$r_x = 1.5h \qquad (3-11)$$

式中　r_x——保护范围的半径，m；

　　　h——避雷针的高度，m。

单支避雷针在空间的保护范围是一个锥形空间。这个锥形空间的确定是：从针的顶点向下作与针成 45°的斜线，构成锥形保护空间的上部；从距针底沿地面 1.5h 处向针 0.75h 高处作连接线，与上述 45°斜线相交，交点以下的斜线构成了锥形保护空间的下部。如果用公式来表达保护空间，则在高为 h_x（被保护物的高度）处避雷针的水平保护半径 r_x 为

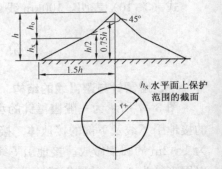

图 3-9　单支避雷针的保护范围

$$
\begin{aligned}
&当\ h_x \geqslant \frac{h}{2}\ 时 \qquad r_x = (h - h_x)p \\
&当\ h_x < \frac{h}{2}\ 时 \qquad r_x = (1.5h - 2h_x)p
\end{aligned}
\qquad (3-12)
$$

式中　p——考虑到针太高时保护半径不与针高成正比增大的系数，当 $h \leqslant 30\text{m}$ 时，$p=1$；当 $30\text{m} < h \leqslant 120\text{m}$ 时，$p = \dfrac{5.5}{\sqrt{h}}$；当 $h > 120\text{m}$ 时，$p = \dfrac{5.5}{\sqrt{120}}$。

（二）双支等高避雷针

双支等高避雷针的保护范围的确定如图 3-10（a）所示。两针外侧的保护范围可按单针计算方法确定，两针间的保护范围应按通过两针顶点及保护范围上部边缘最低点 o 的圆弧来

确定，o 点的高度 h_o 的计算式为

$$h_o = h - \frac{D}{7p}$$

(3 - 13)

式中 D——两针间的距离，m。

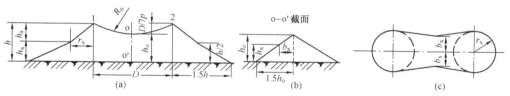

图 3 - 10 高度为 h 的两等高避雷针 1 及 2 的保护范围

(a) 两支等高雷针保护范围的主视图；(b) o—o′ 截面保护图；(c) 在被保护物高度为 h_x 处两支等高避雷针水平保护范围

两针间高度为 h_x 的水平面上的保护范围的截面如图 3 - 10 (b) 所示，在 o—o′ 截面中高度为 h_x 的水平面上保护范围的一侧宽度 b_x［如图 3 - 10 (c) 所示］的计算式为

$$b_x = 1.5(h_o - h_x)$$

(3 - 14)

一般地，两针间的距离与针高之比 D/h 不宜大于 5。

（三）两支不等高避雷针

两支不等高避雷针保护范围的确定如图 3 - 11 所示。两针内侧的保护范围先按单针作出高针 1 的保护范围，然后经过低针 2 的顶点作水平线与之交于点 3，再设点 3 为一假想针的顶点，作出两等高针 2 和 3 的保护范围，则 $f = \frac{D'}{7p}$。两针外侧的保护范围仍按单针计算。

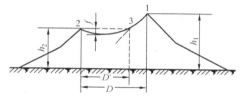

图 3 - 11 两支不等高避雷针 1 及 2 的保护范围

（四）多支等高避雷针

三支等高避雷针的保护范围如图 3 - 12 (a) 所示。三支等高避雷针所形成的三角形 1、2、3 的外侧保护范围分别按两支等高针的计算方法确定，如在三角形内被保护物最大高度 h_x 的水平面上各相邻避雷针间保护范围的外侧宽度 $b_x \geq 0$ 时，则全部面积即受到保护，四支及以上等高避雷针，可先将其分成两个或几个三角形，然后按三支等高针的方法计算，如图 3 - 12 (b) 所示。

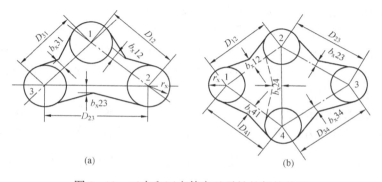

图 3 - 12 三支和四支等高避雷针的保护范围

(a) 三支等高避雷针 1、2 及 3 在 h_x 水平面上的保护范围；(b) 四支等高避雷针在 h_x 水平面上的保护范围

四、避雷线（又称架空地线）的保护范围

单根避雷线的保护范围如图 3-13 所示的形状，避雷线有多长，图 3-13 的形状就有多长，在输电线路悬挂高度 h_x 处，避雷线保护范围一侧的宽度 r_x 的计算式为

$$
\left.
\begin{aligned}
&当\ h_x \geqslant \frac{h}{2}\ 时 \quad r_x = 0.47(h - h_x)p \\
&当\ h_x < \frac{h}{2}\ 时 \quad r_x = (h - 1.53 h_x)p
\end{aligned}
\right\} \tag{3-15}
$$

式中　r_x——保护范围一侧的宽度，m；

　　　h——避雷线的悬挂高度，m。

两根等高平行避雷线的保护范围如图 3-14 所示。两避雷线外侧的保护范围按单根避雷线的计算方法确定。两避雷线间各横截面的保护范围，由通过两避雷线顶点 1、2 及保护范围边缘最低点 o 的圆弧确定，o 点高度 h_0 的计算式为

$$
h_0 = h - \frac{D}{4p} \tag{3-16}
$$

式中　D——两避雷线间的距离，m；

　　　h——避雷线的高度，m。

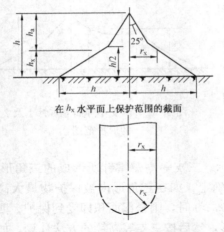

在 h_x 水平面上保护范围的截面

图 3-13　单根避雷线的保护范围

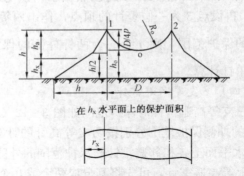

在 h_x 水平面上的保护面积

图 3-14　两根等高平行避雷线的保护范围

用避雷线来保护线路时，目前都用保护角 α 来表征避雷线的屏蔽效果，它是杆塔上避雷线的铅垂线同杆塔避雷线和导线的连线间所组成的夹角，如图 3-15（a）所示，夹角以内的区域就是保护范围。α 角愈小，避雷线就愈可靠地保护导线免受雷击。为了减小保护角，必须提高避雷线的悬挂高度，这样势必加重杆塔结构，增加造价，所以单根避雷线的保护角不能做得太小，一般在 25°左右。

两根避雷线的保护范围如图 3-15（b）所示。它对外侧导线的保护效果仍决定于保护角 α。由于两根导线间的相互屏蔽效应，它们中间部分的保护范围比两个单根避雷线的保护范围之和大得多，其确定方法为：通过避雷线两端及其中间深度 $\frac{D}{4p}$ 处画一圆弧，圆弧以下的区域就是保护范围。为了减小对两侧导线的保护角，可将两根避雷线适当向外移动。220～330kV 双避雷线线路，一般取 20°左右，500kV 一般不大于 15°。经验证明，

只要两避雷线间的距离不超过避雷线与中间导线高差的 5 倍，中间导线便能受到可靠保护。

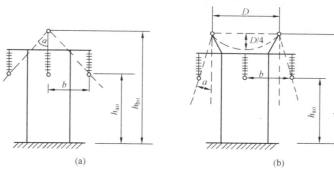

图 3-15　避雷线的保护角

（a）单根避雷线；（b）两根避雷线

第三节　避　雷　器

避雷器与被保护设备并接于线路上，是用来限制作用于设备上的过电压。避雷器的类型有保护间隙、管型避雷器（排气式避雷器）、阀型避雷器和氧化锌避雷器等几种。选择避雷器使其放电电压低于被保护设备绝缘耐压值，当过电压超过一定值时，避雷器先放电，从而使被保护设备得到保护。

一、保护间隙与管型避雷器

保护间隙由两个电极组成，图 3-16（a）所示是常用的角型保护间隙的结构图，该保护间隙由两个互相串联的间隙组成，一个是主间隙，还有一个是辅助间隙，它的作用是防止主间隙被外界物体短路。

图 3-16（b）所示为常用的角型保护间隙与电气设备的并联接线。为使被保护设备得到可靠的保护，要求保护间隙的伏秒特性的上限低于被保护设备伏秒特性的下限，并有一定的裕度。当雷电波侵入时，间隙先击穿，将工作母线接地，雷电流引入大地，避免了被保护设备的电压升高，从而保护了设备。

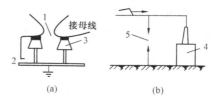

图 3-16　角型保护间隙结构及接线

（a）结构；（b）接线

1—主间隙；2—辅助间隙；3—绝缘子；

4—被保护设备；5—保护间隙

过电压消失后，间隙中仍有工频电压所产生的工频电弧电流（俗称续流），此电流的大小是安装处的短路电流。由于间隙熄弧能力差，往往不能自动熄弧，造成断路器跳闸，这是保护间隙的主要缺点。为此可将保护间隙配合自动重合闸使用。

保护间隙与主间隙间的电场是不均匀电场。在这种电场中，当放电时间减小时，放电电压增加较快，即其伏秒特性较陡，且分散性也较大。如图 3-17 所示，曲线 2 是被保护设备的伏秒特性的下包线，曲线 1 是保护间隙的伏秒特性上包线，为了能使间隙对设备起到保护作用，要求曲线 1 低于曲线 2，且二者之间需有一定的距离。如果被保护设备的伏秒特性（曲线 3）较平坦，这时保护间隙的伏秒特性与其配合就比较困难，所以不采用保护间隙型避雷器保护具体的电气设备。

管型避雷器实质上是具有较高熄弧能力的保护间隙，其原理结构如图 3-18 所示。它有两个串联的间隙，一个是装在产气管里面的内间隙 s_1，一个是在外部的空气间隙 s_2。s_2 的作用是隔离工作电压，避免产气管被流过管子的工频泄漏电流所烧坏。

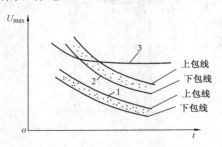

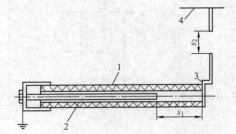

图 3-17　保护间隙的保护效果
1—保护间隙伏秒特性曲线的上包线；
2—被保护设备的伏秒特性曲线的下包线；
3—被保护设备比较平坦的伏秒特性曲线

图 3-18　管型避雷器原理结构
1—产气管；2—棒型电极；3—环型电极；
4—工作母线；s_1—内间隙；s_2—外间隙

内间隙由一个棒电极和环形电极组成。产气管由在电弧下能够产生气体的纤维、塑料或橡胶等材料制成。当雷击过电压来时，内外间隙同时被击穿，雷电流经管型避雷器内外间隙流入大地，冲击波被截断。

过电压消失后，在工频电压作用下，间隙中还有工频续流流过，其值为管型避雷器安装处的短路电流，工频续流电弧的高温将使管内产气材料分解出大量气体，使产气管内压力升高。由于管型避雷器的一端是封闭的，高压力的气体将由环形电极开口孔喷出，形成强烈的纵向吹弧，使工频续流在第一次过零时熄灭，使系统恢复正常状态。

管型避雷器的熄弧能力与工频续流的大小有关，续流过大时，产生气体过多，管内压力太高，可能造成产气管炸裂；续流太小时，产气量过少，管内压力太低，不足以吹灭电弧，故管型避雷器熄灭工频续流有上限和下限，通常在型号中表明，例如 $G \times S \dfrac{35}{2\sim10}$，即表明该避雷器额定电压为 35kV，可切断续流的上限为 10kA，下限为 2kA（有效值）。使用时必须注意管型避雷器熄弧电流的上限要大于避雷器安装点短路电流的最大值，其下限应小于避雷器安装点的短路电流的最小值。管型避雷器的熄弧能力还与产气管的材料、内径和内间隙大小有关。

管型避雷器一般在闭合端固定。因此当管型避雷器灭弧时，从开口端所喷出的气体具有高电位。安装时应注意各相排出的气体不要发生相交或与电位不同的部位相碰，以免造成相间或对地短路。安装时，其开口端应向下倾斜，其与水平面交角要大于 20°，以防管内积水。为了避免喷气时反作用力引起的振动，使外部间隙发生变化，避雷器安装时，要尽可能牢固，接地引下线应尽可能短而直，以减少引下线的电感。

管型避雷器的主要缺点是伏秒特性较陡，且分散性大，难于与被保护设备配合。

管型避雷器动作后，还会形成截断波，对变压器的匝间绝缘不利。

此外，管型避雷器放电特性受大气条件影响较大。因此，管型避雷器目前只用在线路保护（如大跨距和交叉挡距）以及发电厂、变电站的进线段保护。

二、阀型避雷器

阀型避雷器的基本元件为间隙和非线性电阻（又称阀片），两者相串联，如图 3 - 19 所示。间隙放电的伏秒特性低于被保护设备的冲击耐压强度，阀片的电阻值与流过的电流有关，具有非线性特性，电流愈大电阻愈小。阀型避雷器的基本工作原理如下：在电力系统正常工作时，间隙将电阻阀片与工作母线隔离，以免由母线的工作电压在电阻阀片中产生的电流使阀片烧坏。当系统中出现过电压且其幅值超过间隙放电电压时，间隙击穿，冲击电流经过阀片流入大地，由于阀片的非线性特性，故在阀片上产生的压降（称为残压）将得到限制，使其低于被保护设备的冲击耐压，这样被保护设备就得到了保护。当过电压消失后，间隙中由工作电压产生的工频电弧电流（称为工频续流）仍将继续流过避雷器，此续流受阀片电阻的非线性特性所限制远较冲击电流为小，使间隙能在工频续流第一次经过零值时就将电弧切断。以后，依靠间隙的绝缘强度能够耐受电网恢复电压的作用而不会发生重燃。这样，避雷器从间隙击穿到工频续流的切断不超过半个工频周期，继电保护来不及动作系统就已恢复正常。

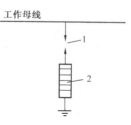

图 3 - 19 阀型避雷器
原理结构图

1—间隙；2—电阻阀片

从上述可知，被保护设备的冲击耐压值必须高于避雷器的冲击放电电压和残压，若避雷器这两参数能够降低，则设备的冲击耐压值也可相应下降。

阀型避雷器分为普通阀型避雷器和磁吹阀型避雷器两类。普通阀型避雷器有 FS 和 FZ 两种系列；磁吹阀型避雷器有 FCD 和 FCZ 两种系列。

（一）普通阀型避雷器

1. FS 系列

FS 系列阀型避雷器可用来保护小容量的配电装置，常与配电变压器并联安装，它的额定电压为 2～10kV。

图 3 - 20 所示为 FS 系列阀型避雷器的结构图。放电间隙 1 和阀片 2 同装在一个瓷套内，上部用螺旋形弹簧压紧，弹簧用铜片 7 短路以减少弹簧的感抗。瓷套是密封的，在瓷套外面设有安装用的铁夹和接线用的螺栓。

FS 系列阀型避雷器的放电间隙由许多单个间隙串联而成。单个平板型放电间隙的结构如图 3 - 21 所示。黄铜电极 1 用冲压的黄铜圆盘做成，极间垫有环状的云母垫圈 2，云母垫圈的厚度为 0.5～1mm。电极间的距离很小，其间隙电场接近均匀电场。单个间隙的放电电压（有效值）为 2.7～2.9kV。

阀片是由金刚砂（SiC）与结合剂（如水玻璃）烧结而成的圆饼，其非线性程度可用伏安特性方程表示

$$u = ci^\alpha \tag{3 - 17}$$

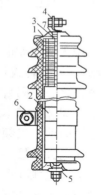

图 3 - 20 FS 系列阀型
避雷器的结构图

1—放电间隙；2—阀片；
3—弹簧；4—高压接线端子；
5—接地端子；6—安装用铁夹；
7—铜片

式中　c——材料常数，它和阀片的材料与尺寸有关；

α——阀片的非线性系数，其值小于1，一般为 0.2 左右，α 愈小，表示非线性的程度愈大，$\alpha = 1$，相当于线性电阻。

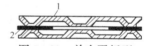

图 3 - 21 单个平板型
放电间隙的结构

1—黄铜电极；2—云母垫圈

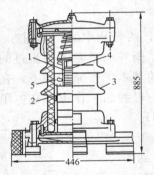

图 3-22　FZ 系列阀型避雷器
基本元件的结构图

1—放电间隙组；2—阀片；3—瓷套；
4—云母垫圈；5—并联电阻

2. FZ 系列

FZ 系列避雷器用来保护中等及大容量变电站的电气设备，它的额定电压为 35～220kV。额定电压为 35～220kV 的避雷器，分别由 FZ-15、FZ-20 和 FZ-30J 这些基本的避雷器元件组合而成。图 3-22 所示为 FZ 系列阀型避雷器基本元件的结构图。避雷器是密封的，瓷套内主要装有放电间隙和阀片。

放电间隙采用由单个放电间隙串联而成的标准放电间隙组，如图 3-23 所示。为了使各串联放电间隙的电压分布均匀，在每一间隙上都并联有分路电阻，如图 3-23 中的 3。由图 3-24 可知，在工频电压作用下，由于间隙电容的容抗比分路电阻的阻值大很多，所以间隙上的电压分布主要由分路电阻来决定，而分路电阻阻值相等，故间隙上的电压分布均匀，从而提高了熄弧电压和工频放电电压。在冲击电压作用下，由于冲击电压的等值频率很高，间隙电容的阻抗小于分路电阻，所以间隙上的电压分布主要取决于电容分布，分路电阻的存在并不影响避雷器的冲击放电电压。

（二）磁吹阀型避雷器

磁吹阀型避雷器分为 FCD 系列和 FCZ 系列，FCD 系列用于保护旋转电机，它的额定电压为 2～15kV，FCZ 系列用来保护变电站的高压电气设备，其额定电压为 110～330kV。

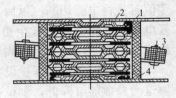

图 3-23　标准放电间隙组

1—单个放电间隙；2—黄铜盖板；
3—半环形并联电阻；4—陶瓷管

磁吹阀型避雷器的火花间隙与普通阀型避雷器相仿，磁吹阀型避雷器中火花间隙也是由许多单个间隙串联而成的。利用磁场使电弧产生运动（如旋转或拉长）来加强去游离以提高间隙的灭弧能力。磁吹间隙种类繁多，我国目前生产的主要是限流式间隙，又称拉长电弧型间隙，其单个间隙的基本结构如图 3-25 所示。间隙由一对角状电极组成，磁场是轴向的，工频续流被轴向磁场拉入灭弧栅中，如图 3-25 中虚线所示。其电弧的最终长度可达起始长度的数十倍，灭弧盒由陶瓷或云母玻璃制成，电弧在灭弧栅中受到强烈去游离而熄灭，由于电弧形成后很快就被拉到远离击穿点的位置，故间隙绝缘强度恢复很快，熄弧能力很强，可切断 450A 左右的续流。

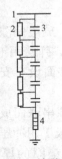

图 3-24　并联电阻
接线原理图

1—线路；2—并联电阻；
3—间隙；4—阀片

此外，由于电弧被拉得很长且处于去游离很强的灭弧栅中，所以电弧电阻很大，可以起到限制续流的作用，因而称为限流间隙。这样，采用限流间隙后就可以适当减少阀片数目，使避雷器残压得到降低。

磁场是由与间隙相串联的线圈所产生，其原理接线如图 3-26 所示。考虑到过电压作用下放电电流通过磁吹线圈时将在线圈上产生很大的压降，使避雷器的保护性能变坏，为此在磁吹线圈两端装设一辅助间隙，在冲击过电压作用下，主间隙被击穿，放电电流经过磁吹线圈，线圈两端的压降将辅助间隙击穿，放电电流遂经过辅助间隙、主间隙和电阻阀片而流入大地，使避雷器的压降不致增大。当工频续流通过时，辅助间隙中电弧的压降将大于续流在线圈中产生的压降，故辅助间隙中电弧自动熄灭，工频续流也就很快转入磁吹线圈中，产生磁场吹弧作用。

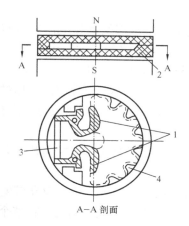

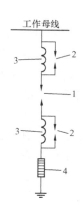

图 3-25　限流式磁吹间隙的基本结构
1—角状电极；2—灭弧盒；
3—并联电阻；4—灭弧栅

图 3-26　磁吹避雷器的结构原理
1—主间隙；2—辅助间隙；
3—磁吹线圈；4—电阻阀片

三、氧化锌避雷器

20 世纪 70 年代初期出现了氧化锌避雷器，其阀片以氧化锌为主要材料，附以少量精选过的金属氧化物，经高温烧结而成。氧化锌阀片具有很理想的非线性伏安特性，图 3-27 所示为 ZnO、SiC 避雷器和理想避雷器的伏安特性比较。图中假定 ZnO、SiC 电阻阀片在 10kA 电流下的残压相同，但在额定电压（或灭弧电压）下 ZnO 曲线对应的电流一般在 10^{-5}A 以下，可近似地认为其续流为零，而 SiC 曲线所对应的续流却是 100A 左右。也就是说，在工作电压下，氧化锌阀片实际上相当于一绝缘体。

图 3-28 所示为 ZnO 避雷器的伏安特性，它可分为小电流区、非饱和区和饱和区。电流在 1mA 以下的区域为小电流区，非线性系数 α 较高，为 0.2 左右；电流在 1mA～3kA 范围内的区域通常为非线性区，其 α 值为 0.02～0.05；电流大于 3kA 时，一般进入饱和区，这时电压增加，电流增长不快。

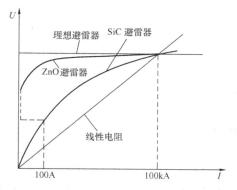

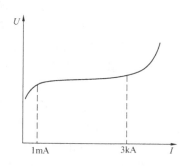

图 3-27　ZnO、SiC 避雷器和理想避雷器的伏安特性比较

图 3-28　ZnO 避雷器的伏安特性

与 SiC 避雷器相比，ZnO 避雷器除了有较理想的非线性伏安特性外，其主要优点是：

（1）无间隙。在工作电压作用下，氧化锌阀片相当于一绝缘体，因而工作电压不会使阀片烧坏，所以可以不用串联间隙来隔离工作电压。

（2）无续流。当作用在 ZnO 阀片上的电压超过某一值（起始动作电压）时将导通，导通后 ZnO 阀片上的残压与流过它的电流大小基本无关，为一定值，这是由于 ZnO 阀片具有良好的非线性。当作用的电压降到起始动作电压以下时，氧化锌阀片终止"导通"，又相当于一绝缘体，因此不存在工频续流。而 SiC 避雷器却不同，它不仅要吸收过电压的能量，还要吸收工频续流所产生的能量，由于氧化锌阀片无续流，所以它只要吸收过电压能量即可。所以对它的热容量要求比 SiC 低得多。

（3）通流容量大。氧化锌避雷器通流容量大，耐操作波的能力强，故可用来限制内过电压，也可用于直流输电系统。

（4）降低电气设备所受到的过电压。虽然 10kA 雷电流下的残压值，氧化锌避雷器与普通阀型避雷器相同，但后者只有在串联间隙放电后才可将电流泄放，而前者在整个过电压过程中都有电流流过，因此降低了作用在电气设备上的过电压。

此外，由于氧化锌避雷器无间隙、无续流、体积小、重量轻、结构简单、运行维护方便、使用寿命长等优点，所以已被广泛使用，并逐步取代 SiC 避雷器。

1. 氧化锌避雷器的基本电气参数

（1）额定电压。它是指正常工作时加在避雷器上的工频工作电压，它应与避雷器安装地点系统的额定电压等级相同。

（2）最大持续运行电压。它是允许持续加在避雷器两端之间的最大工频电压有效值。该电压决定了避雷器长期工作的老化性能，即避雷器吸收过电压后温度升高时，在此电压下应能正常冷却，不发生热崩溃。

（3）起始动作电压（或参考电压）。它是指避雷器通过 1mA 工频电流峰值或直流电流时，其两端之间的工频电压峰值或直流电压，通常用 U_{1mA} 表示。该电压大致位于 ZnO 阀片伏安特性曲线由小电流区上升部分进入非线性区平坦部分的转折处，所以也称转折电压或拐点电压。通常工频参考电压大于或等于避雷器额定电压的峰值。

（4）残压。它指放电电流通过 ZnO 避雷器时，其两端之间出现的电压峰值，包括陡波、雷电冲击波、操作冲击波下的残压。

（5）通流容量。它表示阀片耐受通过电流的能力，通常用短持续时间（4/10μs）大冲击电流（10～65kA）作用两次和长持续时间（0.5～3.2ms）近似方波电流（150～1500A）多次作用来表征。我国目前大多用通过 2ms 方波电流值作为避雷器的通流容量。

2. 评价氧化锌避雷器性能优劣的指标

（1）保护水平。氧化锌避雷器的雷电保护水平为陡波冲击残压和雷电冲击残压除以1.15 中的较大者；操作冲击水平等于操作冲击残压。

（2）压比。它是指氧化锌避雷器通过波形为 8/20μs 的额定冲击放电电流时的残压与起始动作电压比，如在 10kA 下的压比为 U_{10kA}/U_{1mA}。压比越小，表示非线性越好，流过大电流时的残压越低，避雷器的保护性能越好。目前，此值为 1.6～2.0。

（3）荷电率。它是氧化锌避雷器的最大持续运行电压峰值与起始动作电压的比值。荷电率愈高说明避雷器稳定性能愈好，耐老化，能在靠近"转折点"长期工作。若荷电率等于极限值 1，就说明避雷器不会老化。荷电率一般采用 45%～75% 或更大。在中性点非有效接地系统中，因单相接地时健全相上的电压峰值较高，所以一般选用较低的荷电率。

（4）保护比。它是雷电冲击电流的残压与持续电压之比，也等于残压比与荷电率的比值。保护比越小，保护性能越好，因此降低残压比或提高荷电率均可提高金属氧化物避雷器的保护性能。

第四节　变电站防雷保护

变电站发生雷害事故，往往会导致变压器及其他电气设备损坏，并造成大面积停电。这样很多工厂因停电不能正常生产，商业场所因停电不能正常营业，给人们的生活带来不便。因此，应该加强变电站的防雷保护。

变电站的雷害源于三个方面：第一，雷直击于变电站导线或电气设备上；第二，变电站避雷针上落雷时产生的过电压和反击过电压；第三，是沿线路传来的雷电波。

一、变电站的直击雷防护

为了使变电站的电气设备及其他建筑物免遭直接雷击，需要装设避雷针或避雷线，同时还要求雷击避雷针或避雷线时，不对被保护物发生反击。

装设避雷针时，其接地装置不应与变电站接地装置相连，如图 3-29 所示，其间隔距离可按规定来确定。

避雷针与配电装置导电部分，以及与变电站电气设备和构架接地部分间的空气距离 S_a 的计算式为

$$S_a \geqslant 0.3R_{ch} + 0.1h \quad (m) \qquad (3-18)$$

式中　R_{ch}——避雷针的冲击接地电阻；

　　　h——考虑点的高度，m；

　　　S_a——不得小于 5m。

独立避雷针的接地装置与变电站最近接地网之间的地中距离 $S_e > 0.3R_{ch}$ （m），一般情况下，S_e 不得小于 3m。

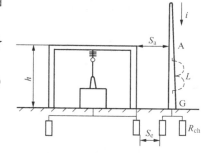

图 3-29　独立避雷针与变电站距离

对于 35kV 及以下的变电站，因其绝缘水平较低，所以不允许在配电构架上装设避雷针。若土壤电阻率不大于 500Ωm，则可以相连。

对于 110kV 及以上的变电站，可以将避雷针设在配电装置的构架上，这是因为此类电压等级配电装置的绝缘水平较高，雷击避雷针时，在配电构架上出现的高电位不会由于发生反击而造成事故。装设避雷针的配电构架应装设辅助接地装置，此接地装置与变电站接地网的连接点离主变压器接地装置与变电站接地网的连接点之间的距离不应小于 15m，目的是使雷击避雷针时在避雷针接地装置上产生的高电位，在沿接地网向变压器接地点传播的过程中逐渐衰减，以便到达变压器接地点时不会造成对变压器的反击事故。

二、变电站的进线段保护

（一）35kV 及以上变电站的进线段保护

当雷击于 35～110kV 变电站全线无避雷线的线路，产生向变电站侵入的过电压波时，流过避雷器的雷电流可能超过规定值，而且陡度也可能超过允许值。因此，要在紧靠变电站的 1～2km 进线段上架设避雷线，以防止雷击直接打到变电站附近的线路上。

雷击于线路导线时，雷电波就会沿着线路向变电站传播。由于变压器的冲击绝缘水平比线路绝缘薄弱得多，因此必须采取保护措施，防止由线路侵入的雷电波对变压器及其他电气设备的危害。变电站对雷电侵入波的保护，主要依靠进线段和阀型避雷器（或氧化锌避雷器）。要使避雷器可靠地保护变压器，就必须设法使避雷器中流过的雷电流幅值不超过 5kA（在 330～500kV 级为 10kA），而且必须保证来波陡度 a（0.5～2.2kV/m）不超过一定的允许值。图 3-30 所示为未全线架设避雷线的 35～110kV 线路的进线段保护。在进线段以外落雷时，由于进线段导线的阻抗，使流过避雷器的雷电流受到限制，而且沿导线的入侵波陡度 a 也将由于冲击电晕作用而大为降低。

只有在断路器或隔离开关处于断开状态，线路侧又有工频电源时，才采用管型避雷器 FE。当雷电波沿线路侵入开路的开关时，雷电压升高为侵入波的两倍，若没有 FE 将使套管对地放电，并造成工频短路事故。装了 FE 之后，它能可靠动作并熄弧，这就保护了套管。运行中这种开路反射事故曾多次发生，对于 35kV 线路，FE 的外间隙应不小于 100mm。

（二）35kV 小容量变电站的简化进线保护

对 35kV 的小容量变电站，可根据变电站的重要性和雷电活动强度等情况采取简化的进线段保护。由于 35kV 小容量变电站范围小，避雷器距变压器的距离一般在 10m 以内，故入侵波陡度 a 允许增加，进线段长度可以缩短到 500～600m。为限制流入变电站阀型避雷器的雷电流，在进线段首端可装设一组管型避雷器或保护间隙，如图 3-31 所示。

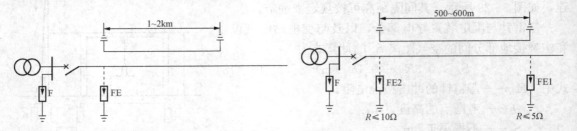

图 3-30　未全线架设避雷线的 35～110kV　　　图 3-31　3150～5000kVA、35kV 变电站的
　　　　　线路的进线段保护　　　　　　　　　　　　　简化保护接线

F—阀型避雷器（氧化锌避雷）；FE—管型避雷器　　　F—阀型避雷器（氧化锌避雷）；FE1、FE2—管型避雷器

三、三绕组变压器和自耦变压器的防雷保护

（一）三绕组变压器的防雷保护

三绕组变压器在正常运行时，有时存在只有高中压绕组工作、低压绕组开路的运行情况。此时，若高压绕组或中压绕组有雷电波入侵，由于低压绕组对地电容较小，开路的低压绕组上静电感应分量可达到很高的数值，将危及低压绕组绝缘。考虑到静电感应分量将使低压绕组三相电位同时升高，故为了限制这种过电压，则要在低压绕组的出线端加装一组低压避雷器。中压绕组也有开路的可能，但其绝缘水平较高，一般不装避雷器。

（二）自耦变压器的防雷保护

自耦变压器一般除有高、中压自耦绕组外，还有低压非自耦绕组。在运行时可能会出现高低压绕组运行、中压开路和中低压绕组运行、高压开路的运行方式。此时，若雷电波从高压端线路入侵，高压端电压为 U_0 时，其初始与稳态电位分布以及最大电位包络线都与中性点接地的绕组相同，如图 3-32（a）所示。在开路的中压端 A' 上，可能出现的最大电压为

高压侧电压 U_0 的 $2/K$ 倍（K 为高压侧与中压侧绕组的变比），这样可能使处于开路状态的中压套管闪络。因此，在中压侧套管与断路器之间装设一组避雷器，如图 3-33 中的 F2，以便当中压侧断路器开断时，保护中压侧绝缘。

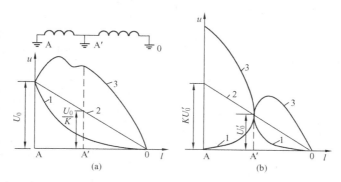

图 3-32　自耦变压器中有雷电波入侵时的最大电位包络线
（a）由高压侧 A 进波时电位分布；（b）由中压侧 A' 进波时电位分布
1—初始电压分布；2—稳态电压分布；3—最大电位包络线

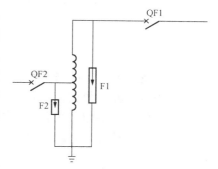

图 3-33　保护处自耦变压器的避雷器配置

当高压侧开路，中压侧来波，且中压侧电压为 U_0' 时，其初始和稳态的电位分布如图 3-32（b）所示。由中压端 A' 到开路的高压端 A 的稳态电压为 KU_0'，它是由 A'—A 的稳态电压电磁感应而形成的。在振荡过程中 A 点电位可达 $2KU_0'$，这会使开路的高压侧套管闪络。因此，在高压侧套管与断路器之间也应加装一组避雷器，如图 3-33 中的 F1，以便当高压侧断路器开断时，保护高压侧绝缘。

（三）变压器中性点的保护

我国生产的电力变压器的中性点绝缘水平，大体上分为两种：中性点与线路端绝缘水平相同，称为全绝缘结构；中性点绝缘水平低于线路端，称为半绝缘结构（分级绝缘）。采用分级绝缘，可以节省材料，降低变压器造价。

66kV 及以下电网，中性点采用非接地方式，当沿电力线路三相来雷电波时，侵入波经变压器绕组到达不接地的中性点，相当于末端开路的情况，将发生全反射，使作用在中性点上的冲击电压理论上达到侵入波的 2 倍；若考虑变压器绕组的振荡衰减，则可达到 1.5 倍（纠结式绕组）或 1.8 倍（连续式绕组）左右，这可能对中性点绝缘构成威胁。这种情况虽属罕见，如果变电站只有一台变压器的话，万一中性点击穿，后果十分严重。因此，应在中性点处加装一台与绕组首端同样电压等级的避雷器。当有两台及以上变压器时，中性点一般不需要采取保护措施。

在中性点直接接地电网中，必须选用与变压器中性点绝缘等级相适应的避雷器来进行防雷保护。变压器中性点用的避雷器可参照表 3-1 进行选择。

20 世纪 90 年代，我国氧化锌避雷器的制造技术及检测手段取得了很大的进步，一些主要生产厂家制造了用于保护 110、220、330、500kV 变压器中性点绝缘免受过电压损坏的保护电器。该避雷器克服了过去用传统避雷器不能与中性点绝缘相配合的缺点，可实现最佳保护。某生产厂家生产的氧化锌避雷器的主要电气性能见表 3-1。

表 3-1   某生产厂家生产的氧化锌避雷器的主要电气性能

产品型号	变压器额定电压	避雷器额定电压	避雷器持续运行电压	最大雷电冲击残压 8/20μs 1.5kA	最大操作冲击残压 30/60μs 500A	直流 1mA 电压 (kV)	2ms方波通流容量 20 次
	有效值（kV）			峰值（kV）≤		≥	峰值（A）
Y1.5W5-55/132	110	55	44	132	126	79	400
Y1.5W5-60/144	110	60	48	144	137	86	400
Y1.5W5-72/186	110	72	58	186	170	105	400
Y1.5W5-144/320	220	144	116	320	304	204	600
Y1.5W5-204/440	330	204	164	440	410	288	600
Y1.5W5-207/440	330	207	166	440	410	292	600
Y1.5W5-102/260	500	102	82	260	243	155	600
Y1.5W5-96/260	500	96	77	260	243	137	600

第五节 配电设备防雷保护

一、配电变压器的防雷保护

配电变压器的数量多、分布广，担负着向城乡客户供电的重要任务。但是，配电网电压等级低，绝缘水平相对薄弱，往往容易发生雷害事故。每年都有由于直击雷或感应雷而损坏配电变压器的情况，因此，对于它的防雷保护应该予以足够的重视。

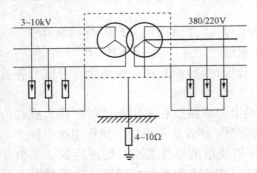

图 3-34 配电变压器的保护接线

1. 配电变压器高压侧的保护

配电变压器的保护接线如图 3-34 所示，其高压侧要装氧化锌避雷器或阀型避雷器，为了提高保护效果，避雷器应尽可能靠近配电变压器安装。另外，避雷器的接地线还应和低压中性点及变压器的金属外壳一起共同接地，并尽量减少接地线的长度，以减小其上的电压降。这样，当高压侧落雷而使避雷器放电时，变压器绝缘上所承受的电压即为避雷器的残压，而接地装置上的电压降并没有作用在变压器的绝缘上，这对变压器保护是有利的。但是这种共同接地的缺点是避雷器动作时引起的地电位升高，可能危及低压客户的安全。因此，应加强低压客户的防雷保护。

2. 配电变压器低压侧的保护

配电变压器低压侧的保护，应把低压侧中性点接到变压器铁壳上。否则，当高压侧避雷器动作时，铁壳电位抬高（等于接地电阻上的压降），有可能造成铁壳对低压套管出线间的闪络。连接后，使低压绕组和变压器的电位都同时抬高（水涨船高），外壳与低压侧之间就不会发生闪络了。这种接法的缺点是 6~10kV 侧落雷时可能传到低压侧客户中去引起危险，但这个缺点可以用加强客户防雷措施来补救。

在多雷地区以及供电重要性较高的客户，应适当考虑在低压侧出线上加装低压避雷器或压敏电阻，其作用是当低压线路落雷时，雷电压经 380V 引线进入到变压器低压绕组，然后按变压器变比在高压侧感应出一个高电压；以（10/0.4kV）变压器为例，变比为 25，低压侧 1kV 雷电压在高压侧将感应出 25kV 电压，这种高电压可能将高压侧内部的绝缘击穿。装了低压避雷器后，低压线落雷时，低压避雷器动作，将雷电流泄入大地，不再进入变压器绕组，就不会有这种正变换事故了。

低压侧装了避雷器之后，还能防止反变换事故。所谓反变换，就是当 6～10kV 侧雷击时，避雷器会有大量的雷电流通过，在接地装置上产生电压降，这个电压降将同时作用在低压绕组的中性点上并加到低压绕组上，由于变压器电磁感应使高压侧也会出现高电压，在星形接线的变压器高压中性点上也会出现危险的高电压。变压器低压侧安装了避雷器后，由于低压避雷器动作放电而使高压侧不会出现危险的电压，即不会出现反变换事故了。

二、低压线和电能表的防雷

当 380/220V 低压木杆线路向客户供电时，由于木杆的绝缘水平很高（达 2000kV 以上），无论是直击雷或感应雷，有可能沿着低压线路传到客户内，引起人身或设备事故。故对 380/220V 低压架空线路的防雷也是不可忽视的。

采取保护措施的基本原则是设法降低侵入到屋内的雷电波的幅值。装低压保护间隙是一种方法，但较麻烦。简便的方法是将进户线电杆上的绝缘子铁脚接地，使木杆的绝缘被接地线短路，其作用和装保护间隙是一样的。

若是钢筋混凝土电杆，由于本身的自然接地作用，其接地电阻已符合要求，则绝缘子铁脚就不必另行接地了；若不符合要求，则应另加接地装置。

电能表也要采取防雷保护措施，这是因为低压线上侵入了较高幅值的雷电压，而电能表接线端子之间的绝缘和电压线圈的绝缘又很弱，在雷电压作用下易使线圈烧坏。因此，必须配合一定的防雷保护措施。在这里，仅把电杆上的绝缘子铁脚接地是不够的，因绝缘子绝缘水平仍比电能表高很多，需另加保护装置，可装低压避雷器或压敏电阻。因为电能表的数量很多，故在多雷地区或经常落雷地区的电能表应安装防雷保护装置，以免损坏。

第六节　小电机的防雷保护

有些客户经过架空线路供电的 6～10kV 电动机（或调相机、发电机），在工厂和农村的客户还有一些经过很长的一段 220～380V 架空线供电的低压电动机，当架空线路上落雷或有感应雷时，往往容易造成电机绝缘的损坏。

电动机和发电机等旋转电机的结构特点是：线圈要嵌到槽里易受损伤，且运行时又不能泡在油里面，绝缘较弱；而运行中的电晕等腐蚀又很严重，所以绝缘运行条件要比油浸变压器困难得多。即使是新电机，在出厂时的工频耐压值为 $2U_e + (1 \sim 3)$kV，因冲击系数接近于 1，将其换算为冲击绝缘水平，则只有同级变压器的 1/3 左右。甚至比相应的磁吹阀型避雷器的 3kA 残压值还稍低一点（见表 3-2），所以防雷措施应比变压器更为妥善，才能起到可靠的保护作用。不过对于小容量的电机，为了经济起见，也允许采用简化的防雷保护接线。

对于 300kW 及以下的直配电机，可以采用如图 3-35 所示的保护接线。

表 3-2　　　　　　　　　电机和变压器的冲击耐压值

电机额定电压（kV，有效值）	电机出厂工频试验电压（kV，有效值）	电机工厂冲击耐压值（估计）（kV，幅值）	同级变压器出厂冲击试验电压（kV，幅值）	磁吹避雷器 3kA 冲击电流时的残压（kV，幅值）	ZnO 避雷器 3kA 冲击电流时的残压（kV，幅值）
10.5	$2U_e+3$	34	80	31	26
13.8	$2U_e+3$	43.3	108	40	34.2
15.75	$2U_e+3$	48.8	108	45	39

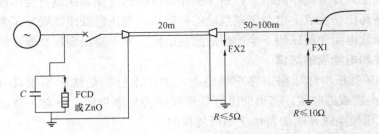

图 3-35　300kW 及以下电机的简化防雷保护接线图

图 3-35 表示在母线上装一组避雷器（可以是 FCD 型磁吹阀型避雷器或氧化锌避雷器），该避雷器应尽可能靠近电动机（或发电机）。同时，在每相避雷器上并联 0.5～1μF 的保护电容器，保护电容器的作用是降低侵入波的陡度（正如变电站需要进线保护段以降低进波陡度一样），防止电机匝间绝缘的损坏以及降低感应过电压的幅值。电机前应有一段大于 20m 长的电缆，电缆两端的铅皮应分别与母线避雷器和保护间隙 FX2 的接地相连。保护间隙 FX2 的作用是：当雷击使 FX2 动作时，雷电流的一部分流入到 FX2 的接地之中，另一部分由于电缆的集肤效应，将主要沿电缆外皮流入地中，这样流到发电机母线上的雷电流将大大减少，从而保证母线避雷器动作时，电流不超过 3kA。FX1 装在 FX2 前 50～100m 处，当雷电波侵入时，FX1 首先动作，可以预先降低一次进波的幅值。FX1 和 FX2 的接地电阻应分别小于或等于 10Ω 和 5Ω。保护电机的保护间隙的数值见表 3-3。

表 3-3　　保护电机的保护间隙的数值

额定电压（kV）	6	10
主间隙（mm）	15	25
辅助间隙（mm）	10	10

第七节　架空电力线路的保护

架空线路纵横延伸，地处旷野，易受雷击。雷击线路时，由线路侵入变电站的雷电波也是威胁变电站设备绝缘的主要因素。据统计，在 35kV 以上电网中，约有 50% 的事故是雷害造成的，可见，对线路的防雷应予以充分重视。

一、电力线路雷过电压产生的途径

（1）雷直击于导线。这在 35kV 及以下没有避雷线保护的线路上最易发生。

（2）绕击。在有避雷线保护的线路上，雷电仍有可能绕过避雷线而击于导线。一般绕击率是很小的。

（3）雷击于杆塔塔顶或避雷线时，由于耦合，会在导线上产生感应电压。

（4）雷击线路附近时，在导线上产生感应雷过电压，因幅值一般不超过 500kV，所以仅对 35kV 及以下线路有危害。

（5）反击。当雷击杆塔顶部时，若杆塔接地电阻过大（规程规定应小于 10Ω）将使塔顶电位升得很高，反过来对导线发生闪络，在线路上造成过电压。

二、防雷措施

1. 架设避雷线

避雷线是高压和超高压输电线路最基本的防雷措施，其主要目的是防止雷直击导线，此外，避雷线对雷电流还有分流作用，可以减小流入杆塔的雷电流，使塔顶电位下降；对导线有耦合作用，可以降低导线上的感应电压。

在我国，330kV 应全线架设双避雷线，220kV 应全线架设避雷线，110kV 线路一般应全线装设避雷线，但在少雷区或运行经验证明雷电活动轻微的地区可不沿全线架设避雷线，保护角一般取 20°～30°，330kV 及 220kV 双避雷线线路，一般采用 20°左右。

为了降低正常工作时避雷线中电流所引起的附加损耗和将避雷线兼作通信用，可将避雷线经小间隙对地绝缘起来，雷击时此小间隙击穿，避雷线接地。

2. 降低杆塔接地电阻

对于一般高度的杆塔，降低杆塔接地电阻是提高线路耐雷水平防止反击的有效措施。有避雷线的线路，每基杆塔（不连避雷线）的工频接地电阻，在雷季干燥时不宜超过表 3-4 所列数值。

表 3-4 　　　　　　　　　　有避雷线输电线路杆塔的工频接地电阻

土壤电阻率（Ωm）	100 及以下	100～500	500～1000	1000～2000	2000 以上
接地电阻（Ω）	10	15	20	25	30

土壤电阻率低的地区，应充分利用杆塔的自然接地电阻，采用与线路平行的地中伸长地线的办法，可以因其与导线间的耦合作用而降低绝缘子串上的电压，从而使线路的耐雷水平提高。

3. 架设耦合地线

在降低杆塔接地电阻有困难时，可以采用在导线下方架设地线的措施，其作用是增加避雷线与导线的耦合作用以降低绝缘子串上的电压。此外，耦合地线还可增加对雷电流的分流作用。运行经验证明，耦合地线对降低雷击跳闸率的作用是很显著的。

4. 采用不平衡绝缘方式

在现代高压及超高压线路中，同杆架设的双回路线路日益增多，对此类线路在采用通常的防雷措施尚不能满足要求时，还可采用不平衡绝缘方式来降低双回路雷击时的跳闸率，以保证不中断供电。不平衡绝缘的原则是使两回路的绝缘子串片数有差异，这样，雷击时绝缘子串片数少的回路先闪络，闪络后的导线相当于地线，增加了对另一回路导线的耦合作用，提高了另一回路的耐雷水平使之不发生闪络以保证继续供电。一般认为，两回路绝缘水平的差异宜为 $\sqrt{3}$ 倍相电压（峰值），差异过大将使线路总故障率增加，具体应从各方面技术经济比较来决定。

5. 装设自动重合闸

由于雷击造成的闪络大多能在跳闸后自行恢复绝缘性能，所以重合闸成功率较高，据统计，我国110kV及以上高压线路重合成功率为75%～95%，35kV及以下线路为50%～80%。因此，各级电压的线路应尽量装设自动重合闸。

6. 采用消弧线圈接地方式

对于雷电活动强烈、接地电阻又难以降低的地区，可考虑采用中性点不接地或经消弧线圈接地方式，绝大多数的单相着雷闪络接地故障能被消弧线圈所消除。而在两相或三相着雷时，雷击引起第一相导线闪络并不会造成跳闸，闪络后的导线相当于地线，增加了耦合作用，使未闪络相绝缘子串上的电压下降，从而提高了耐雷水平。

7. 装设管型避雷器

一般在线路交叉处和在高杆塔上装设管型避雷器以限制过电压。

8. 加强绝缘

在冲击电压作用下木材有较良好的绝缘，因此可以采用木横担来提高耐雷水平和降低建弧率。我国受客观条件限制一般不采用木绝缘。

对于高杆塔，可以采取增加绝缘子串片数的办法来提高其防雷性能。高杆塔的等值电感大，感应过电压大，绕击率也随高度而增加，因此，全高超过40m有避雷线的杆塔，每增高10m应增加一片绝缘子，全高超过100m的杆塔，绝缘子数应结合运行经验通过计算确定。

复 习 思 考 题

(1) 简述过电压的概念。

(2) 简述雷云的形成过程。

(3) 雷电有哪些危害？

(4) 简述避雷针、避雷线的结构及工作原理。

(5) 某电厂油罐直径为10m，高出地面12m，现采用单根避雷针保护，避雷针距油罐至少5m远，该避雷针的高度应是多少？

(6) 简述阀型避雷器的工作原理。

(7) 简述氧化锌避雷器的优点。

(8) 架空线路防雷有哪些措施？

第四章　电气设备绝缘预防性试验

所谓绝缘的预防性试验是指对电气设备的绝缘每经过一定时间的运行，不论运行情况如何，都要进行的试验。通过试验，掌握电气设备绝缘状况，及早发现其缺陷，进行相应的维护与检修，以免运行中的电气设备绝缘在工作电压或过电压作用下击穿，造成事故。因此，绝缘预防性试验起着预防事故的作用。

电气设备绝缘缺陷可分为两大类：一类为集中（局部）性缺陷，如局部放电，局部受潮、老化、机械损伤等；另一类为分布（整体）性缺陷，如绝缘整体受潮、老化、变质等。因此，电气试验人员应该通过各种试验，查处绝缘缺陷并及时处理，防患于未然。

绝缘试验一般分为两大类：一类为非破坏性试验，做此类试验时对电气设备所加的电压低于其正常工作时的电压，不会由于试验而损伤电气设备绝缘，如绝缘电阻吸收比试验、介质损耗因数 tanδ 试验、泄漏电流试验等。另一类为破坏性试验，如交流耐压试验、直流耐压试验，做此类试验时用较高的试验电压来考虑设备的绝缘缺陷，因此，个别情况下可能给被试设备的绝缘造成一定的损伤。

应当注意的是：必须在做完非破坏性试验合格后才能做破坏性试验，以避免对绝缘的无辜损伤甚至击穿。

第一节　绝缘电阻、吸收比和极化指数的测量

一、试验原理

测量绝缘电阻、吸收比和极化指数就是利用吸收现象来检查绝缘是否整体受潮，有无贯通性的集中性缺陷。

绝缘电阻表偏转角 α 的大小和两并联支路中电流的比值有关，即

$$\alpha = f(I_V/I_A) \tag{4-1}$$

在直流电压作用下流过电压线圈的电流为 I_V，流过电流线圈中的电流为 I_A。两电流产生的力矩方向相反，在力矩差的作用下线圈带动指针旋转，直到平衡为止。I_A 流过被测电阻，所以偏转角的大小就反映了被测电阻的大小。

（一）绝缘电阻

绝缘电阻是指在绝缘体的临界电压以下，施加直流电压 U_- 时，测量其所含的离子沿电场方向移动形成的电导电流 I_g，应用欧姆定律所确定的比值，则

$$R_\infty = \frac{U_-}{I_g} \tag{4-2}$$

式中　R_∞——绝缘电阻；

U_-——直流电压；

I_g——电导电流。

（二）吸收比和极化指数

一般将 60s 和 15s 时绝缘电阻的比值 R_{60}/R_{15} 称为吸收比，用 K_1 表示。当绝缘受潮时

K_1 下降，K_1 的最小值为 1，变压器绝缘要求 K_1 值大于 1.3。吸收比试验与温度及湿度有关，必要时可按相关公式进行换算。K_1 的计算式为

$$K_1 = \frac{R_{60s}}{R_{15s}} \tag{4-3}$$

对于吸收过程较长的大容量设备，如变压器、发电机、电缆等，有时用 R_{60}/R_{15} 吸收比值尚不足以反映绝缘介质的电流吸收过程。为了更好地判断绝缘是否受潮，可采用较长时间的绝缘电阻比值进行衡量，称为绝缘的极化指数，用 K_2 表示，则

$$K_2 = \frac{R_{10min}}{R_{1min}} \tag{4-4}$$

式中　K_2——极化指数；

　　R_{10min}——加压 10min 时测得的绝缘电阻；

　　R_{1min}——加压 1min 时测得的绝缘电阻。

极化指数测量加压时间较长，测定的电介质极化指数与温度无关，变压器极化指数 K_2 一般应大于 1.5，绝缘较好时可为 3~4。

二、试验接线和试验步骤

(一) 试验接线

绝缘电阻、吸收比和极化指数通常是用绝缘电阻表（又称兆欧表）进行测量，其接线如图 4-1 所示（图中被试物为电缆绝缘）。一般绝缘电阻表有三个接线端子，分别为线路 L、地 E 及屏蔽 G。测量时，将线路端子 L 和地端子 E 分别接于被试绝缘的两端，如图 4-1 所示。图 4-1 (a) 用于测量电缆线芯对地的绝缘电阻，端子 L 接电缆线芯，端子 E 接电缆外皮（即接地）；图 4-1 (b) 用于测量电缆两线芯间的绝缘电阻，端子 L 及 E 分别接于电缆两线芯。为避免表面泄漏电流对测量造成误差，还应在绝缘表面加装屏蔽环，并接到绝缘电阻表屏蔽端子 G 上，以使表面泄漏电流短路，如图 4-1 (c) 所示。

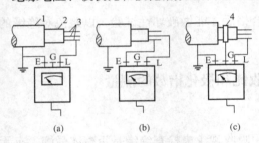

图 4-1　绝缘电阻表测绝缘电阻的接线

(a) 测对地绝缘；(b) 测线芯间绝缘；

(c) 加屏蔽环测对地绝缘

1—电缆金属外皮；2—电缆绝缘；

3—电缆线芯；4—屏蔽环

(二) 试验步骤

1. 选择绝缘电阻表

通常绝缘电阻表按其额定电压分为 500、1000、2500、5000V 几种，应根据被试设备的额定电压来选择绝缘电阻表。一般来说，额定电压为 1000V 以下的设备，选用 1000V 的绝缘电阻表；额定电压为 1000V 及以上的设备，则选用 2500V 绝缘电阻表。

2. 检查绝缘电阻表

使用前应检查绝缘电阻表是否完好。检查的方法是：先将绝缘电阻表的接线端子间开路，按绝缘电阻表额定转速（约 120r/min）摇动绝缘电阻表手柄，观察表计指针，应该指"∞"；然后将线路端子和地端子短接，摇动手柄，指针应该指"0"。如果绝缘电阻表的指示不对，则需调换或修理后再使用。

3. 对被试设备断电和放电

试验前应先检查安全措施，确认该设备已断电，而后还应对地充分放电。对电容量较大的被试设备（如发电机、电缆、大中型变压器、电容器等），放电时间不少于 5min。

4. 接线

按前述的接线方法进行接线。接线中，由绝缘电阻表到被试物的连线应尽量短，线路端子与地端子的引出线间应相互绝缘良好。

5. 摇测绝缘电阻和吸收比

保持绝缘电阻表额定转速，均匀摇转其手柄，观察绝缘电阻表指针的指示，同时记录时间，分别读取摇转 15s 和 60s 时的绝缘电阻 R_{15} 和 R_{60}。R_{60}/R_{15} 的比值即为被试物的吸收比。读数完毕以后，应先将绝缘电阻表线路端子的接线与被试物断开，然后再停止摇转；若线路端子接线尚未与被试物断开就停止摇转，有可能由于被试物电容电流反充电而损坏绝缘电阻表。在试验大容量设备时更要注意这一点。

6. 对被试物放电

测量结束后，还应对被试物进行充分放电，对电容量较大的被试设备，其放电时间同样不应小于 5min。

7. 记录

记录的内容包括使用的绝缘电阻表的型号、被试设备的名称、编号、铭牌规范、运行位置、本体温度、环境温度、试验现场的湿度以及摇测被试设备所测得的绝缘电阻值等。

三、对试验结果的判断

对电气设备所测得的绝缘电阻、吸收比和极化指数，应按其值的大小，通过比较进行分析判断。

1. 绝缘电阻、吸收比和极化指数数值

所测得的绝缘电阻、吸收比和极化指数不应低于《电力设备预防性试验规程》规定值。若低于规定值，应进一步分析，查明原因。

2. 试验数值的相互比较

（1）将所测得的绝缘电阻、吸收比和极化指数数值与该设备历次试验的相应数值进行比较（包括大修前后相应数值比较），与其他同类设备比较，与同一设备各相间比较，其数值都不应有较大的差别。否则应引起注意，对重要的设备必须查明原因。

（2）对容量比较大的高压电气设备，如电缆、变压器、发电机、电容器等的绝缘状况，主要以吸收比和极化指数的大小为判断的依据。如果吸收比和极化指数有明显下降者，说明绝缘受潮，或油质严重劣化。

第二节　泄漏电流试验

一、试验原理

泄漏电流试验的原理与绝缘电阻试验的原理是一致的。泄漏电流试验所用的直流试验电压由高压整流设备供给，电压数值比绝缘电阻表的高，并且可以调节，对一定电压等级的设备绝缘可以施加相应的试验电压，这样绝缘本身的弱点就更容易显示出来。另外，泄漏电流试验是用微安表来指示泄漏电流值，所以读数比绝缘电阻表精确，同时可以在加压过程中随

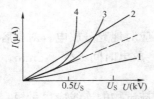

图 4-2　实测的某发电机典型泄漏电流曲线

1—绝缘良好；2—绝缘受潮；3—绝缘有集中性
缺陷；4—绝缘有危险的集中性缺陷；
U—直流电压；U_S—直流耐压；I—泄漏电流

时监视微安表的读数，以了解绝缘的状况。总之，泄漏电流试验对于发掘绝缘的缺陷比绝缘电阻试验更为灵敏和有效。图 4-2 所示为实测的某发电机典型泄漏电流曲线。

二、试验接线和试验步骤

(一) 试验接线

泄漏电流的试验接线有多种方式，但按微安表所处位置的不同可以分为两种：微安表处于低压侧和微安表处于高压侧。

图 4-3 所示为微安表处于低压侧的试验接线。图中，μA 为微安表，串接于试验变压器 (T) 高压绕组与地线之间，即处于零电位 (低压侧)；被试品为电机绕组的绝缘；T 为调压器；V 为半波整流用硅堆；R 为限流电阻。这种微安表处于低压侧的接线方式，在进行试验时，读数方便。但是，由于电路的高压引线等对地的杂散电流 (泄漏电流、电晕电流) i_1 以及高压试验变压器对地的泄漏电流 i_2 等都经过微安表，使微安表的读数中包含了被试绝缘泄漏电流以外的电流，造成测量的误差。虽然可以采用接入被试品前、后在同一数值试验电压下读取两次泄漏电流值，然后用两次读数之差求得被试绝缘的泄漏电流，但是也还存在一定的误差。因此，在实际测试中，如果被试品不直接接地，则微安表可接在被试品与地之间，上述误差即可消除。如果被试品一端已直接接地，则可采用微安表处于高压侧的接线。

图 4-4 所示为微安表处于高压侧的试验接线。在这种接线中，高压试验变压器对地的泄漏电流 i_2 不经过微安表；如果微安表以及从微安表到被试品一段引线采用屏蔽措施 (微安表采用屏蔽罩，高压引线采用屏蔽线，图 4-4 中均用虚线画出)，则高压引线的杂散电流也不经过微安表，微安表所指示的即为流经被试绝缘的泄漏电流。所以，用这种接线测量比较准确。采用这种接线的缺点是：读数不方便；微安表必须有足够的绝缘，而且操作人员在试验过程中调整微安表的量程时，应采取相应的绝缘安全措施 (如用绝缘棒)，所以操作比较麻烦。

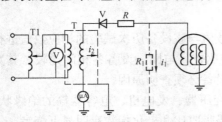

图 4-3　微安表处于低压侧的试验接线

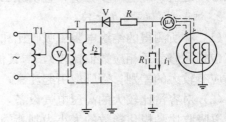

图 4-4　微安表处于高压侧的试验接线

(二) 试验步骤

1. 确定试验电压值

根据被试设备绝缘的情况，按照有关标准的规定，确定试验中应施加的直流试验电压值。如果泄漏电流试验结合直流耐压试验进行，则应施加的最高试验电压，应是直流耐压试验电压值。

2. 选择试验设备及试验接线方式

根据试验电压的大小、现有试验设备的条件，选择合适的试验设备及试验接线方式，并正确绘出试验接线图。

3. 现场布置和接线

对选择好的试验设备，结合试验现场情况，进行合适的布置，而后按接线图进行接线。接线完毕，应由第二人认真检查各试验设备的位置、量程是否合适，调压器指示应在零位，所有接线应正确无误。

4. 逐级升压和读取泄漏电流值

可按直流试验电压值的 25%、50%、75%、100% 等几个阶段逐级升压，每升高到一级电压时，停留一定的时间（通常为 1min），待微安表指示稳定后，读取此级电压下的泄漏电流值。当电压升高到直流试验电压全值时，持续时间不得超过直流耐压规定的时间。对试验大电容的被试品（如电机、电缆、电容器等），电压的升高应以均匀缓慢的速度进行，以免充电电流过大，损坏试验设备。

5. 降压、断电及放电

上述试验结束后，应迅速降低电压到零，再切断电源，而后将被试物对地充分放电，对电容较大的被试物，放电时间也不应少于 5min。

在施加电压过程中，若发生击穿、闪络现象或微安表指示大幅度摆动等异常情况，应该立即降低电压到零，断开电源，充分放电，并分析查明原因。

6. 整理记录并绘制电流电压关系曲线

记录的内容包括被试设备的名称、编号、铭牌规范、运行位置、本体温度、环境温度、试验现场的湿度；试验过程中所施加的直流电压值和测量到的相应泄漏电流值。将记录整理后，还应绘制泄漏电流对所施加的直流电压关系曲线。

三、对试验结果的判断

对泄漏电流试验结果的分析判断与绝缘电阻和吸收比试验相类似，应着重从以下几方面进行。

1. 泄漏电流值

泄漏电流试验中所测得的泄漏电流值不应超出《电力设备预防性试验规程》规定值，若有明显超出，应该查明原因。

2. 试验数据的相互比较

将泄漏电流数值与被试设备历次相应数据比较，同一设备各相间互相比较，与其他同类设备比较，都不应有显著的差异。同时，在泄漏电流试验中，每一级试验电压下，泄漏电流不应随加压时间的延长而增大，否则说明绝缘存在一定的缺陷。

3. 分析电流对电压的关系曲线

从泄漏电流对试验电压关系的发展趋势来判断，如果电流随电压增长较快或急剧上升，则表明绝缘不良或内部已有缺陷。

在对泄漏电流试验结果进行分析判断时，和绝缘电阻试验一样，应排除温度、湿度、脏污等因素的影响。

第三节　介质损失角正切值试验

一、试验原理

电介质不是理想的绝缘材料，在交流电压作用下，绝缘材料将产生损耗。把绝缘的功率因数角的余角称为介质损耗角，用 δ 表示。

绝缘介质损耗的大小，实际上是绝缘性能优劣的一种表示。同一台设备，绝缘良好，介质损耗就小；绝缘受潮劣化，介质损耗就大。

介质损耗 P 与外施电压 U 以及试品几何尺寸有关系，而 $\tan\delta$ 却与外施电压和试品尺寸无关，仅与被试品的绝缘性能有关。因此可用 $\tan\delta$ 值表征介质在交流作用下的绝缘性能。

二、QSI 型电桥及接线

测量介质损耗角正切值 $\tan\delta$ 通常用 QSI 型西林电桥。

QSI 型西林电桥是一种平衡电桥，具有灵敏度高、测量精确、携带方便的特点，其基本原理如图 4-5 所示。电桥由 4 个桥臂组成，AF 臂接被试品 C_X、R_X，BF 臂接无损标准电容器 C_N，BD 臂接入固定无感电阻 R_4 及与之并联的可变电容器 C_4，AD 臂接可变无感电阻 R_3，在 FD 对角间加试验电压，AB 对角间接入振动式检流计 G。

当电桥平衡时，检流计中无电流通过，光带最窄，则有

$$\tan\delta = \omega C_4 R_4 \qquad\qquad (4-5)$$

$$C_X = \frac{R_4}{R_3} C_N \qquad\qquad (4-6)$$

在 QSI 型西林电桥中，令 $R = 10\,000/\pi = 3184$（Ω）；在工频下使用时，$\tan\delta = 10^6 C_4$，若 C_4 的单位为 μF，则 $\tan\delta = C_4$，试验时调节 R_3、C_4，使电桥平衡，就可直接读出 $\tan\delta$。调节 R_3 是使对应的桥臂电压的幅值相等，调节 C_4 是使相应电压的相角相等。R_3 由十进制电阻箱组成，ρ 为滑线电阻，它作为 R_3 的微调。C_4 也是由十进制电容箱组成。

QSI 型西林电桥有正接线和反接线两种试验接线，如图 4-6 所示。被试品两端对地都绝缘，采用正接线，如测量变压器高低压绕组间的 $\tan\delta$。被试品一端接地时采用反接线，如测量变压器、互感器绕组对地的 $\tan\delta$。

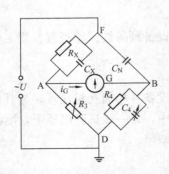

图 4-5　QSI 型西林电桥的基本原理

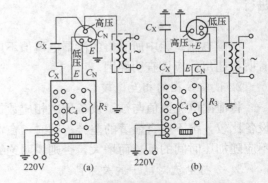

图 4-6　QSI 型西林电桥试验接线图
(a) 正接线；(b) 反接线

正接线时，电桥处于低压侧，操作比较安全，外界干扰的影响也较小。反接线时，电桥处于高压侧，R_3、C_4 在高压端，操作不太安全，因此电桥本体内的全部元件都应具有足够的对地绝缘强度。QSI 型西林电桥是通过绝缘连杆调节 R_3、C_4，调节手柄的绝缘强度应能保证人身安全，这样操作方便，从而得到了广泛应用，但这种接线法比正接法抗干扰能力差。

三、试验步骤

(1) 按被试设备的类型，选择接线方式并按图 4-6 接好线。

（2）将 R_3、C_4 及检流计灵敏度等旋钮均放在零位，极性切换开关置于"＋tanδ"的断开（中间）位置。调谐度旋钮可在任一位置。合上检流计电源，调节检流计谐振旋钮至光带最窄，逐级放大检流计灵敏度，微调谐振旋钮至光带最窄时为止，随后灵敏度调至最小位置。

（3）根据试品电容电流的大小，选择分流转换开关的位置。如事先不知道试品的电容量，可把分流器旋钮放在最大的一档。在试验变压器高压绕组接地端接一块微安表，加上试验电压后，读取电流数值再加以调整。

（4）确认接线无误后，合上调压器电源开关，把试验电压升到所需值，一般在 5kV 及 10kV 电压下各测一次 tanδ 及电容量。

（5）在 5kV 时将极性开关扳至"＋tanδ"的"接通 1"位置，调整检流计灵敏度旋钮，使光带扩大到满刻度的 1/3～1/2，旋转检流计调谐旋钮，使光带达到最大，逐步调节 R_3、C_4，使光带缩到最小，然后提高灵敏度继续调 R_3、C_4，使光带收缩，这样反复调节，最后直至灵敏度最大时，光带调到最小为止（与灵敏度在"0"时一样），则此时可认为电桥平衡。记录 R_3、C_4 的数据，将灵敏度退到"0"位。继续升压到 10kV，重复上述操作进行测试。

（6）做完记录后，将灵敏度退回"0"位，断开极性开关，降低试验电压，拉开电源开关，将 R_3、C_4 旋钮退回零位。

（7）应注意：

1）每次升压或改换开关操作时须将检流计灵敏度置于最小；

2）在高压下不得有电晕产生，否则电桥不能平衡；

3）升压前，将检流计反向开关在两个位置上进行观察，在最大灵敏度下观察是否存在磁场干扰，如有，则应在两个位置上进行测试后取平均值；

4）测试完毕，如需触及高压端部件时，须切断高压电源，并用绝缘棒将设备接地放电，以保证人身安全。

四、试验结果分析

结果判断方法与前面几个试验相同，试验结果不应大于规程标准值。一般地，绝缘良好的电介质 tanδ 很小，绝缘受潮、老化后 tanδ 增大。由于 tanδ 与温度有很大关系，温度愈高，tanδ 愈大。因此，在比较时应注意在相同温度下进行，不同温度下应换算。

对大体积绝缘设备中的局部缺陷，测量 tanδ 是难以发现的。应尽可能将设备分解，逐一测试，直至找到有缺陷的部分。

设备绝缘的 tanδ 值虽能说明一些问题，但对于了解电气设备的实际情况来说，更重要的是观察在不同试验电压下 tanδ 的变化。在不同试验电压下，tanδ 太大时，设备绝缘必然有不良现象存在。

第四节　绝缘油的电气性能试验

绝缘油的电气性能试验有两项，即电气强度试验和测量 tanδ 值。

一、绝缘油的电气强度试验

绝缘油的电气强度试验是在绝缘油中放入一定形状的标准电极，电极间加上工频试验电压，并以一定的速度逐渐升压，直至电极间的油隙击穿为止，击穿时的电压值即为绝缘油的击穿电压（kV），或换算为击穿强度（kV/mm），此击穿强度又称绝缘油的电气强度。

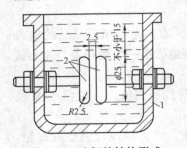

图 4-7　油杯的结构形式
（单位：mm）
1—绝缘外壳；2—黄铜电极

绝缘油电气强度试验时，所使用的仪器主要有专用的油击穿试验器和试油杯。油杯的结构形式如图 4-7 所示。按有关技术规定，图中油杯的容量应为 200mL 油杯，用瓷或玻璃制成。油杯中安置有标准电极。电极用黄铜或不锈钢制成，直径为 25mm，厚 4mm，倒角半径 R 为 2.5mm。电极面应垂直，两电极必须平行。从电极到杯壁和杯底的距离应不小于 15mm。油杯中盛入被试绝缘油，使上层油面至电极间的距离不小于电极至油底的距离。试验时，油杯的两极接在专用油击穿试验器高压侧的两端。

绝缘油电气强度试验的步骤及注意事项如下所述。

1. 清洗油杯

试验前，应先用汽油、苯或四氯化碳洗净油杯及电极并烘干。洗涤时，用洁净的丝绢，不可用布或棉纱。电极表面有烧伤痕迹的不可再用。调整好电极距离，使其保持 2.5mm。油杯上要加玻璃罩。试验在室温 15～35℃、湿度不高于 75% 条件下进行。

2. 油样处理

被试油样送到试验室后，必须在不破坏原有储藏密封的状态下放置相应的时间，直至油样接近室温。在油倒出以前，应将储油容器颠倒数次，使油均匀混合，并尽可能不产生气泡。然后用被试油将油杯和电极冲洗两、三次，再将被试油沿油杯壁徐徐注入油杯，盖上玻璃盖或玻璃罩，静置 10min 后再加压试验。

3. 加压试验

将专用油击穿试验器高压侧两端接在油杯两电极上后，按油击穿试验器操作要求对其进行操作，使高压侧电压从零升起，升压速度为 3kV/s，直至油隙击穿，并记录击穿电压值。这样重复试验 5 次，取其平均值作为绝缘油的击穿电压值。

4. 击穿时的电流限制

为了减少油击穿后产生的碳粒，应将击穿时的电流限制在 5mA 左右。在每次击穿后，要对电极间的油进行充分搅拌，并静置 5min 后再重复试验。

二、绝缘油 tanδ 值的测量

测量绝缘油 tanδ 值用的主要仪器，一是高压交流电桥，二是测量油杯。要求交流高压电桥的灵敏度较高，其所测 tanδ 值的基本误差应小于 1.5%。

使用 QSI 型电桥测量绝缘油的 tanδ 值的接线图如图 4-8 所示，图中电桥采用正接线方式。

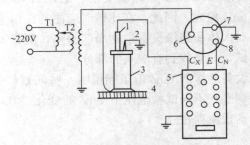

图 4-8　使用 QSI 型电桥测量绝缘油的 tanδ 值的接线图
1—油杯低压电极导电杆；2—油杯屏蔽电极导电杆；3—油杯的高压电极；4—绝缘板；5—QSI 型电桥本体；6—标准电容器"高压"接线柱；7—标准电容器"地"接线柱；8—标准电容器"低压"接线柱

绝缘油 tanδ 值的试验步骤及注意事项如下所述。

1. 清洗油杯

试验前先用四氯化碳或酒精等清洗剂将测量油杯仔细清洗并烘干，以防附着于电极上的任何污物、杂质及水分潮气等影响试验结果，还应测试空杯的 tanδ 值，并小于 0.01％，才能满足于绝缘油测试准确度的要求。

2. 绝缘油取样

将测试 tanδ 的绝缘油取样后，送远方试验时，取样的瓶需用蜡封好，以防受潮且应在 24h 内尽快进行试验。

3. 施加适当的试验电压和温度

试验电压由测量油杯电极间隙大小而定，保证间隙上的电场强度为 1kV/mm，一般测量油标间隙为 2mm，因此施加 2kV 试验电压即可。在注油试验前，还必须对空杯进行 1.5 倍工作电压的耐压试验。然后用被试验绝缘油冲洗油杯两、三次，再将被试绝缘油注入油杯，静置 10min 以上。待油中气泡逸出后，在常温下进行 tanδ 的测量。由于判断油质的好坏主要是以高温下测得的 tanδ 值为准，因此还必须将被试油样升温（变压器油应升温到 90℃、电缆油应升温到 100℃）。升温装置可以使用与油杯配套的温度控制加热器或油浴加热器等，但必须注意的是不论采用哪一种升温装置，使温度达到所需数值时，虽然断开加热电源，但油杯内的温度仍要继续上升，这就需要试验人员根据操作电桥的经验在油杯未达到预定温度时开始进行 tanδ 测试，一般可以在预定温度前的 5～8℃ 开始测试，待测试完毕，油杯即可达到所需温度。

绝缘油的电气强度及 tanδ 标准按《电力设备预防性试验规程》执行，例如，用于额定电压为 330kV 的新设备投入运行前的绝缘油和运行中的绝缘油，其电气强度应分别不小于 20kV/mm 和 18kV/mm；在 90℃ 时的 tanδ 值，用于新设备投入运行前的绝缘和运行中的绝缘油应分别不大于 0.7％ 和 2％。

第五节　交流耐压试验

一、试验的目的与意义

虽然对电力设备进行的一系列非破坏性试验（绝缘电阻及吸收比试验、直流泄漏电流试验、tanδ 试验），能发现一部分绝缘缺陷，但因这些试验的试验电压一般较低，往往对某些局部缺陷反应不灵敏，而这些局部缺陷在运行中可能会逐渐发展为影响安全运行的严重隐患。如局部放电缺陷可能会逐渐发展成为整体缺陷，在过电压下使设备失去绝缘性能而引发事故。因此，为了更灵敏、有效地查出某些局部缺陷，考验被试品绝缘承受各种过电压的能力，就必须对被试品进行交流耐压试验。

进行交流耐压试验时要对电气设备施加略高于运行中可能遇到的过电压数值，并持续一定时间，通过交流耐压试验的电气设备就能保证它的绝缘强度。此试验必须在做完非破坏性试验和直流耐压试验并且合格的情况下才能进行。

二、试验接线及试验步骤

（一）试验接线

如图 4-9 所示为交流耐压试验的一般接线图。图中，U、V、W 表示发电机三相绕组，被耐压相为 U 相，凡当时不耐压的绕组都应短路接地。为了比较准确地测量高压侧的电压，通常用静电电压表或电压互感器在高压侧直接进行测量。试验变压器低压侧电压表的读数只起参考作用。短路开关 Q2 是用以保护电流表 PA2 的，在读取 PA2 的数值时将 Q2 断开，不需读取 PA2 数值时将 Q2 合上短路。当被试品击穿，通过 PA2 的电流一般会急剧地上升，此时，试验变压器低压侧的电流也要上升，若过流继电器的整定值合适，电磁开关 Q1 要断开。

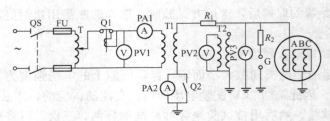

图 4 - 9　交流耐压试验的一般接线图

QS—隔离开关；FU—熔断器；T—调压器；Q1—电磁开关；PV1、PV2—电压表；
PA1、PA2—电流表；T1—试验变压器；T2—电压互感器；Q2—短路刀闸；
R_1、R_2—保护电阻；PV3—静电电压表；G—保护球隙

（二）试验步骤

由于交流耐压试验在绝缘预防性试验中是一项决定性的试验，在交流耐压试验中，会使绝缘中的一些弱点更加发展，对绝缘有一定的破坏。所以，必须在做了其他各项试验（包括直流耐压试验）之后，并查明通过其他各项试验，设备绝缘没有发现什么问题，才能进行交流耐压试验。若通过其他项目的试验认为设备绝缘存在问题，应查明原因，并加以消除，否则不应轻率地决定做交流耐压试验。

进行交流耐压试验的步骤和注意事项主要有以下几点。

1. 确定试验电压值

根据被试设备情况，按照有关标准的规定，恰当地确定交流耐压试验的电压值。

2. 选择试验设备及绘出试验接线图

根据被试设备的参数、试验电压的大小和现有试验设备的条件，选择合适的试验设备。例如，工频试验变压器的输出电压、电流、容量，各测量仪器的量程，都应满足试验的要求。根据试验的要求和选择好的试验设备情况，正确绘出试验接线图。

3. 现场布置和接线

根据试验现场的情况，对选择好的试验设备进行合适的现场布置，而后按试验接线图进行接线。现场布置和接线时，应注意高压对地保持足够的距离，高压与试验人员应保持足够的安全距离，高压引线应连接牢靠，并尽可能短，非被试相及设备外壳应可靠接地。接线完毕，应由第二人进行认真全面的检查。例如，各试验设备的容量、量程、位置等是否合适，调压器指示应在零位，所有接线应正确无误等。

4. 调整保护球隙

拆去接在被试物上的高压引线，将接于试验变压器接地端的电流表短路（如图 4 - 9 中，将 Q2 合上），再合上试验电源开关 QS，调节调压器缓慢均匀地升高电压。设法调整保护球隙距离，使其放电电压为试验电压的 1.1～1.2 倍。然后降低电压到试验电压值，持续

1min，观察各种表计有无异常，再将电压降到零，断开试验电源开关。

5. 进行耐压

上述步骤进行之后，将高压引线牢靠地接到被试物上，然后合上电源开关，开始升压。试验电压的上升速度，在试验电压的 40% 以前可以是任意的；其后应以每秒钟 3% 的试验电压连续升到试验电压值。在试验电压下持续规定的时间进行耐压（耐压时间一般为 1min），耐压结束，应在 5s 内均匀地将电压降到试验电压值的 25% 以下，直至降压到零，再拉开电源开关，将被试物接地。

在升压、耐压过程中，应密切观察各种仪表的指示有无异常，被试绝缘有无跳火、冒烟、燃烧、焦味、放电声响等现象，若发生这些现象，应迅速而均匀地降低电压到零，断开电源开关，将被试物接地，以备分析判断。

6. 耐压后的检查

耐压以后，应紧接着对被试物进行绝缘电阻的测试，以了解耐压后的绝缘状况。对有机绝缘，经耐压并断电、接地后，试验人员还可立即用手进行触摸，检查有无发热现象。

三、对试验结果的判断

被试物在交流耐压试验中，一般以不发生击穿为合格，反之为不合格。被试物是否发生击穿可按下列情况进行分析。

（1）表计的指示。如果接入试验线路的电流表指示突然大幅度上升，一般情况下则表明被试物击穿。另外，在高压侧测量试验电压时，其电压表指示突然明显下降，一般情况下也表明被试物击穿。

（2）电磁开关的动作情况。若接在试验线路上的过流继电器整定值适当，当被试物击穿电流过大时，过流继电器要动作，电磁开关跟着断开。所以，电磁开关跳开时，表示被试物有可能击穿。当然，若过流继电器整定值过小，可能在升压过程中并非被试物击穿，而是被试物电容电流过大，造成电磁开关跳开；若整定值过大，即使被试物放电或小电流击穿，电磁开关也不一定跳开。所以，对电磁开关发生动作还应进行具体分析。

（3）升压和耐压过程中的其他异常情况。被试物若在升压和耐压过程中发现跳火、冒烟、燃烧、焦味、放电声响等现象，则表明绝缘存在问题，或击穿。

（4）对有机绝缘，耐压试验以后经试验人员触摸，若出现普遍的或局部的发热，都应认为绝缘不良（例如受潮），需进行处理（例如干燥）。

（5）对综合绝缘的设备或者有机绝缘，其耐压后的绝缘电阻与耐压前的比较不应明显下降，否则必须进一步查明原因。

（6）在耐压过程中，若由于空气的湿度、温度，或被试绝缘表面脏污等的影响，引起沿面闪络或空气放电，则不应轻易地认为不合格，应该经过清洁、干燥处理后，再进行耐压；当排除外界的影响因素之后，在耐压中仍然发生沿面闪络或局部有火红现象，则说明绝缘存在问题，例如老化、表面损耗过大等。

第六节 直流耐压试验

一、试验原理

直流耐压试验的实验原理跟交流耐压相似。

二、试验接线及试验步骤

直流耐压试验的接线与泄漏电流试验相同，如图 4-3、图 4-4 所示。

直流耐压试验的步骤与泄漏电流试验的步骤也基本相同。在绝缘预防性试验中，泄漏电流试验和直流耐压试验往往是一道进行的。不过，进行直流耐压试验时应格外注意以下几点。

1. 试验程序

直流耐压试验是属于鉴定绝缘耐电强度的破坏性试验。因此，需要在其他各项非破坏性试验进行之后，并且通过其他各项非破坏性试验没有发现什么问题，才能进行直流耐压试验。同时，如前所述，直流耐压试验又应在交流耐压试验之前进行。

2. 试验电压的确定

直流耐压试验电压的确定也是一个重要的问题。为了充分发挥直流耐压试验的优越性，应该提高直流耐压试验的电压数值，现在是参考绝缘的交流耐压试验电压和交、直流下击穿强度之比，并主要根据运行经验来确定。例如对发电机定子绕组，通过大量的直流电压和交流电压对比击穿试验后，发现此比值 α 有一定的变化范围，一般 α 为 $1\sim3.5$。对于良好绝缘，α 取为 2，即交流耐压试验电压为 1.5 倍额定电压时，直流耐压试验电压可采用 3 倍额定电压。实际上，直流耐压试验电压值在有关试验标准中已有具体规定，试验时，应按标准规定恰当地确定试验电压。

3. 试验电压的极性

在对油浸纸绝缘电缆之类的设备进行直流耐压试验时，一般是将直流试验电压的负极接于缆芯导线上，如果正极接缆芯导线，则绝缘中如有水分存在，将会因电渗透性作用使水分移向铅包，结果使缺陷不易发现。

4. 升压速度

对试验大电容的被试品（如电缆、电机、电容器等），电压的升高应以缓慢的速度进行，以免充电电流过大而损坏试验设备。但是当电压升高到接近试验电压时，升压速度不能过于缓慢，因为此时升压太慢就等于延长对被试品施加接近试验电压的时间。一般当电压升高到试验电压的 75％时，以后大致以每秒 2％的试验电压升高到试验电压值。

5. 耐压时间

由于直流耐压时绝缘内部的介质损耗极小，绝缘内部的局部放电不易发展，因此要求耐压的时间较长，在试验电压下，大都采用 $5\sim10min$ 耐压时间，有的可达 15min。

6. 测量绝缘电阻

直流耐压试验的前后，均应测量被试品的绝缘电阻，以了解耐压前后绝缘的变化情况。

三、对试验结果的判断

对直流耐压试验的结果，主要从以下几方面进行分析判断。

1. 被试品是否发生击穿

被试品在规定的直流耐压试验电压下和持续的时间内，若发生击穿，则判断为不合格。被试品是否发生击穿可以从表计的读数及断电后放电火花的大小等方面进行分析。试验中若发现接入试验线路的微安表指示突然急剧地增高，或者接入试验线路的电压表的指示突然明显下降，一般情况下表明被试品击穿。对电容量较大的试品，当表计发生上述情况时，去掉直流高压后，将被试品对地放电，火花很小，甚至没有火花，则更能表示被试品已被击穿。

2. 微安表指示有无周期性摆动

在试验中,如果微安表指示有周期性地大幅度摆动,常常说明被试绝缘有间隙性的击穿。这是由于在一定电压下,间隙被击穿,电流突然增大,被试品电容上的电荷经被击穿的间隙放电,充电电压下降直到间隙绝缘相应恢复,电流又减小;继后,充电电压又升高,再使间隙击穿、再放电……如此重复发生上述现象,因而导致微安表指示发生周期性地摆动。

但是,发生微安表指示周期性摆动,应排除其他因素的影响,例如,被试绝缘表面脏污、试验电源波动、试验设备本身绝缘不良等,都会引起泄漏电流不稳定,造成微安表指示摆动。此外,如果用整流管整流时,整流管老化或灯丝电压不足也会造成电流表指示周期性摆动。这些都是应加以区别的,否则会造成误判断。

3. 泄漏电流随耐压时间的变化情况

在耐压过程中,若泄漏电流随耐压时间的增长而上升,常常说明绝缘存在缺陷,如绝缘分层、松弛、受潮等。对于电缆一类绝缘,发现泄漏电流随耐压时间而上升时,通常还应再适当延长耐压时间,以进一步观察绝缘是否被击穿。

4. 耐压前后绝缘电阻值的变化

如果耐压以后的绝缘电阻值比耐压前的显著降低,则说明绝缘有问题,甚至已在试验电压下击穿。

复 习 思 考 题

(1) 阐述绝缘电阻、吸收比和极化指数试验步骤。
(2) 对泄漏电流试验的结果,怎样分析、判断?
(3) 西林电桥正、反接线各有什么优缺点?
(4) 绘出交流耐压试验的一般接线图,并说明其中各试验设备、元件的作用。
(5) 简述交流耐压试验的步骤和注意事项。
(6) 对交流耐压试验的结果怎样进行分析、判断?
(7) 直流耐压试验与交流耐压试验比较有何异同?
(8) 对绝缘油进行耐电强度试验时应注意哪些事项?

第五章 电 气 设 备 检 查

供用电设备的状况直接影响供用电安全及对客户安全、可靠地供电。用电检查人员必须按规定对相关的供用电设备进行检查，及时消除缺陷，避免事故的发生。本章介绍电力变压器、断路器、电容器等主要供用电设备的检查项目及常见故障的处理方法。

第一节　客户受电工程的设计审核、中间检查及竣工检验

一、受电工程设计审核

1. 设计审核的基本要求

（1）受理客户送审的受电工程图纸资料时，应审核报送资料并查验设计单位资质。审查合格后应在受理后的一个工作日内将相关资料转至下一个流程相关部门。对于资料欠缺或不完整的，应告知客户需要补充完善的相关资料。

（2）受电工程设计文件审核工作应依照供电方案和国家相关标准开展，审核结果应一次性书面答复客户，并督促其修改直至复审合格。重要电力客户和供电电压等级在 35kV 及以上客户的审核工作应由客户服务中心牵头组织协调发展策划、生产、调度等有关部门完成。

（3）受电工程设计审核合格后，应在审核通过的受电工程设计文件上加盖图纸审核专用章，并告知客户下一个环节需要注意的事项。

1）因客户自身原因需要变更设计的，应将变更后的设计文件再次送审，通过审核后方可实施，否则，供电企业将不予检验和接电。

2）承揽受电工程施工的单位应具备政府有关部门颁发的承装（修、试）电力设施许可证、建筑业企业资质证书和安全生产许可证。

3）正式开工前，应将施工企业资质、施工进度安排报供电企业审核备案。工程施工应依据审核通过的图纸进行施工。隐蔽工程掩埋或封闭前，应报供电企业进行中间检查。

4）受电工程竣工报验前，应向供电企业提供进线继电保护定值计算的相关资料。

（4）受电工程设计审核时限，自受理申请之日起，低压供电客户不超过 10 个工作日，高压供电客户不超过 30 个工作日。未在规定时限内完成的，应及时向客户做好沟通解释工作。

2. 应送审的设计和资料内容

受电工程设计标准依据国家相关标准，倡导采用节能环保的先进技术和产品，禁止使用国家明令淘汰的产品。

（1）低压供电客户应提供：

1）设计单位资质；

2）受电工程设计及说明书；

3）负荷组成和用电设备清单；

4）影响电能质量的用电设备清单；

5）用电功率因数计算和无功补偿方式及容量；

6）电能计量装置的方式；

7）供电企业认为必须提供的其他资料。

（2）高压供电客户应提供：

1）设计单位资质；

2）以审核后的供电方案为依据的受电工程设计及说明书；

3）负荷组成与分布图及设计计算的最大负荷资料；

4）负荷组成、性质及保安负荷；

5）影响电能质量的用电设备清单；

6）一次受电设备主要技术参数明细表；

7）主要生产设备、生产工艺耗电以及允许中断供电时间；

8）高压受电装置一、二次接线图与变（配）电室的平面布置图；

9）用电功率因数计算和无功补偿方式及容量；

10）过电压保护、继电保护和电能计量装置的方式；

11）隐蔽工程设计资料及接地装置图；

12）线路设备的杆型图及地理位置接线图；

13）产生和消除谐波的技术措施和资料；

14）自备电源及接线方式；

15）供电企业认为必须提供的其他资料。

（3）居民住宅楼客户应提供资料。新建居民住宅小区除提供高压电气部分设计资料外，还须提供住宅配套的低压电气部分设计资料，包括电缆路径、电源进线方式、负荷及进户线配置、电能表箱、重复接地、楼内配线等。

3. 各类用电审核重点

（1）低压供电的客户：审核配电室能否满足相关规定，主要电气设备技术参数应满足供电方案要求，进户线缆型号截面、总开关容量应满足电网安全及客户用电的要求。电能计量和用电信息采集装置的配置应符合 DL/T 448—2000《电能计量装置技术管理规程》的相关标准。

（2）高压供电的客户：审核配电室能否满足相关规定，主要电气设备技术参数、主接线方式、运行方式、线缆规格应满足供电方案要求；继电保护、通信、自动装置、接地装置的设置应符合有关规程；进户线缆型号截面、总开关容量应满足电网安全及客户用电的要求。电能计量和用电信息采集装置的配置应符合 DL/T 448—2000《电能计量装置技术管理规程》的相关标准。

（3）对重要电力客户，还应审核自备应急电源及非电性质保安措施必须满足有关规程、规定的要求。

（4）对有非线性阻抗用电设备（高次谐波、冲击性负荷、波动负荷、非对称性负荷等）的客户，还应审核谐波负序治理装置及预留空间、电能质量监测装置是否满足有关规程、规定要求。

（5）审查配电室内无线信号增益条件，应满足电网调度信息传输要求。

二、受电工程中间检查

客户受电工程中间检查主要是对受电工程涉及地部分、暗敷管线等与电气安装质量密切相关，且影响电网系统和客户安全用电，并需要覆盖、掩盖的隐蔽工程进行检查。

1. 中间检查基本要求

（1）中间检查的期限，自受理之日起，低压供电客户不超过 3 个工作日、高压供电客户不超过 5 个工作日赴现场完成检验工作。

（2）受电工程的隐蔽工程（包括居民住宅的楼内配线应属于隐蔽工程）掩埋或封闭前，客户应报供电企业进行中间检查，供电公司受理中间检查申请后，应及时组织有关部门及供电服务单位依据审核批准的设计图纸和施工质量开展中间检查，并提前与客户预约时间，告知检查项目和应配合的工作。

（3）对检查中发现的问题，应以《受电工程中间检查结果通知单》的形式一次性通知客户整改。客户整改完成后，应报请供电企业复验，复验合格后方可继续施工。

（4）中间检查合格后以《受电工程中间检查结果通知单》书面告知客户。

（5）对未实施中间检查的隐蔽工程，应书面向客户提出返工要求。

2. 中间检查内容

（1）中间检查主要内容：与电气安装质量相关的电缆管沟（井）、接地防雷装置、土建预留开孔、槽钢埋设、通风设施、安全距离和高度、隐蔽工程的施工工艺及材料选用等。

（2）现场检查接地装置的埋深、间距、防腐措施、焊接工艺、选用规格、接地标志等是否符合要求。

（3）现场检查电缆管井转弯半径、防火措施、接地设置、加固措施、沟槽防水等是否符合要求。

（4）现场检查变电站内槽钢预埋、一次和二次电缆孔洞预留、设备位置离墙或其他建筑物的安全间距、设备基础高度、防火距离和防火墙、门窗和排风装置、地平抹平及场地平整等是否符合要求。

三、受电工程竣工检验

客户受电工程竣工检验主要是对与电网系统相连接的受电装置安全接入电网、可靠稳定运行的合格条件，以及维持日常安全运行的建章立制情况进行全面逐项检查和核验。

1. 客户受电工程竣工后客户应提供的资料

（1）竣工报告、竣工图纸及说明。

（2）电气试验及保护整定调试记录：高低压设备交接试验电气试验报告、变压器油化验报告、气体继电器校验报告、保护计算定值通知单和调试报告等。

（3）高压验电器、绝缘手套、绝缘靴、接地线、绝缘棒等安全用具的试验报告。

（4）隐蔽工程的施工及试验记录：高低压电缆路径图、电缆沟施工记录、电缆敷设施工记录、接地网埋设施工记录、接地电阻测试报告等。

（5）运行管理的有关规章制度。

（6）值班人员名单和资格，作业电工人员《电工进网作业许可证》复印件。

（7）电气工程监理报告和质量监督报告。

（8）对居民住宅小区，还应提供各重复接地点的接地电阻测试报告。

（9）供电企业认为必要的其他资料或记录。

2. 竣工检验的主要内容及项目

（1）竣工检验的主要内容：与电网相连接的一次设备安全性能、电气设备特性试验，受电装置进线保护和自动装置整定值及其与客户内部保护间的配合情况，保安电源及非电性质的保安措施，双（多）电源、自备应急电源间闭锁装置的可靠性，以及保证安全用电的技术措施、管理措施和专业运行人员配备情况。

（2）竣工检验电气设备：架空线路或电缆线路、电能计量装置、断路器等开关设备、变压器、互感器、避雷器、电容器组等无功补偿装置、保安电源及自备应急电源、通信自动化设备、继电保护装置及二次接线、闭锁装置及回路、接地系统等。

（3）竣工检验运行准备：运行规程、典型操作票、值班和设备管理等规章制度、设备命名、一次模拟接线图板、安全工器具、防风雨雪及小动物设施、符合资质的进网作业电工配备、电气试验记录和报告、竣工图纸、电气设备档案资料、非电性质的保安措施、应急预案等。竣工检验项目如表 5-1 所示。

表 5-1　　　　　　　　　　　竣 工 检 验 项 目

序号	项目	内　　容
1	基本信息核对	（1）客户名称、用电地址、法定代表人、电气负责人、联系电话等信息与申请资料一致性。 （2）工程承建单位资质的合法性和有效性。 （3）电气设备是否符合国家的政策、法规，是否存在使用国家明令禁止的电气产品。 （4）有无冲击负荷、非对称负荷及谐波源设备等非线性用电设备，是否采取有效的治理措施。 （5）是否有多种性质的用电负荷存在
2	受电线路	（1）架空和电缆线路的安全距离及附属装置符合规范要求。 （2）柱上开关、跌落式熔断器、避雷器等安装正确。 （3）接地装置连接可靠。 （4）线路命名符合要求，架空杆号牌设置明显。 （5）线路相位正确。 （6）电缆路径标识明显，支架安装牢固，防护措施完善
3	配电室（变压器室）	（1）房屋建筑防火、防汛、防雨雪冰冻、防小动物等措施完善，通风良好。 （2）配电室周围通道畅通，道路平整。 （3）通风窗口应配置钢网，门向外开启，门锁装置完整良好，防小动物挡板位置适当。 （4）配电室内环境整洁，地面、通道无杂物堆放。 （5）设备命名正确。 （6）室内照明符合要求。 （7）电缆沟内不积水，盖板平整完好，符合防火要求，电缆孔（洞）已封堵。 （8）墙上隔离开关安装位置正确，操作灵活，安全距离符合要求。 （9）高低压配电设（施）备安装位置、通道距离符合要求

续表

序号	项目	内　　容
4	变压器	（1）试验项目齐全、结论合格；变压器安装符合要求，容量、型号与设计相符。 （2）电压分接开关操作无卡滞、分接指示正确。 （3）油位正常；气体继电器、温度计安装正确；防爆管、防爆膜、呼吸器及硅胶装置良好；全封闭变压器压力泄放装置符合投运要求。 （4）二次接线正确、动作可靠，气体继电器内无异物。 （5）变压器外壳、中性点等接地符合要求。 （6）高低压母排相色标识正确。 （7）油浸变压器外壳完整无渗漏油，干式变压器外绝缘无裂缝，热敏电阻安装位置正确、合理；绝缘子无破裂和放电痕迹。 （8）变压器蝶阀处于运行状态。 （9）变压器命名牌已装挂，命名及编号准确无误
5	开关柜	（1）试验项目齐全、结论合格；安装符合要求，型号、规格与设计相符。 （2）试分、合高低压开关、隔离开关，操作机构动作可靠、灵活。 （3）"五防"装置程序合理。 （4）分合闸指示位置正确、传动机构灵活。 （5）接地良好，绝缘子、真空开关真空灭弧室完好。 （6）铜铝连接处应有铜铝过渡措施，接头连接紧密可靠
6	互感器	（1）试验项目齐全、结论合格；安装符合要求，型号、规格、精度、变比与设计相符。 （2）本体无裂纹、破损，外表整洁，无渗漏油。 （3）一、二次接线正确，接地符合要求。 （4）变比与指示仪表参数对应
7	电容器	（1）试验项目齐全、结论合格；安装符合要求，型号、规格、容量与设计相符。 （2）布置及接线正确合理，无功补偿控制器取样电流回路接线正确完善。 （3）外壳无鼓肚、渗漏油现象，套管无裂纹，安装牢固。 （4）熔断器熔丝的额定电流符合电容器容量要求。 （5）交流接触器型号、规格符合设计要求，限流电阻安装正确，连接牢固，放电回路完整。 （6）接地可靠
8	防雷、接地	（1）试验项目齐全、结论合格；安装符合要求。 （2）避雷器外观完好，安装牢固。 （3）接地装置完整良好，焊接部位符合规范要求，明敷部分应加涂色漆
9	二次回路	（1）连接片命名正确，连接线编号、截面符合要求。 （2）端子排等绝缘良好。 （3）保护定值设置正确，传动试验符合运行要求。 （4）直流操作电源接线正确，直流电压正常

序号	项目	内 容
10	安全工具	(1) 验电器、接地线、绝缘手套、绝缘靴、绝缘垫、标示牌、安全遮栏、灭火器等配置齐全，试验合格。 (2) 接地线编号存放。 (3) 安全工器具放置合理，绝缘垫铺设符合要求
11	其他设备	(1) 双（多）路电源闭锁装置可靠。 (2) 自备发电机用户手续完整，资料齐全，制度完善；单独接地，投切装置符合要求。 (3) 调度通信设备符合要求
12	规章制度	(1) 电气主接线模拟图板符合实际。 (2) 负荷记录簿、事故记录簿、缺陷记录簿、交接班记录簿等簿册齐全。 (3) 有交接班制度、设备缺陷管理制度、巡回检查制度、值班员岗位责任制度。 (4) 建立多电源管理制度和操作规程
13	值班电工	(1) 按规定配备持有进网作业许可证的值班电工。 (2) 值班电工熟悉本厂受电装置情况

第二节 变 压 器 检 查

一、电力变压器分类及型号

1. 电力变压器分类

电力变压器，按用途可分为升压变压器、降压变压器、配电变压器、联络变压器和厂用变压器；按绕组形式可分为双绕组变压器、三绕组变压器和自耦变压器；按相数可分为单相变压器和三相变压器；按调压方式可分为无励磁调压变压器和有载调压变压器；按冷却方式可分为自冷变压器、风冷变压器、强迫油循环风冷变压器和强迫油循环水冷变压器。

2. 电力变压器型号

变压器的型号通常由表示相数、冷却方式、调压方式、绕组线芯材料的符号，以及变压器额定容量、系统标称电压、绕组连接方式组成。变压器产品型号组成形式如图 5-1 所示。

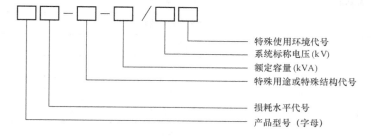

图 5-1 变压器产品型号组成形式

电力变压器产品型号字母排列顺序及含义如表 5-2 所示。

表 5 - 2 　　　　　　　　　　　　　电力变压器产品型号字母排列顺序及含义

序号	分类	含 义		代表字母
1	绕组耦合方式	独立		—
		自"耦"		O
2	相数	"单"相		D
		"三"相		S
3	绕组外绝缘介质	变压器油		—
		空气（"干"式）		G
		"气"体		Q
		"成"型固体	浇注式	C
			包"绕"式	CR
		高"燃"点油		
4	绝缘耐热等级	油浸式	A 级	—
			E 级	E
			B 级	B
			F 级	F
			H 级	H
			绝缘系统温度为 200℃	D
			绝缘系统温度为 220℃	C
		干式	E 级	E
			B 级	B
			F 级	—
			H 级	H
			绝缘系统温度为 200℃	D
			绝缘系统温度为 220℃	C
5	冷却装置种类	自然循环冷却装置		—
		"风"冷却器		F
		"水"冷却器		S
6	油循环方式	自然循环		—
		强"迫"油循环		P
7	绕组数	双绕组		—
		"三"绕组		S
		"分"裂绕组		F
8	调压方式	无励磁调压		
		有"载"调压		Z

序号	分类	含　义		代表字母
9	线圈导线材质	铜		—
		铜"箔"		B
		"铝"		L
		"铝箔"		LB
		"铜铝"复合		TL
		"电缆"		DL
10	铁芯材质	电工钢片		—
		非晶"合"金		H
11	特殊用途或特殊结构	"密"封式		M
		"串"联用		C
		"启"动用		Q
		防雷"保"护用		B
		"调"容用		T
		高阻"抗"		K
		电"缆"引出		L
		"隔"离用		G
		电"容补"偿用		R
		"油"田动力照明用		Y
		发电"厂"和变电站用		CY
		全"绝"缘		J
		同步电机"励磁"用		LC
		"地"下用		D
		"风"力发电用		F
		三相组"合"式		H
		"解体"运输		JT
		卷（"绕"）铁芯	一般结构	R
			"立"体结构	RL

变压器型号举例：

（1）SF9-20000/110 表示一台三相、油浸、风冷、双绕组、无励磁调压、铜导线、20 000kVA、110kV 级电力变压器（其产品损耗水平符合 GB/T 6451—2008）。

（2）SSPZ9-360000/220 表示一台三相、油浸、水冷、强迫油循环、双绕组、有载调压、铜导线、360 000kVA、220kV 级电力变压器（其产品损耗水平符合 GB/T 6451—2008）。

（3）S10-M·R-200/10 表示一台三相、油浸、自冷、双绕组、无励磁调压、铜导线、一般卷铁芯结构、其损耗水平代号为"10"、200kVA、10kV 级密封式电力变压器。

（4）SC9-500/10 表示一台三相、浇注式、自冷、双绕组、无励磁调压、铜导线、损耗水平代号为"9"、500kVA、10kV 级干式电力变压器（其产品损耗水平符合 GB/T 10228—2008）。

二、油浸式变压器巡视与检查

油浸式变压器的基本结构主要有器身、油箱、冷却装置、绝缘套管、调压和保护装置等部件。中小型油浸式电力变压器典型结构如图 5-2 所示。变压器中最主要的部件是铁芯和绕组，它们构成了变压器的器身。

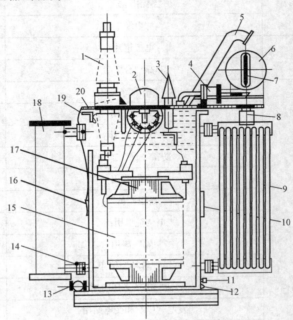

图 5-2　中小型油浸式电力变压器典型结构

1—高压套管；2—分接开关；3—低压套管；4—气体继电器；5—安全气道；6—储油柜；
7—油位计；8—吸湿器；9—散热器；10—铭牌；11—接地螺栓；12—油样阀门；
13—放油阀门；14—碟阀；15—绕组；16—信号温度计；17—铁芯；
18—净油器；19—油箱；20—变压器油

1. 变压器的运行要求

（1）运行温度要求。

1）运行中变压器上层油温的绝对值和温升都不能超过规定值。温升是物体温度与周围介质温度之差。自然循环自冷、风冷的油浸式变压器的温升为 55K。油浸式变压器顶层油温一般规定如表 5-3 所示。

表 5-3　　　　　　　　　　　　油浸式变压器顶层油温一般规定

冷却方式	冷却介质最高温度（℃）	最高顶层油温（℃）
自然循环自冷、风冷	40	95
强迫油循环风冷	40	85
强迫油循环水冷	30	70

在电力变压器的正常使用条件中，在海拔不超过 1000m 的情况下：环境温度是指最高气温＋40℃，最高日平均气温＋30℃，最高年平均气温＋20℃，最低气温－30℃（适用于户外式变压器），最低气温－5℃（适用于户内式变压器）；冷却水最高温度是指冷却器入口处＋30℃。

当冷却介质温度较低时，顶层油温也要相应降低。实际上，为了保护绝缘油不致过度氧化，自然循环冷却变压器顶层油温一般不宜经常超过 85℃，强油风冷变压器上层油温一般不宜经常超过 75℃。

2）油浸式变压器在不同负载状态下运行时，变压器负载电流和温度最大限值如表 5-4 所示（制造厂另有规定的除外）。

表 5-4　　　　　　　　　变压器负载电流和温度最大限值

负载类型		中型电力变压器	大型电力变压器
正常周期性负载	电流（标幺值）	1.5	1.3
	热点温度及与绝缘材料接触的金属部件的温度（℃）	140	120
长期急救周期性负载	电流（标幺值）	1.5	1.3
	热点温度及与绝缘材料接触的金属部件的温度（℃）	140	130
短期急救负载	电流（标幺值）	1.8	1.5
	热点温度及与绝缘材料接触的金属部件的温度（℃）	160	160

（2）运行电压要求。

1）变压器的运行电压一般不应高于 105％的运行分接电压。有特殊规定的变压器，允许在不超过 110％的额定电压下运行。

2）无励磁调压变压器在额定电压±5％范围内改换分接位置运行时，其额定容量不变。如为－7.5％和－10％分接时，其容量按制造厂的规定。有载调压变压器各分接位置的容量，按制造厂的规定。

（3）过负荷的一般规定。

1）变压器的过负荷能力应根据变压器的温升试验报告进行计算和校核。

2）有缺陷的变压器不宜过负荷运行。

3）变压器的载流附件和外部回路元件应能满足超额定电流运行的要求，当任一附件和回路元件不能满足要求时，应按负载能力最小的附件和元件限制负载。

变压器的结构件不能满足超额定电流运行的要求时，应根据具体情况确定是否限制负载和限制的程度。

（4）负载状态的分类。

1）正常周期性负载：在周期性负载中，某段时间环境温度较高或超过额定电流，但可以由其他时间内环境温度较低或低于额定电流所补偿。从热老化的观点出发，它与设计采用的环境温度下施加额定负载是等效的。

2）长期急救周期性负载：要求变压器长时间在环境温度较高，或超过额定电流下运行。这种运行方式可能持续几星期或几个月，将导致变压器的老化加速，但不直接危及绝缘的安全。

3）短期急救负载：要求变压器短时间大幅度超额定电流运行。这种负载可能导致绕组热点温度达到危险的程度，使绝缘强度暂时下降。

2. 变压器巡视与检查

变压器在正常运行时，运行、检修人员通过对本体与组部件的例行检查，掌握变压器的运行情况，及时发现故障隐患。

（1）变压器正常运行时常见的异常现象。

1）体表。变压器的故障和缺陷往往伴随着一些体表现象的变化，应根据变压器的声音、振动、气味、颜色、负荷、温度及其他现象对变压器缺陷作出初步判断。例如：因温度、湿度、紫外线或周围的空气中所含酸、盐等，会引起箱体表面漆膜龟裂、起泡、剥离；因大气过电压、内部过电压等，会引起瓷件、瓷套管表面龟裂，并有放电痕迹；因瓷套管端子的紧固部分松动，表面接触面过热氧化，会引起变色。由于变压器漏磁场分布不均，产生涡流，也会使油箱的局部过热引起油漆变色；因吸潮过度、垫圈损坏、进入其油室的水量太多等原因使吸湿剂变色。通常用的吸湿剂是活性氧化铝、硅胶等，呈蓝色。当吸湿剂从蓝色变为粉红色时，应作再生处理；因变压器呼吸不正常，使内部压力升高引起防爆膜龟裂、破损，当气体继电器、压力继电器、差动继电器等动作时，可推测是内部故障引起的。

2）渗漏油现象。油箱外部闪闪发光或黏着黑色的液体就可能是漏油，主要原因：一是油箱与管道的连接部位，二是油箱箱体本身焊缝的渗漏。此外，内部故障也会使油温升高，油的体积膨胀，发生漏油。

3）变压器声音。正常运行时，由于交流电通过变压器绕组，在铁芯里产生周期性的交变磁通，引起硅钢片的磁致伸缩，铁芯的接缝与叠层之间的磁力作用及绕组的导线之间的电磁力作用引起振动，发出均匀的"嗡嗡"响声。

如果变压器产生不均匀响声或其他响声，都属不正常现象。不同的声响预示着不同的故障现象。若变压器响声比平常增大而均匀时，应检查电网电压情况，确定是否为电网电压过高引起，如中性点不接地电网单相接地或铁磁共振等，另一种也可能是变压器过负荷、负载变化较大引起。若变压器声响较大而嘈杂时，可能是变压器铁芯、夹件松动的问题，此时仪表一般正常，变压器油温与油位也无大变化，应将变压器停运，进行检查。

若变压器声音夹有放电的"吱吱"声时，可能是变压器器身或套管发生表面局部放电。若是套管的问题，在气候恶劣或夜间时，可见到电晕或蓝色、紫色的小火花，应在清除套管表面的脏污后，再涂 RTV 涂料或更换套管。如果是器身的问题，把耳朵贴近变压器油箱，则可能听到变压器内部由于有局部放电或电接触不良而发出的"吱吱"或"噼啪"声，此时应停止变压器运行，检查铁芯接地或进行吊罩检查。

若变压器声音中夹有水的沸腾声时，可能是绕组有较严重的故障或分接开关接触不良而局部严重过热引起，应立即停止变压器的运行，进行检修。当响声中夹有爆裂声时，既大又不均匀，可能是变压器的器身绝缘有限击穿现象，应立即停止变压器的运行，进行检修。

若声音中夹有连续的、有规律的撞击或摩擦声时，可能是变压器的某些部件因铁芯振动而造成机械接触。如果是箱壁上的油管或电线处，可增加距离或增强固定来解决。另外，冷却风扇、油泵的轴承磨损等也发出机械摩擦的声音，应确定后进行处理。

4）油温。油温表指示的是变压器上层油温，运行中的油温一般不超过 85℃；温升是指变压器顶层油温减去环境温度，运行中变压器在外温 40℃时，其温升不得超过 55℃，运行中以上层油温为准，温升是参考数据。

通过比较安装在变压器上的几只不同温度计读数，并充分考虑气温、负荷的因素，判断是否为变压器温升异常。检查变压器油温是否正常的方法有：检查变压器的负载和冷却介质的温度，并与在同一负载和冷却介质温度下正常的温度核对；核对测温装置准确度；检查变压器冷却装置或变压器室的通风情况；检查变压器有关蝶阀开闭位置是否正确，检查变压器油位情况；检查变压器的气体继电器内是否积聚了可燃气体；检查系统运行情况，注意系统谐波电流情况。若温度升高的原因是由于冷却系统的故障，且在运行中无法修复，应将变压器停运修理；若不能立即停运修理，则应按现场规程规定调整变压器的负载至允许运行温度的相应容量，并尽快安排处理。

若经检查分析是变压器内部故障引起的温度异常，则立即停运变压器，尽快安排处理。变压器内部故障还将伴随着气体保护或差动保护动作，故障严重时还可能使防爆管或压力释放阀喷油。若由变压器过负荷运行引起，在顶层油温超过105℃时，应立即降低负荷。

5）变压器油位。变压器的油面正常变化取决于变压器油温的变化，如果变压器油温变化正常，而油位的变化不正常或不变，则说明是假油位。运行出现假油位的原因可能是油标管堵塞、油枕呼吸器堵塞，在处理时应将重瓦斯改接信号。

当发现变压器的油面较当时油温所应有的油位显著降低时，应查明原因，并采取措施；

当油位计的油面异常升高或呼吸系统有异常，需打开放气或放油阀时，应先将重瓦斯改接信号。变压器油位因温度上升有可能高出油位指示极限，经查明不是假油位所致时，则应放油，使油位降至与当时油温相对应的高度，以免溢油。

6）轻瓦斯动作。轻瓦斯动作发信时，应立即对变压器进行检查，查明动作原因是否因积聚空气、油位降低、二次回路故障或是变压器内部故障造成的。如气体继电器内有气体，则应记录气体量，观察气体的颜色及试验是否可燃，并取气样及油样做色谱分析，根据有关规程和导则判断变压器的故障性质。若气体继电器内的气体为无色、无臭且不可燃，色谱分析判断为空气，则变压器可继续运行，并及时消除进气缺陷。若气体是可燃的或油中熔解气体分析结果异常，应综合判断确定变压器是否停运。

7）变压器铁芯缺陷。变压器铁芯绝缘电阻与历史数据相比较低时，首先应区别是否应受潮引起。如果排除受潮，则一般为变压器铁芯周围存在悬浮游丝。在变压器未放油的情况下，可考虑采取低压电容放电的形式对变压器铁芯进行放电，将铁芯周围悬浮游丝烧断，恢复变压器铁芯绝缘。

如果变压器铁芯绝缘电阻低的问题一时难以处理，不论铁芯接地点是否存在电流，均应串入电阻，防止环流损伤铁芯。有电流时，宜将电流限制在100mA以下。变压器铁芯多点接地，并采取了限流措施，仍应加强对变压器本体油的色谱跟踪，缩短色谱监测周期，监视变压器的运行情况。

（2）变压器正常运行时检查项目、内容及处理方法。

1）变压器本体。变压器本体例行检查及处理如表5-5所示。

表 5 - 5　　　　　　　　　　　　变压器本体例行检查及处理表

检查项目	检查内容及方法	判断及处理措施
温度	温度计指示、温度计表盘有无潮气冷凝	（1）如果油温与油位之间偏差超过标准曲线，则应重点检查以下项目：变压器油箱漏油、油位计故障、温度计故障、隔膜破损及内部局部过热。
油位	油位计指示、油位计表盘有无潮气冷凝、对照标准曲线检查油温与油位之间关系	（2）如有潮气冷凝在油位计、温度计的表盘上，重点查找结露原因。 （3）对强油循环冷却的 220kV 及以上变压器应尽量避免绝缘油运行在 35～45℃温度范围，以减少发生油流带电可能性
渗漏油	检查套管法兰、阀门、冷却装置、油管路等密封情况；检查焊缝质量	（1）油从密封处渗漏，则应紧固密封件；如果渗漏仍存在，则应更换密封件。 （2）如果焊缝渗漏，则应补焊
压力释放阀	检查本体压力释放阀渗漏与动作情况	（1）如果压力释放阀渗漏，则应重点检查以下项目：储油柜呼吸器是否堵塞、油位是否过高、油温及负荷是否正常、压力释放阀的弹簧、密封是否损坏等。 （2）如果压力释放阀动作，除检查上述项目外，还应检查：变压器是否受短路电流冲击（如受短路电流冲击，应对变压器绕组紧固和变形情况作进一步分析）、二次回路是否受潮、储油柜中是否有空气、气体继电器与储油柜间的阀门是否开启
不正常噪声和振动	检查运行条件是否正常	（1）检查不正常噪声和振动是否由于连接松动引起。 （2）检查变压器中性点接地回路是否有直流电流和谐波电流，若有则是铁芯过饱和引起。 （3）检查不正常噪声和振动是否与负荷电流有关，若有关则是由于绕组松动或磁屏蔽连接松动引起

2）变压器冷却装置。变压器冷却装置的例行检查与处理如表 5 - 6 所示。

表 5 - 6　　　　　　　　　　　变压器冷却装置的例行检查与处理表

检查项目	检查内容及方法	判断及处理措施
不正常噪声和振动	检查冷却风扇和油泵的运行条件是否正常	经检查确认噪声是由冷却风扇和油泵发出时，应检查或更换轴承等
渗漏油	检查冷却器阀门和油泵等是否漏油	逐台停运后检查渗漏情况，若油从密封处漏出，则应重新紧固或更换密封件
运转不正常	检查冷却风扇和油泵是否正常运行，检查油流指示器运转是否正常	（1）冷却风扇和油泵不运转，重点检查产生原因。 （2）油流指示器长期剧烈抖动，应消除或更换
脏污附着	检查冷却器脏污附着位置及程度	特别脏污时要及时清洗，否则影响冷却效果

3）套管。套管的例行检查与处理如表 5 - 7 所示。

表 5 - 7   套管的例行检查与处理表

检查项目	检查内容及方法	判断及处理措施
渗漏油	检查套管是否渗漏油	(1) 如果渗漏油, 则更换密封件或套管。 (2) 检查端子受力情况
套管裂纹放电破损、脏污	检查脏污附着处瓷件有无裂纹, 检查硅橡胶或 RTV 有无放电痕迹	(1) 如果套管脏污, 应进行清洗。 (2) 如有裂纹或放电痕迹应及时更换
过热	红外测温	(1) 内部过热, 应更换。 (2) 接头过热, 予以处理
套管瓷套根部	检查有无放电现象	如有应除锈, 并涂以半导体绝缘漆
油位	油位计的指示	(1) 如油位有突变, 应重点检查套管与本体是否渗漏。 (2) 油色变黑或浑浊, 应重点检查油色谱和微水含量, 是否有放电或进水受潮

4) 吸湿器。吸湿器的例行检查与处理如表 5 - 8 所示。

表 5 - 8   吸湿器的例行检查与处理表

检查项目	检查内容及方法	判断及处理措施
干燥度	检查干燥剂及油盒的油位	(1) 如果干燥剂的颜色由蓝色变成浅紫色或红色, 应重新干燥或更换。对白色干燥剂应认真观察。 (2) 如果油位低于正常油位, 应清洁油盒, 重新注入变压器油, 但油位也不宜过高, 否则可能吸油到干燥剂中使其作用降低
呼吸	检查呼吸是否正常	油盒随负荷或油温的变化会有气泡产生, 如无气泡产生, 则说明有堵塞现象, 应及时处理

5) 有载分接开关。有载分接开关的例行检查与处理如表 5 - 9 所示。

表 5 - 9   有载分接开关的例行检查与处理表

检查项目	检查内容及方法	判断及处理措施
电压	电压指示是否在规定偏差范围内	如超出规定偏差范围, 应重点检查: 电动操作、自动调压装置、信号连线是否正常
电源	控制器电源指示灯显示是否正常	如电源指示灯不亮, 应进一步检查各相电源是否带电
油位	油位计的指示	如油位有突变, 应重点检查开关与本体是否渗漏; 油色变黑, 应重点检查切换开关工作是否正常, 并进行绝缘油处理
渗漏油	检查开关、操作齿轮机构是否渗漏油	如果渗漏油, 须更换密封件或进一步检查, 并补充润滑油

检查项目	检查内容及方法	判断及处理措施
开关操作	检查分接开关噪声和振动	由于连接松动引起的不正常噪声或振动应重新紧固连接部件；由于齿轮箱内造成的不正常噪声或振动，应打开检查，是否由于齿轮磨损、卡涩或缺油所致。 由于切换开关内部造成的不正常噪声或振动，则应吊芯作进一步检查
气体继电器	检查气体集聚含量	如果频繁产气，应进一步吊芯检查，可能为触头接触不良所致
操动机构	（1）检查密封情况	若密封不良造成内部受潮或积灰，则应更换密封件，并进行干燥和清扫处理
	（2）检查操作是否正常	（1）如发生连跳或拒动现象，则重点检查微动开关、接触器是否接触不良或动作时间配合上存在问题。 （2）如选择开关动作的声音和切换开关动作的声音间隔过近，应重点检查：操作连杆是否断裂或连接不牢固；齿轮配合是否紧密，有无掉齿现象；轴销是否断裂
	（3）核对电压和挡位是否一致	如发生不一致现象，应重点检查：操作连杆是否断裂或连接不牢固；齿轮配合是否紧密，有无掉齿现象。 检查轴销是否断裂
	（4）检查电气元件的完整性	如电气元件有损伤，应予以更换

三、干式变压器巡视与检查

干式变压器是指铁芯和线圈不浸在绝缘液体中的变压器。干式变压器采用阻燃性绝缘材料，结构简单，维修方便，被广泛应用于高层建筑的地下变电站、地铁、矿井、电厂、人流密集的大型商业和社会活动中心等重要场所的供电。干式变压器根据结构不同，分为全封闭干式变压器、封闭干式变压器和非封闭干式变压器。全封闭干式变压器是指置于无压力的封闭外壳内，通过内部空气循环进行冷却的变压器；封闭干式变压器是指置于通风的外壳内，通过外表空气循环进行冷却的变压器；非封闭干式变压器是指不带防护外壳，通过空气自然循环或强迫空气循环进行冷却的变压器。

常用的干式变压器一般分为树脂干式变压器和浸渍式干式变压器两大类。树脂干式变压器用环氧树脂将变压器的线圈包封住，又称包封式干式变压器；浸渍式干式变压器将线圈用绝缘漆浸渍处理，又称敞开式干式变压器。干式变压器按绝缘材料不同分为环氧树脂、NOMEX® 芳香聚酰胺纸、SF_6 气体等。

1. 变压器运行前的检查

（1）所有紧固件紧固，绝缘件完好，属部件无锈蚀、无损伤。

（2）绕组完好，无变形、无位移、无损伤、内部无杂物、表面光滑无裂纹。

（3）引线、连接导体间和对地的距离符合规定。

（4）检查变压器的箱体是否可靠接地、铁芯装配是否有一点可靠接地。

（5）检查温控设备以及其他辅助器件能否正常运行。

2. 变压器的运行监视

（1）安装在发电厂或变电站内以及安装在无人值班变电站内但有远方监测装置的干式变压器，应经常监视温控器和温显器的显示值，监视仪表的抄表次数由现场规程规定。当干式变压器超过额定电流运行时，应及时做好记录。无人值班变电站的干式变压器应在每次定期检查时记录其电压、电流和绕组温度，以及曾达到的最高绕圈温度的数值等，并应在最大负载期间测量三相电流，设法保持其基本平衡，测量周期由现场规程规定。

（2）在干式变压器运行时应按规定检查外观，确认处于正常运行状态，当出现事故症状时应及时处理。日常检查应每天一次，检查项目和处理措施如表 5-10 所示。

表 5-10　　　　　　　　　　干式变压器日常检查项目及处理措施

检查项目	检查要点	处理措施
运行状况	电压、电流、负荷、频率、功率因数、环境温度有无异常	及时记录各种上限值，发现异常要查明原因，查不明的应与制造厂联系
变压器温度	（1）分别记录温控器和温显器的温度显示值，温度通常从铁芯和低压线圈测定，还需要参考制造厂试验记录。 （2）干式变压器的温度不仅影响其寿命，有时还会中止运行，因此应特别注意监视。 （3）与油浸式变压器的油温不同，即使在空载状态下，只要对铁芯温度有影响的数据都要记录下来，因为它表明部分温度附加在铁芯上，因而整体温升与负载电流的增加不成正比	（1）在温度异常时，测量仪器本身必须确保准确，通常在干式变压器上同时安装刻度温度计和电阻温度计以资比较。 （2）发现温度计失灵，应及时修理或更换。 （3）空气过滤器堵塞造成冷却风扇风量减少、温度异常时应立即清扫
异常响声异常振动	（1）外壳内有无共振音，铁板有无振音。 （2）有无接地不良引起的放电声。 （3）附件有无异常音及异常振动	从外部能直接检测共振或异常噪声时应立即处置；变压器主体有放电声及异常响声时，应立即切换，临时检查可根据需要与制造厂联系
风冷装置	除声音外，确认有无振动和异常温度	附件有过热和异常时应分解修理，并可根据需要与制造厂联系
引线接头电缆母线	根据示温涂料变色和油漆判断引线接头和电缆、母线有无过热	有异常时应退出运行作检查并修理
有载分接开关触头	有无过热，电源指示有无不正常	有异常时应退出运行作检查并修理
线圈铁芯等污染情况	浇注线圈是否附着脏物，铁芯、套管上是否有污染	有异常时应尽早清扫
嗅味	温度异常高时，附着的脏物或绝缘件是否烧焦，发出臭味	有异常时应尽早清扫处置
绝缘件线圈外观	绝缘件和绕注线圈表面有无碳和放电痕迹，是否有龟裂	有异常时应尽早清扫处置
外壳	检查是否有异物进入，雨水滴入和污染	检查、清扫
变压器室	门窗照明是否完好，温度是否正常	有异常时应修理

（3）在下列情况下，干式变压器应增加巡视检查次数：新设备或经过检修改造后投运72h内；有严重缺陷时；气象突变（如大风、大雾、大雪、冰雹、寒冷等）时；雷雨季节，特别是雷雨后高温季节；高峰负载期间；急救超载时。

（4）干式变压器投入运行后，每隔一定时间应进行一次停电检查；运行后的第一次检查应掌握设备状态，每年至少定期检查一次。干式变压器定期检查项目及处理措施如表5-11所示。

表 5-11　　　　　　　　干式变压器定期检查项目及处理措施

检查部位	检查项目	处理措施
浇注线圈铁芯、风道等	有无尘埃堆积、有无生锈	（1）尘埃堆积明显时，用干燥的压缩空气吹拂或用真空扫除机清扫。 （2）铁芯和套管表面应经常用布擦拭，但注意不要碰伤线圈和绝缘件表面。检查铁芯夹件和引线露出部分有无腐蚀。生锈主要是冷却空气引起的因此对空气应进行过滤
温控器	最高温度	记录曾出现过的最高温度，并拨回最高温度指示针
温显器	准确度	检查准确度，如出现不合格项，应查明原因后修理
引线分接头及其他导电部位	过热，紧固松弛	检查引线连接、分接头接点及其他导电部分有无过热，紧固部位有无松弛。过热是由于接触面积减少、接触面腐蚀、接触压力不足等引起的，因此应查明原因后修理
风冷装置	风冷装置、电动机和风机轴承	对冷却装置各部位进行检查，如使用断风报警装置时，应确认其动作；附设温度计时，应校验其指示值
线圈压紧	松动	查明紧固部分是否松动，如有松动应立即加固，重新加固防止转动的锁扣
绝缘	绝缘老化判定	检查浇注树脂有无脱层、变色、龟裂等现象，有异常时可与制造厂联系，清扫后测绝缘电阻，未达到要求时应进行干燥，如有问题与制造厂联系

3. 干式变压器不正常运行和处理

（1）发现干式变压器运行中有不正常现象时，应尽快消除并报告做好记录。

（2）干式变压器有下列情况之一时立即停运：

1）响声明显异常增大或存在局部放电响声。

2）发生异常过热现象。

3）冒烟或着火。

4）发生危及安全的故障而有关保护装置拒动。

5）附近的设备着火、爆炸或发生其他情况，对干式变压器构成严重威胁的，如有备用干式变压器，应尽可能投入运行。

（3）干式变压器温升超过制造厂规定时的检查处理：

1）当同时装有温控器和温显器时，可分别读取温控器和温显器的温度显示值，判定测温装置的准确性。

2）检查干式变压器的负载和各线圈的温度，并与记录中同一负载条件下的正常温度进行比较。

3）检查干式变压器冷却装置或变压器室的通风情况，当温度升高的原因是由于风冷装置的故障时，值班人员按现场规程的规定调整变压器负载至允许运行温度下的相应容量。

4）在正常负载和风冷条件下，干式变压器温度不正常并不断上升，且经温控器与温显器比较，证明测温装置指示正确并认为干式变压器发生内部故障时，应立即停运。

5）干式变压器在各种超铭牌电流方式下运行，温升限值超过最高允许值时，立即降低负载。

（4）干式变压器在低负载下运行，温升较低时，风机不投入运行。

（5）铁芯多点接地而接地电流较大时，安排检修处理。在缺陷消除前，采取措施将电流限制在 100mA 左右，并加强监视。

（6）系统发生单相接地时，监视消弧线圈和接有消弧线圈变压器的运行情况。

四、变压器预防性试验

1. 测量变压器绕组直流电阻

通过测量绕组的直流电阻，可以检查绕组内部导线和引线的焊接质量；并联支路连接是否正确；有无层间短路或内部断线；电压分接开关引线与套管的接触是否良好；三相电阻是否平衡等。因此，绕组直流电阻测量是变压器试验中的主要项目之一。在交接、大修时，变更分接头位置后，在一年一次小修中以及故障检查时，均需进行此项试验。

（1）判断标准。变压器绕组直流电阻在对引线的影响校正后应符合下述规定：

1600kVA 及以下的变压器各相绕组的直流电阻，相间差别不应大于三相平均值的 4%，线间差别不大于三相平均值的 2%；1600kVA 以上的变压器，各相绕组直流电阻的差别一般不大于三相平均值的 2%，线间差别一般不大于三绕组平均值的 1%。

相间或线间直流电阻差别的计算式为

$$\delta(\%) = \frac{R_{\max} - R_{\min}}{R_{av}} \times 100\% \qquad (5-1)$$

式中 $\delta(\%)$——相间或线间直流电阻差别的百分数；

$R_{\max}$——最大的相或线电阻；

$R_{\min}$——最小的相或线电阻；

R_{av}——电阻的平均值。

星形接法 $$R_{av} = \frac{R_{UN} + R_{VN} + R_{WN}}{3} \qquad (5-2)$$

三角形接法 $$R_{av} = \frac{R_{UV} + R_{VW} + R_{UW}}{3} \qquad (5-3)$$

与以前（出厂或交接时）测量的结果比较，相对变化也不应大于 2%。

（2）在现场实测中，对无中性点引出的三相变压器，发现线电阻差别不满足要求时，往往不能判断究竟哪个部位电阻不合格。为了便于分析出不合格的确切部位，一般要将线电阻换算为相电阻。

当绕组为星形接线，且无中性点引出时，如图 5-3 所示有

$$R_U = (R_{UV} + R_{UW} - R_{VW})/2$$
$$R_V = (R_{UV} + R_{VW} - R_{UW})/2$$
$$R_W = (R_{VW} + R_{UW} - R_{UV})/2$$

当绕组为三角形连接时，如图 5 - 4 所示有

$$R_U = (R_{WU} - R_{av}) - \frac{R_{UW}R_{VW}}{R_{UV} - R_{av}} \qquad (5 - 4)$$

$$R_V = (R_{VW} - R_{av}) - \frac{R_{UV}R_{UW}}{R_{VW} - R_{av}} \qquad (5 - 5)$$

$$R_W = (R_{UW} - R_{av}) - \frac{R_{UV}R_{VW}}{R_{UW} - R_{av}} \qquad (5 - 6)$$

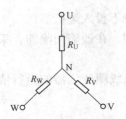

图 5 - 3   星形连接绕组

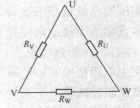

图 5 - 4   三角形连接绕组

（3）为了便于与出厂和历次测量的数值比较，应将不同温度下测得的绕组电阻换算至 75℃ 时的阻值。换算公式为

$$R_{75℃} = R_t \left(\frac{T + 75}{T + t} \right)$$

式中 $R_{75℃}$——75℃ 时的电阻值，Ω；

       R_t——实测温度下的电阻值，Ω；

       T——常数，铜导线为 235，铝导线为 225；

       t——测试时的绕组温度，℃。

（4）变压器绕组直流电阻不合格的原因。

1）变压器套管中导电杆和内部引线接触不良。现场发现多起变压器大修后套管中导电杆和内部引线连接处螺栓紧固不紧，造成接头发热现象。

2）分接开关接触不良。由于分接开关内部不清洁、电镀脱落、弹簧压力不够造成个别分接头的电阻偏大，三相电阻不平衡。

3）大容量变压器绕组采用双螺旋或四螺旋式，由于螺旋间导线互移，引起每相绕组间的电阻不平衡。

4）焊接不良。由于引线和绕组焊接质量不良造成接触处电阻偏大，或多股并绕的绕组的一股或几股没有焊上，造成电阻偏大。

5）电阻相间差在出厂时就已超过规定。

6）错误的测量接线及试验方法。

2. 测量变压器绝缘电阻和吸收比

（1）绝缘电阻和吸收比试验具有较高的灵敏度，能有效地检查出变压器整体是否受潮、部件表面是否受潮或脏污，以及贯穿性的集中缺陷，如瓷件破裂、引线接壳、器身内有金属接地等缺陷。特别是变压器绝缘在干燥前后绝缘电阻和吸收比的变化明显，有利于反映绝缘的干燥状况。

（2）依次测量各绕组对地和绕组间的绝缘电阻。测量时被试绕组各引线端短路，其余各

非测绕组应短路接地。变压器绝缘电阻和吸收比的测量顺序和部位见表 5 - 12。对额定电压 1000V 以上的绕组用 2500V 兆欧表，其量程不低于 10000MΩ，1000V 以下者用 1000V 兆欧表。为避免绕组上的残余电荷导致较大的测量误差，测量前和测量后均应将被测绕组与外壳短路充分放电，放电时间不少于 5min。

测量时以变压器的顶层油温作为测量时的温度。

表 5 - 12 变压器绝缘电阻和吸收比的测量顺序和部位

顺序	双绕组变压器		三绕组变压器	
	被测绕组	接地部位	被测绕组	接地部位
1	低压绕组	外壳及高压绕组	低压绕组	外壳、高压绕组及中压绕组
2	高压绕组	外壳及低压绕组	中压绕组	外壳、高压绕组及低压绕组
3	—	—	高压绕组	外壳、中压绕组及低压绕组
4	高压及低压绕组	外壳	高压绕组及中压绕组	外壳及低压绕组
5	—	—	高压绕组、中压绕组及低压绕组	外壳

（3）绝缘电阻能在一定程度上反映绕组的绝缘情况，但它们受各种因素的影响很大，数值分散，一般从以下几个方面分析判断：

1）同期同类型变压器同类绕组的绝缘电阻不应有明显的变化。

2）与历史试验结果相比较：安装时的绝缘电阻值不应低于出厂试验结果的 70%，预防性试验的绝缘电阻值不应低于安装或大修后投入运行前的测量值的 50%（同温下）。

3）同一变压器绝缘电阻的测量结果，一般高压绕组的测量值应大于中压绕组的测量值，中压绕组的测量值大于低压绕组的测量值。

4）温度对绝缘电阻的影响较大，分析判断时要进行温度的校验。表 5 - 13 给出了各电压等级油浸电力变压器绕组绝缘电阻的参考值。

表 5 - 13 各电压等级油浸电力变压器绕组绝缘电阻的参考值 （MΩ）

高压绕组电压等级	温度（℃）							
	10	20	30	40	50	60	70	80
3～10	450	300	200	130	90	60	40	25
20～35	600	400	270	180	120	80	50	35
63～220	1200	800	540	360	240	160	100	70

注 同一变压器中压绕组和低压绕组的绝缘电阻标准与高压绕组相同。

（4）在测量变压器的绝缘电阻的同时应测量变压器的吸收比，即测量加压 15s 与 60s 时的绝缘电阻，吸收比 $K = R_{60s}/R_{15s}$。吸收比对反映变压器绝缘的局部缺陷及受潮是很灵敏的，一般对于高电压、大容量的变压器多用吸收比指标来考核其绝缘性能。5kV 以下的电力变压器绝缘，如果没有什么缺陷，那么温度在 10～30℃时，吸收比应大于或等于 1.3。

3. 测量泄漏电流

泄漏电流试验的原理和作用与绝缘电阻试验的相似，只是试验电压较高且可调，用微安表监视，因而测量灵敏度较高。现场实践证明，它能较灵敏有效地发现像变压器套管密封不严进水、高压套管有裂纹等其他试验项目不容易发现的缺陷。如一台 1800kVA、66kV 的变压器，绝缘电阻数值正常，而在泄漏电流试验时，升压至 30kV，微安数随电压不成比例地显著增大，经检查 V 相套管有裂纹。

测量泄漏电流的试验接线与测量次数及部位均与测量绝缘电阻的相同。测量时，将直流高压试验装置的高压输出端接被测绕组，非被测绕组接外壳及地。泄漏电流试验所加电压值见表 5 - 14。

表 5 - 14 泄漏电流试验所加电压值

绕组额定电压（kV）	3	6～10	20～35	66～330	500
试验电压（kV）	5	10	20	40	60

泄漏电流的判断标准，一般是与同类型设备数据比较或同一设备历年数据比较，不应有显著变化，并结合其他绝缘试验结果综合分析作出判断。

4. 介质损失角正切值 tanδ 的测量

介质损失角试验是变压器绝缘预防性试验的主要项目之一，能用来检查变压器绝缘受潮、油质劣化以及绕组上附着油泥及严重的局部缺陷等，但对绝缘的老化和轻微局部缺陷则不易发现。

由于变压器外壳均直接接地，所以现场一般采用 QS1 电桥的反接线法或介质损失测试仪测量变压器的 tanδ 值。对双绕组和三绕组变压器，其 tanδ 的测量部位见表 5 - 15。

表 5 - 15 测量变压器 tanδ 的部位

双绕组变压器			三绕组变压器		
试验序号	加压	接地	试验序号	加压	接地
1	高压绕组	低压绕组＋铁芯	1	高压绕组	中压绕组、铁芯、低压绕组
2	低压绕组	高压绕组＋铁芯	2	中压绕组	高压绕组、铁芯、低压绕组
3	高压绕组＋低压绕组	铁芯	3	低压绕组	高压绕组、铁芯、中压绕组
			4	高压绕组＋低压绕组	中压绕组、铁芯
			5	高压绕组＋中压绕组	低压绕组、铁芯
			6	低压绕组＋中压绕组	高压绕组、铁芯
			7	高压绕组＋中压绕组＋低压绕组	铁芯

测量时，应将非被试绕组短路接地，加压绕组短接并接高压。测量双绕组变压器的 tanδ 及电容量 C_X 的接线图如图 5 - 5 所示。

按图 5 - 5（a）接线测量时，可测得变压器高压绕组对低压绕组及地的 $tanδ_h$、C_h 为

$$C_h = C_2 + C_3$$

$$tanδ_h = \frac{C_2 tanδ_2 + C_3 tanδ_3}{C_2 + C_3} \tag{5-7}$$

同样地，按图 5 - 5（b）可测得，低压绕组对高压绕组及地的 $tanδ_b$、C_b 为

$$C_b = C_1 + C_2$$

$$tanδ_b = \frac{C_1 tanδ_1 + C_2 tanδ_2}{C_1 + C_2} \tag{5-8}$$

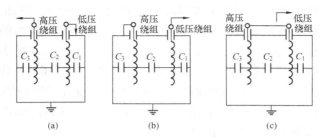

图 5-5 测量双绕组变压器的 $\tan\delta$ 及电容量 C_X 的接线图

（a）高压绕组对低压绕组及地；（b）低压绕组对高压绕组及地；（c）高、低压绕组对地

按图 5-5（c）可测得高压绕组加低压绕组对地的 $\tan\delta_{h+b}$、C_{h+b} 为

$$C_{h+b} = C_1 + C_3$$

$$\tan\delta_{h+b} = \frac{C_1 \tan\delta_1 + C_3 \tan\delta_3}{C_1 + C_3} \tag{5-9}$$

根据实测得到的 $\tan\delta_h$、C_h、$\tan\delta_b$、C_b、$\tan\delta_{h+b}$、C_{h+b} 可求得绕组对地之间的电容 C_1、C_3，绕组之间的电容 C_2 及相应的 $\tan\delta_1$、$\tan\delta_2$、$\tan\delta_3$。根据式（5-7）、式（5-8）、式（5-9）可得

$$\left.\begin{array}{l} C_1 = \dfrac{C_b - C_h + C_{h+b}}{2} \\[2mm] C_2 = C_b - C_1 \\[2mm] C_3 = C_h - C_2 \end{array}\right\} \tag{5-10}$$

$$\left.\begin{array}{l} \tan\delta_1 = \dfrac{C_b \tan\delta_b - C_h \tan\delta_h + C_{h+b} \tan\delta_{h+b}}{2C_1} \\[3mm] \tan\delta_2 = \dfrac{C_b \tan\delta_b - C_1 \tan\delta_1}{C_2} \\[3mm] \tan\delta_3 = \dfrac{C_h \tan\delta_h - C_2 \tan\delta_2}{C_3} \end{array}\right\} \tag{5-11}$$

式（5-10）、式（5-11）的意义在于：当实际测量值出现异常时，即 $\tan\delta_h$、C_h、$\tan\delta_b$、C_b、$\tan\delta_{h+b}$、C_{h+b} 中某值与出厂值或初值不符，且有明显异常时，可利用该式推算出究竟是何部位有异常。三绕组变压器各绕组 $\tan\delta$ 的推算方法与双绕组的类似。

进行变压器 $\tan\delta$ 试验时，为便于数据的相互比较，所加试验电压标准为：对于额定电压 10kV 及以上的变压器，无论是已注油还是未注油的均为 10kV；对于额定电压为 10kV 及以下的变压器，试验电压应不超过绕组的额定电压。

影响 $\tan\delta$ 测量结果的因素很多，测量时应将被测绕组分别短路，以免由于绕组的电感造成各侧绕组端部和尾部电位相差较大，影响测量的准确度。采用图 5-5 测量时，其结果包含了变压器套管的 $\tan\delta$ 和 C_X，但对变压器而言，变压器绕组对地的电容量一般远大于变压器套管对地的电容量，套管本身的绝缘状况对整体 $\tan\delta$ 值的影响不大。换言之，测量变压器绕组的 $\tan\delta$ 时，对连接在相应测试绕组上套管的绝缘缺陷反应是不灵敏的，要反映套管的绝缘状况，就必须将套管与变压器本体分开，单独测量。另外，在现场测试时，会遇到电场及磁场的干扰，应采取相应的措施，避免或减小这些干扰，使测量结果真实地反映变压器的绝缘状况。

对试验结果的分析判断，可与有关规程规定的数值进行比较。例如有关规程规定 20℃时 35kV 及以下变压器 tanδ 测量值不应大于 1.5％（同一变压器各绕组的要求相同）。另外，tanδ 值与历次测量数值比较不应有显著变化（一般不大于 30％）。现场实测表明，测量 tanδ 值虽然小于规程规定的数据，但较往年试验数据有较大变化的变压器往往有异常，因此不能单靠 tanδ 的数值来判断，而应比较变压器历次 tanδ 数值的变化发展趋势。

温度对测量变压器 tanδ 有较大的影响，一般来说，温度越高，tanδ 越大。分析判断时要将 tanδ 换算到同一温度的值，参考换算公式为

$$\tan\delta_2 = \tan\delta_1 \times 1.3^{(t_2-t_1)/10}$$

式中 $\tan\delta_1$、$\tan\delta_2$——温度 t_1、t_2 时的 tanδ 值。

5. 工频交流耐压试验

电力变压器的工频交流耐压试验是鉴定其绝缘强度最直接、最有效的方法，是保证变压器绝缘水平，避免发生绝缘事故的重要手段。工频耐压试验对发现变压器主绝缘的局部缺陷，如绕组主绝缘受潮、开裂或者在运输过程中引起的绕组松动、引线距离不够、油中有杂质、气泡以及绕组绝缘上附着有脏物等缺陷十分有效。

工频耐压试验应在绝缘电阻、吸收比、介质损失角、绝缘油试验合格后，才能进行，以免引起一些设备不必要的击穿和损坏，造成检修工作的困难和不必要的损失。

工频耐压试验对每个绕组均须进行，试验时非被试验绕组应短路接地。变压器工频交流

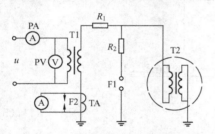

图 5 - 6 变压器工频交流耐压试验接线图
T1—试验变压器；R_1—保护电阻；R_2—限流阻尼电阻；
F1—保护球间隙；PA—电流表；TA—电流互感器；
PV—电压表；F2—保护间隙；T2—被试变压器

耐压试验接线图如图 5 - 6 所示。试验时，若没有将被试绕组短接或没将非被试绕组接地，则可能在被试绕组或非被试绕组上产生危险的电压，引起绕组对地放电或绝缘损坏。

耐压试验的试验电压要严格按规程规定的数值选取，若试验电压太高，则会损坏绝缘；若试验电压太低，则不能暴露绝缘缺陷。耐压试验时间为 1min，即将电压加到额定试验电压后 1min 内没有出现异常情况为合格，否则为不合格。部分电力变压器工频交流耐压试验电压标准见表 5 - 16。

表 5 - 16　　　　　部分电力变压器工频交流耐压试验电压标准

绕组额定电压（kV）	3	6	10	35
试验电压（kV）	18	25	35	85

第三节　高压开关设备检查

高压开关指额定电压 1kV 及以上，主要用于开断和关合导电回路的电器。高压开关设备指高压开关与控制、测量、保护、调节装置以及辅件、外壳和支持件等部件及其电气和机械的连接组成的总称。

高压开关设备按其功能和作用的不同，可以分为元件及其组合和成套设备。元件及其组

合包括断路器、隔离开关、接地开关、重合器、分断器、负荷开关、接触器、熔断器以及上述元件组合而成的负荷开关—熔断器组合电器、接触器—熔断器（F-C）组合电器、隔离负荷开关、熔断器式开关、敞开式组合电器等。成套设备是将上述元件及其组合与其他电器产品（如变压器、互感器、电容器、电抗器、避雷器和二次元件等）进行合理配置，有机地组合于金属封闭外壳内，具有相对完整使用功能的产品，如金属封闭开关设备（开关柜）、气体绝缘金属封闭开关设备（GIS）和高压/低压预装式变电站等。

高压开关设备按其绝缘可分为空气绝缘的敞开式开关设备（AIS）、气体绝缘金属封闭开关设备（GIS）和混合技术开关设备（MTS）三种类型。

一、高压断路器检查

高压断路器按灭弧介质的不同分为油断路器、六氟化硫（SF_6）断路器、真空断路器、压缩空气断路器等；按安装地点的不同分为户内式和户外式两种。油断路器分为多油断路器和少油断路器。多油断路器中的变压器油除了作为灭弧介质外，还作为触头开断后弧隙的绝缘介质及带电部分与接地外壳之间的绝缘介质；少油断路器中的变压器油只作为灭弧介质及触头开断后弧隙的绝缘介质，而带电部分的对地绝缘采用固体绝缘介质。少油断路器具有用油量少、钢材消耗量少、体积小、重量轻、占地面积少等优点，在电力系统中被广泛地使用。但由于少油断路器不适宜于频繁操作、燃弧时间长、检修、维护不方便，目前已停止发展，高压开关设备的无油化已是大势所趋。

SF_6断路器具有开断能力强、断口耐压高、体积小、重量轻、检修维护工作量少等优点，近年来在高压系统中已经取代了少油和空气断路器，在中压系统中应用发展也很迅速，是将来高压断路器的主要发展方向。

真空断路器是20世纪50年代后发展起来的一种断路器，具有使用寿命长、检修间隔时间长、易于维护、适合频繁操作、体积小、重量轻等特点，在$10\sim35kV$的断路器中，成为主要发展方向。

1. SF_6断路器检查

SF_6断路器是利用SF_6气体作为绝缘和灭弧介质的断路器。SF_6断路器属于气体吹弧式断路器，其特点是工作气压较低，在吹弧过程中，气体不排出断路器体外，而在封闭系统循环使用。SF_6断路器在高压及超高压系统中占主导地位，并且正在向中压系统发展。

（1）SF_6断路器本体结构。按照断路器总体布置的不同，SF_6断路器按外形结构的不同，分为瓷柱式和落地罐式两种。

瓷柱式SF_6断路器的外形结构与少油断路器和压缩空气断路器相似，灭弧室布置成"T"型或"Y"型，我国生产的SF_6断路器大多采用这种形式。$110\sim220kV$断路器每相一个断口，整体成"Ⅰ"型布置；$330\sim500kV$断路器每相两个断口，整体成"T"型布置。瓷柱式SF_6断路器的灭弧室置于高强度的瓷套中，用空心瓷柱支撑并实现对地绝缘。穿过瓷柱的动触头和操动机构的传动杆相连。灭弧室内腔和瓷柱内腔相通，充有相同压力的SF_6气体。瓷柱式SF_6断路器结构简单，运动部件少，产品系列性好，但其重心高、抗震能力差。

落地罐式SF_6断路器沿用了多油断路器的总体结构方案，是将断路器装入一个外壳接地的金属罐中。落地罐式SF_6断路器每相由接地的金属罐、充气套管、电流互感器、操动机构和基座组成。断路器的灭弧室置于接地的金属罐中，高压带电部分由绝缘子支持，对箱体的绝缘主要依靠SF_6气体。绝缘操作杆穿过支持绝缘子，将动触头与机构传动轴相连接，在两根出线套管的下部可安装电流互感器。落地罐式 SF$_6$ 断路器的重心低，抗震性能好，灭弧断口间电场较均匀，开断能力强，可以加装电流互感器，还能与隔离开关、接地开关、避雷器等融为一体，组成复合式开关设备，但其罐体耗材量大，用气量大，制造困难，成本较高。

（2）SF$_6$ 断路器检查。SF$_6$ 断路器巡视检查项目和标准如表 5 - 17 所示。

表 5 - 17　　　　　　　　　　　SF$_6$ 断路器巡视检查项目和标准

序号	检查项目	标　准
1	标志牌	名称、编号齐全、完好
2	套管、绝缘子	无断裂、裂纹、损伤、放电现象
3	分、合闸位置指示器	与实际运行方式相符
4	软连接及各导流压接点	压接良好，无过热变色、断股现象
5	控制、信号电源	正常，无异常信号发出
6	SF$_6$ 气体压力表或密度表	在正常范围内，并记录压力值
7	端子箱	电源开关完好、名称标志齐全、封堵良好、箱门关闭严密
8	各连杆、传动机构	无弯曲、变形、锈蚀，轴销齐全
9	接地	螺栓压接良好，无锈蚀
10	基础	无下沉、倾斜

2. 真空断路器检查

真空断路器以高真空作为灭弧和绝缘介质，触头与灭弧系统简单，在中压领域占主导地位。近年来，随着国内外对真空灭弧室研究的不断深入，真空开关在高压领域和低压领域也得到了不断的发展。真空是相对而言的，是指气体压力低于一个大气压的气体稀薄空间。

（1）真空断路器结构。真空断路器结构上通常采用三相联动的方式，主要由导电部分、真空灭弧室、绝缘部分、操动机构和框架等部件组成。真空灭弧室是真空断路器的核心部分，其按用途、参数、开断容量不同可分为断路器用真空灭弧室、负荷开关用真空灭弧室、接触器用真空灭弧室、重合器用真空灭弧室和分段器用真空灭弧室。

（2）真空断路器检查。真空断路器巡视检查项目和标准如表 5 - 18 所示。

表 5 - 18　　　　　　　　　　　真空断路器巡视检查项目和标准

序号	检查项目	标　准
1	标志牌	名称、编号齐全、完好
2	灭弧室	无放电、无异音、无破损、无变色
3	绝缘子	无断裂、裂纹、损伤、放电等现象
4	绝缘拉杆	完好、无裂纹
5	各连杆、转轴、拐臂	无变形、无裂纹，轴销齐全
6	引线连接部位	接触良好，无发热、变色现象
7	位置指示器	与运行方式相符
8	端子箱	电源开关完好、名称标注齐全、封堵良好、箱门关闭严密
9	接地	螺栓压接良好，无锈蚀
10	基础	无下沉、倾斜

3. 高压断路器调整与试验

高压断路器调整与试验包括灭弧室行程调整、本体与机构连接部分的调整、SF_6 气体微水测量和泄漏检测、电气与机械特性试验等内容。高压断路器检修后的调整与试验项目如表 5 - 19 所示。

表 5 - 19 　　　　　　　　　高压断路器检修后的调整与试验项目

序号	项目	检 查 内 容		
1	灭弧室部分	触头行程及插入行程		
2	本体与机构的连接	调整、测量机构工作缸行程		
		调整、测量分闸时的 A 尺寸		
		调整合闸保持弹簧		
		调整分闸缓冲器		
		调整引弧距		
3	储能器	氮气预充压力调整		
4	SF_6 气体系统	调整并校验密度继电器动作值		
		SF_6 气体微水测量		
		SF_6 气体泄漏检测		
5	机构压力表与压力开关	校验压力表，调整压力开关动作值		
6	安全阀	调整并校验安全阀		
7	机械特性	合闸时间、分闸时间、合—分时间		
		合闸速度、分闸速度		
		合闸、分闸三相不同期		
		辅助开关动作时间		
		合闸电阻提前投入时间		
8	控制线圈	合闸线圈的直流电阻和绝缘电阻		
		分闸线圈的直流电阻和绝缘电阻		
9	低电压动作特性	分闸线圈		
		合闸线圈（或合闸接触器）		
10	操作试验	额定操作电压下，远方和就地操作		
		机构补压及零起打压时间		
		防止失压慢分试验		
11	主回路	回路电阻测量		
12	绝缘试验	绝缘电阻	控制回路对地、辅助回路对地	
			电动机线圈对地、主回路及绝缘拉杆	
		1min 工频耐压试验	控制回路对地、辅助回路对地	
			电动机线圈对地、主回路合闸对地	
			主回路分闸端口间	
		电容器的绝缘电阻、电容量及介质损耗测量（装有并联电容的断路器）		
		绝缘油试验		

4. 高压断路器常见故障

高压断路器是电力系统中最重要的开关设备，开关状态的好坏直接影响着电力系统的安全运行。高压断路器的故障包括机械故障和电气故障两大类。电气故障主要有绝缘故障、开断和关合性能不良引起的故障、导电性能不良引起的故障等；机械故障主要有操动机构故障、断路器本体的机械故障等。

（1）SF_6 断路器常见的故障。

SF_6 断路器以其优良的动作特性在高压系统占主导地位，但运行中的 SF_6 断路器仍然发生故障。统计资料表明，SF_6 断路器常见的故障主要有微水含量超标、泄漏、拒分、拒合故障。

SF_6 断路器在安装、运行、检修过程中，微水含量是十分重要的控制指标，微水含量超标直接影响断路器的安全可靠运行。因此，必须采取有效的预防措施，严格控制断路器的微水含量。

泄漏是一种很普遍的自然现象，凡是存在浓度差、温度差、压力差的地方都会有泄漏存在。SF_6 断路器的泄漏可分为开关本体和连接处的泄漏以及液压机构的泄漏。

本体及连接处的泄漏主要在焊缝、支持瓷套与法兰连接处、灭弧室顶盖、提升杆密封处、管路接头、密度继电器接口、压力表接头、三联箱盖板等部位。为了减少连接部位发生泄漏的可能，装配前必须用白布或优质卫生纸粘酒精仔细清擦密封面和密封圈，仔细检查，确认无缺陷后才能装配。同时，还应擦净法兰、螺栓孔及连接螺栓上的灰尘，以免带入密封面。

SF_6 气体泄漏后需要及时补气，查找并处理泄漏点，否则就不能保证断路器的正常工作，一旦发生事故，将给电网和用户带来很大的损失。其一，大气中的水分会通过泄漏点渗入断路器内部，影响断路器的电气绝缘性能和导致零部件的锈蚀，可能会造成断路器发生爆炸事故；其二，SF_6 气体泄漏到大气中去，会吸收红外辐射而产生温室效应，对环境造成污染和破坏生态平衡；其三，水分含量严重超标的 SF_6 气体在火花和电晕的作用下，可能会分解产生剧毒的物质，对人体器官造成伤害，严重时甚至会危及生命。

断路器拒动的情况可分为拒分、拒合和误动，误动的情况较多的是断路器的偷跳，特别是一相偷跳。造成断路器拒分或拒合的原因主要分为两个方面：一方面是断路器本身和操动机构的故障；另一方面电气控制及其二次回路的故障。区分两者的主要依据是观察断路器发出的各种信号，如红、绿灯的指示、闪光变化情况以及分合闸接触器、分合闸铁芯动作情况。

不同类型的操动机构发生故障时，会发出不同的信号。液压机构故障会发出交流电机失压、压力异常、合闸闭锁、分闸闭锁、低 SF_6 压力闭锁等信号；弹簧机构故障会发出未储能信号、低 SF_6 压力闭锁信号等。

（2）真空断路器常见的故障。

真空断路器的故障主要分为真空灭弧室和操动机构故障。真空灭弧室的故障主要是漏气，表现为运行时间不长的真空断路器真空度下降，耐压试验不合格。为此，需加强真空灭弧室运行中的巡视，检查灭弧室是否有放电、异常声音、破损、变色等现象，开展真空度在线监测工作。

统计资料表明，操动机构故障发生概率较高。为了减少操动机构故障，真空断路器大部分采用弹簧操动机构。弹簧机构的动作过程可以简单地描述为：储能→合闸准备→合闸→合闸保持（锁扣）→完成合闸动作→分闸→（脱扣）→完成分闸动作。上述任何一个环节出问题，都将影响断路器的分、合操作。因此，分析故障点时，首先应结合故障现象，分析故障可能发生在哪些环节；然后，再采取分步排除法，逐个排查，查找故障点。

二、高压隔离开关检查

高压隔离开关是电力系统广泛使用的开关电器，因为没有专门的灭弧装置，所以不能用它来接通和切断负荷电流及短路电流。但它有明显的断开点，可以有效地隔离电源，以保证工作人员的人身安全和检修的设备安全。高压隔离开关在电力系统中的运行数量最多，其质量优劣、运行维护好坏将直接影响到电力系统的安全运行。

1. 隔离开关的作用

隔离开关的主要作用是隔离电源。在电气设备检修时，用隔离开关将需要检修的电气设备与其他带电部分可靠隔离，以保证工作人员和设备的安全。隔离开关还可用于电力系统运行方式改变时的倒闸操作。例如：在采用双母线接线的电气主接线中，利用与母线相连的隔离开关，将电气设备或线路从一组母线切换到另一组母线上。此外，规程规定用隔离开关可以关合或开断微小电流的回路。例如：关合或开断电压互感器和避雷器；关合或开断母线和直接接在母线上的设备的电容电流；关合或开断相应电压等级和容量的空载变压器；关合或开断相应电压等级和长度的空载线路等。

2. 隔离开关的分类

（1）按绝缘支柱的数目，可分为单柱式、双柱式及三柱式隔离开关三种。

（2）按隔离开关的运转方式，可分为水平旋转式、垂直旋转式、摆动式和插入式四种。

（3）按有无接地开关，可分为有接地开关和无接地开关两种。

（4）按装设地点的不同，可分为户内式和户外式两种。

（5）按操动机构不同，可分为手动、电动和气动等类型。

3. 隔离开关的基本结构

隔离开关一般由支持底座、导电部分、绝缘子、传动机构和操动机构组成。支持底座将导电部分、绝缘子、传动机构、操动机构等固定为一个整体。导电部分用来传导电流，包括动、静触头、接线座、软连接等。绝缘子起对地绝缘作用，包括支持绝缘子和操作绝缘子。传动机构用来接受操动机构的力矩，并通过拐臂、连杆、轴齿或操作绝缘子，将运动传给动触头，完成分、合闸操作。操动机构用来提供操作能源，包括手动、电动操动机构等。户外高压隔离开关的结构形式，主要取决于断口形式和绝缘支柱数目。其按断口形式分为垂直断口和水平断口两种；按绝缘子支柱数目，可分为单柱式、双柱式和三柱式三种。每种结构中按导电闸刀的动作方式，又可细分为平开式、立开式、对折式、偏折式等若干种。

4. 隔离开关巡视与检查

隔离开关巡视与检查如表 5-20 所示。

表 5-20　　　　　　　　　　　　隔离开关巡视与检查

序号	检查内容	质 量 要 求
1	标志牌	名称、编号齐全、完好
2	绝缘子	清洁，无破裂、无损伤放电现象；防污闪措施完好

序号	检查内容	质 量 要 求
3	导电部分	触头接触良好,无过热、变色及移位等异常现象;动触头的偏斜不大于规定数值。接点压接良好,无过热现象,引线弧垂适中
4	传动连杆、拐臂	连杆无弯曲、连接无松动、无锈蚀,开口销齐全;轴销无变形、脱落、无锈蚀、润滑良好;金属部件无锈蚀,无鸟巢
5	法兰连接	无裂痕,连接螺丝无松动、锈蚀、变形
6	接地隔离开关	位置正确,弹簧无断股、闭锁良好,接地杆的高度不超过规定数值;接地引下线完整可靠接地
7	闭锁装置	机械闭锁装置完好、齐全,无锈蚀变形
8	操动机构	密封良好,无受潮
9	接地	应有明显的接地点,且标记醒目。螺栓压接良好,无锈蚀

5. 隔离开关常见故障

运行中隔离开关常见的故障有导电部分过热、绝缘子表面闪络、机构的操作失灵和传动困难等,其中对安全运行威胁最大的是绝缘子断裂和自动分闸故障。

(1) 导电部分过热。隔离开关导电部分过热的主要原因是静触指压紧弹簧疲劳、特性变坏,接触面氧化以及接触电阻增加。运行中静触指压紧弹簧长期受压缩,如果工作电流较大,温升超过允许值,会使其弹性变差。此外,触头镀银层工艺差、易磨损露铜,接触面脏污,触头插入不够、螺栓锈蚀造成线夹接触面压力降低等也是造成发热的原因。

(2) 绝缘子表面闪络。绝缘子表面闪络的主要原因是绝缘子表面和瓷裙内积污严重、瓷裙爬距小。特别是在重污染地区,化工污染和水泥积垢不仅使得绝缘子清扫极为困难,而且空气中大量的工业粉尘和腐蚀性气体的存在极易引起绝缘子闪络放电,扩大事故范围。针对这种情况,可以采取带电清扫加强清扫力度、给绝缘子增加硅橡胶伞裙以增大爬距和在绝缘子表面涂防污闪涂料。

(3) 机构及传动部分故障。机构故障主要表现为操作失灵,如拒动或分合闸不到位。操作失灵的主要原因是机构箱密封不好,进水造成机构锈蚀严重,润滑干涸,操作阻力增大,在操作困难的同时,还会发生零部件损坏,如变速齿轮断裂、连杆扭弯等。传动困难的主要原因是传动系统锈蚀造成传动阻力大,甚至出现拒分拒合。运行中曾出现底座轴承锈死、无法操作的情况,这是由于传动部件的主轴铜套干涩、轴承脏污、润滑油干涸造成的。

造成操作失灵和传动困难的主要原因是锈蚀,针对这种情况,可以定期进行防锈处理,对各传动部位加二硫化钼润滑剂。此外,传动和转动部件应采取封闭、防锈、防腐、防水等措施。外露金属件,应经热镀锌、热喷锌、渗锌等防腐、防锈处理;轴承座采用全密封结构,至少要有两道以上密封。轴承润滑必须采用优质二硫化钼锂基润滑脂或性能更好的润滑剂;轴销应采用优质防腐、防锈材料(如不锈钢、铝青铜等)且具有良好的耐磨性能,轴套必须具有自润滑功能,并与轴销的耐磨、耐腐蚀、润滑性能相匹配。

(4) 绝缘子断裂故障。绝缘子断裂既与产品质量有关,也和隔离开关的安装、检修质量以及操作方法有关。绝缘子在烧制过程中由于控制不当,可能造成瓷件夹生、致密性不均以及水泥胶装不良等问题，加之质检手段不严，造成个别质量低劣的绝缘子被组装成产品后投入运行，对系统安全构成极大威胁。

对绝缘子断裂问题必须进行综合治理，一方面加强产品选型和完善化改造，另一方面提高安装和检修质量。安装检修时，隔离开关各部位之间的连接应按厂家提供的紧固力矩值使用力矩扳手进行紧固。此外，开展无损探伤技术，定期对绝缘子进行检测。运行人员要加强监视，特别是对绝缘子胶合面的观察。在运行操作时要方法得当，如出现操作困难时切忌强行操作。

三、高压开关柜检查

1. 高压开关柜的分类

高压开关柜按断路器安装方式的不同分为移开式（手车式）和固定式两种。移开式开关柜内的主要电器元件安装在可抽出的手车上。手车柜有很好的互换性，可以提高供电可靠性。常用的手车有隔离手车、计量手车、断路器手车、电压互感器手车、电容器手车和所用变手车等。手车柜按断路器的放置形式不同分为落地式和中置式两种。固定式开关柜内所有的电器元件采用固定式安装，柜体结构简单，经济性好。

高压开关柜按柜内隔室构成的不同可分为金属封闭铠装式开关柜、金属封闭间隔式开关柜、金属封闭箱式开关柜和敞开式开关柜。金属封闭铠装式开关柜的主要组成部件分别装在接地的用金属隔板隔开的隔室中。金属封闭间隔式开关柜与金属封闭铠装式开关柜相似，其主要电器元件也分别装于单独的隔室内，但具有一个或多个符合一定防护等级的非金属隔板。金属封闭箱式开关柜具有封闭的金属外壳，但隔室数目少于铠装式、间隔式。敞开式开关柜是指外壳有部分是敞开的开关设备。高压开关柜的分类及特点如表 5 - 21 所示。

表 5 - 21　　　　　　　　　　　高压开关柜的分类及特点

分类方式	基本类型	结构特点	优缺点
按断路器安装方式	固定式	①断路器固定安装 ②柜内装有隔离开关	①柜内空间较宽敞，检修容易 ②易于制造，成本较低，但安全性差
	移开式	断路器可随移开部件（手车）移出柜外	①断路器移出柜外，更换、维修方便 ②不安装隔离开关，结构紧凑 ③加工精度较高，价格偏高
按柜内隔室构成	敞开式	柜体正面、侧面封闭，柜体背面和母线不封闭	①结构简单，造价低 ②安全性差
	箱式	隔室数目较少，或隔板防护等级低于 IP1X	①母线被封闭，安全性好些 ②结构较复杂，价格偏高
	间隔式	①断路器及其两端相连的元件均有隔室 ②隔板由非金属厚板制成	①安全性更好些 ②结构复杂，价格较贵
	铠装式	结构与间隔式相同，但隔板由接地金属板制成	①安全性最好 ②结构更复杂，价格更高

续表

分类方式	基本类型	结 构 特 点	优 缺 点
按柜内绝缘介质	空气绝缘	极间和极对地的绝缘靠空气间隙保证	①绝缘性能稳定、造价低 ②柜体体积较大
	复合绝缘	极间和极对地绝缘靠较小的空气间隙加固体绝缘材料来保证	①柜体体积小，但防凝性能不够可靠 ②造价高一些
	SF_6 气体绝缘	全部回路元件置于密闭一容器中，充入 SF_6 气体	①技术复杂 ②加工精度要求高、价格昂贵

2. KYN28A-12 型高压开关柜结构

KYN28A-12 型金属封闭铠装式高压开关柜由柜体和可抽出部件（中置式手车）两部分组成。柜体分成手车室、母线室、电缆室和低压室。三个高压隔室均设有各自的压力释放通道及释放口，具有架空进出线、电缆进出线及其他功能方案，开关柜分为靠墙安装和不靠墙安装两类，靠墙安装可节省配电间的占地面积。KYN28A-12 型金属封闭铠装式高压开关柜结构如图 5-7 所示。

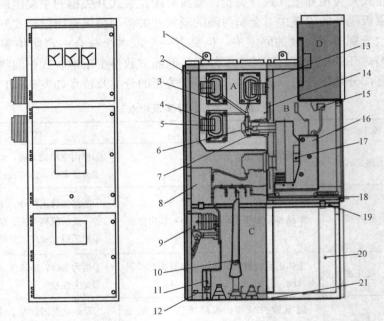

图 5-7　KYN28A-12 型金属封闭铠装式高压开关柜结构

A—母线室；B—手车室；C—电缆室；D—低压室；1—泄压装置；2—外壳；3—分支母线；
4—母线套管；5—主母线；6—静触头装置；7—静触头盒；8—电流互感器；9—接地开关；
10—电缆；11—避雷器；12—接地母线；13—装卸式隔板；14—隔板（活门）；
15—二次插头；16—断路器手车；17—加热除湿器；18—可抽去式隔板；
19—接地开关操作机构；20—控制小线槽；21—底板

（1）手车。手车分为断路器手车、电压互感器手车、计量手车以及隔离手车等。手车在柜内有工作位置和试验位置的定位机构。

手车的移动借助于转运车实现。转运车高度可以调整，用转运车接轨与柜体导轨衔接时，手车方能从转运车推入手车室内或从手车室内接至转运车上。为保护手车的平稳推入与退出，转运车与柜体间分别设置了左右两个导向杆和中间锁杆，位置一一对应。在手车欲推入或退出时，转运车必须先推至柜前，分别调节四个手轮的高度，使托盘接轨的高度与柜体手车导轨高度一致；并将托盘前的左右两个导向杆与中间锁杆分别插入柜体左右侧导向孔和中间锁孔内，锁钩靠拉簧的作用将自动钩住柜体中隔板，转运车即与柜体连在一起，即可进行手车的推入与退出工作。

手车推入时，先用手向内侧拨动锁杆与手车托盘解锁，接着将断路器小车直接推入断路器小室内，松开双手并锁定在试验/断开位置，此时可对手车进行推入操作。插入手把，即可摇动手车至工作位置。手车到工作位置后，推进手柄即摇不动，同时伴随有锁定响动声，其对应位置指示灯也同时指示其所在位置。当断路器手车在从试验位置摇至工作位置或从工作位置退至试验位置过程中，断路器始终处于分闸状态。

（2）隔室。断路器隔室两侧安装了轨道，供手车在柜内由隔离位置移动至工作位置。静触头盒的隔板安装在手车室的后壁上，当手车从断开位置移动到工作位置过程中，上、下静触头盒上的活门与手车联动，同时自动打开；当反方向移动时活门则自动闭合，直至手车退至指定的位置完全覆盖住静触头盒，形成有效隔离，同时由于上、下活门不联动，在检修时，可锁定带电侧的活门从而保证检修维护人员不触及带电体。在断路器隔室门关闭时，手车同样能操作，通过上门观察窗，可以观察隔室内手车所处的位置、合分闸显示及储能状况。

母线隔室的主母线作垂直立放布置，分支母线通过螺栓直接与主母线和静触头盒连接，不需要其他中间支撑。母线穿越邻柜经穿墙绝缘套管，这样可以有效防止内部故障电弧的蔓延。为方便主母线安装，在母线室后部设置了可拆卸的封板。

电缆室空间较大，电流互感器直接装在手车室的后隔板的位置上、接地开关装在电缆室后壁上，避雷器安装于隔室后下部。在电缆连接端，通常每相可并接 1～3 根单芯电缆，必要时可并接 6 根单芯电缆。电缆室封板为可拆卸式开缝的不导磁金属板，施工方便。

低压隔室用来安装继电保护装置、仪表等二次设备。控制线路敷设在线槽内，并有金属盖板，可使二次线与高压室隔离。其左侧线槽是为控制线路的引进和引出预留的，开关自身内部的线路敷设在右侧。在继电器仪表室的顶板上还留有便于施工的小母线穿越孔。接线时，仪表室顶盖板可供翻转，便于小母线的安装。

（3）泄压装置。在断路器手车室、母线室和电缆室的上方均设有泄压装置，当断路器或母线发生内部故障电弧时，伴随电弧的出现，开关柜内部气压升高，装设在门上的特殊密封圈把柜前面封闭起来，顶部装备的泄压金属板将被自动打开，释放压力和排泄气体，以确保操作人员和开关柜的安全。

（4）二次插头与手车的位置联锁。开关柜与断路手车的二次线通过手动二次插头来实现联络。二次插头的动触头通过一个尼龙波纹伸缩管与断路器手车相联，二次静触头座装设在开关柜手车室的右上方。断路器手车只有在实验/断开位置时，才能插上和解除二次插件；断路器手车处于工作位置时由于机械联锁作用，二次插件被锁定，不能被解除。由于断路器手车的合闸机构被电磁铁锁定，所以断路器手车在二次插头未接通前仅能进行分闸，无法使其合闸。

（5）带电显示装置。开关柜内设有检查一次回路运行的带电显示装置。该装置由高压传感器和显示器两单元组成。该装置不但可以提示高压回路带电状况，而且还可以与电磁锁配合，达到防止带电关合接地开关、防止误入带电间隔。

（6）防止误操作联锁装置。开关柜内设有安全可靠的联锁装置，以满足"五防"要求。仪表室门上装有提示性的按钮或者 KK 型转换开关，以防止误合、误分断路器。断路器手车在试验或工作位置时，断路器才能进行合分操作，而且在断路器合闸后，手车无法移动，防止了带负荷误推拉断路器。当接地开关处在分闸位置时，断路器手车（断路器断开状态）才能从试验/断开位置移至工作位置。当断路器手车处于试验/断开位置时，接地开关才能进行合闸操作（接地开关可带电压显示装置）。这样实现了防止带电误合接地开关及防止了接地开关处在闭合位置时移动断路器手车。接地开关处于分闸位置时，前下门及后门都无法打开，防止了误入带电间隔。装有电磁闭锁回路的断路器手车在试验或工作位置，而没有控制电压时，仅能手动分闸，但不能合闸。断路器手车在工作位置时，二次插头被锁定不能拔除。按使用要求各柜体间可装电气联锁及机械联锁。

3. 开关柜设备巡视检查

高压开关柜巡视检查项目及标准如表 5 - 22 所示。

表 5 - 22　　　　　　　　　　　高压开关柜巡视检查项目及标准

序号	检查项目	标　　准
1	标志牌	名称、编号齐全、完好
2	外观检查	无异音，无过热、无变形等异常
3	表计	指示正常
4	操作方式切换开关	正常在"远控"位置
5	操作把手及闭锁	位置正确、无异常
6	高压带电显示装置	指示正确
7	位置指示器	指示正确
8	电源小开关	位置正确

4. 开关柜手车式断路器的操作注意事项

（1）手车式断路器允许停留在运行、试验、检修位置，不得停留在其他位置。检修后，应推至试验位置，进行传动试验，试验良好后方可投入运行。

（2）手车式断路器无论在工作位置还是在试验位置，均应用机械联锁把手车锁定。

（3）当手车式断路器推入柜内时，应保持垂直缓缓推进。处于试验位置时，必须将二次插头插入二次插座，断开合闸电源，释放弹簧储能。

5. 高压开关柜常见故障

高压开关柜是电力系统中分布广，应用量最大的一种开关设备，近年来，由于各种原因高压开关柜故障频发，已威胁到系统安全运行。高压开关柜的常见故障有绝缘故障、拒分与拒合故障、载流故障、开断与关合故障、外力及其他故障等。

（1）绝缘故障。绝缘故障的主要表现形式为外绝缘对地闪络击穿，内绝缘对地闪络击穿，相间绝缘闪络击穿，雷电过电压闪络击穿，包括套管闪络、击穿、爆炸，提升杆闪络，电流互感器闪络、击穿、爆炸，绝缘子断裂等。造成绝缘故障的主要原因是外绝缘水平低，如相间、对地绝缘距离不够、绝缘子爬距不够、主要元器件的绝缘水平低等。

（2）拒分与拒合故障。造成断路器拒分、拒合故障的原因可分为两类：一类是因操动机构及传动系统的机械故障造成，具体表现为机构卡涩，部件变形、位移或损坏，分合闸铁芯松动、卡涩，轴销松断，脱扣失灵等；另一类是因电气控制和辅助回路造成，表现为二次接线接触不良，端子松动，接线错误，分合闸线圈因机构卡涩或转换开关不良而烧损，辅助开关切换不灵，以及操作电源、合闸接触器、微动开关等故障。

（3）载流故障。高压开关柜的载流故障主要原因是手车柜触头接触不良、载流触头接触不良等。造成手车柜触头接触不良的原因有隔离触头弹簧疲劳变形、触指错位、接触不正或错位等。载流触头接触不良大多是安装、检修时不严格执行工艺标准引起的。

（4）开断与关合故障。开断与关合故障是由断路器本身造成的，对于真空断路器而言，表现为灭弧室漏气、真空度降低、切电容器组重燃等。

（5）外力及其他故障，包括异物撞击、自然灾害、小动物短路等不可知的其他外力及意外故障的发生。

第四节　电力电容器检查

一、电容器结构及要求

电容器在电力系统的应用十分广泛，电力电容器按所起作用的不同分为并联电容器、电热电容器、串联电容器、耦合电容器、脉冲电容器等。并联电容器又称移相电容器，主要用于无功补偿，以提高系统的功率因数；电热电容器主要用于中频感应加热电气系统中，提高功率因数或改善回路特性；串联电容器用于补偿线路电抗，提高线路末端电压水平；耦合电容器主要用于高压及超高压输电线路的载波通信系统，同时也可作为测量、控制、保护装置中的部件；脉冲电容器用于冲击分压、振荡回路、整流滤波等。电力电容器中使用最广泛的是并联电容器，用来补偿感性无功功率以提高功率因数。

在交流电网中利用电磁感应原理工作的电气设备，在建立交变磁场时，虽然一个周期内由电网吸收和向电网放回的功率相等，但需要无功电源来供给，这样便降低了发、供电设备的利用率，同时无功功率的传送，将增加线路损失和恶化电压质量。而电容性设备的交变电场，也周期地由电网吸收和向电网放回电能，但感性负荷吸收电能时，容性负荷放出电能；感性负荷放出时，容性负荷吸收，相互交换，所以可用电容性设备的无功功率来补偿电感性无功功率。这种补偿作用体现在时间相位上即电容电流超前电压 90°，电感电流落后电压 90°，两者正好相互补偿。

并联电容器是静止电器，结构简单，安装维护方便，投资低，损耗小。周期调相机的补偿与并联电容器相比，除它有逆调压功能外，其他都不及并联电容器，所以并联电容器是广泛应用的补偿装置。

1. 电力电容器的结构

电容器是由两块金属极板间隔充以不同的介质（如云母、绝缘纸、电介质等）组成。常见的并联电容器有浸渍剂型、密集型、干式自愈式和并联补偿成套装置等。并联电容器主要由电容元件、浸渍剂、紧固件、引线、外壳和套管组成。电容元件一般由两层铝箔中间夹绝缘纸卷制而成，若干个电容元件并联和串联起来，组成电容器芯子；为了提高电容元件的介质耐压强度，改善局部放电特性和散热条件，电容器芯子一般放于浸渍剂中，浸渍剂一般有矿物油、氯化联苯、SF_6 气体等。电容器的外壳一般采用薄钢板焊接而成，表面涂阻燃漆，壳盖上装有出线套管，箱壁侧面焊有吊攀、接地螺栓等。大容量集合式电容器的箱盖上还装有油枕或金属膨胀器及压力释放阀，箱壁侧面装有片状散热器、压力式温控装置等。

2. 低压电容器的装置安装要求

(1) 控制开关。电容器控制开关应能可靠切合电容器回路，其额定电流按电容器额定电流的 1.3～1.5 倍选取。

(2) 连接导线。连接导线应用软线。由于电容器的合闸涌流以及谐波电流，为避免导线发热，其截面的选择按单台电容器 1.5 倍电容器额定电流和集中补偿的 1.3 倍电容器电流选择。

(3) 熔断器。低压电容器常采用熔断器保护，熔断器的额定电流一般按电容器额定电流的 1.43～1.55 倍选取。

(4) 放电电阻。电容器由电源断开后，仍储有电荷，有残留电压，不安全。同时，在再次合闸时，残余电压和合闸时电源电压叠加，会产生过电压和很大的合闸涌流，所以必须加装放电器使电容器断电后能在 5s 内将剩余电压降至 50V 及以下。对非自动切换低压电容器至少在断电后 1min 将剩余电压降至 75V 及以下。低压电容器常用放电电阻（很多用白炽灯）放电。

(5) 串联电抗器。电容器合闸瞬间其回路近似短路，所以会产生合闸涌流，为限制涌流可加装串联电抗器，其电抗率，即电抗器的感抗与电容器容抗之比的百分数，可取 0.1%～1%。

高次谐波下电容器容抗变小，所以电容器除工频基波电流外还通过谐波电流，使电容器发热，同时对某些高次谐波，电容器还有放大作用，加大电网污染。为抑制谐波也加装串联电抗器。抑制 5 次及以上谐波时，电抗器电抗率宜取 4.5%～6%；抑制 3 次谐波时宜取 12%。具体应视安装场所电源谐波情况而定，一般装 4.5%～6% 电抗率电抗器。

装了抑制谐波的电抗器，也限制了合闸涌流，所以不必再装限制合闸涌流的电抗器。自动投切装置一般都附有串联电抗器。

(6) 接线。低压电容器可采用三角形接线或中性不接地的星形接线方式。

(7) 电容器室。电容器室的耐火等级不低于二级，通风应良好。低压电容器组可装于配电室。电容器组的框架和框体均应采用非燃材料或难燃材料。

(8) 布置。电容器分层布置时，下层电容器底部对地面距离应不小于 300mm；上层电容器连线对柜顶距离不应小于 200mm；电容器外壳之间的净距不宜小于 100mm。

(9) 接地。电容器的金属外壳和支架应良好接地。

3. 高压电容器的装设要求

高压并联电容器组一般以装设在高压用电设备旁为宜，就地补偿，也可装设在 10kV 受电变配电所专用电容器室内。装置以户内式为主，极少采客户外式装置，因此仅对户内式装置的装置要求分述如下。

(1) 并联电容器组的分组及容量应根据分级补偿、就地平衡、便于调整电压、不发生谐振及各次谐波含量不超过现行国家标准《电能质量 公用电网谐波》的有关规定而确定。

（2）不应造成向电网倒送无功功率以及使受电端过电压。

（3）电容器组应采用单星形接线或双星形接线，在中性点非直接接地电网中其中性点不应接地。如电容器组的每相由多台电容器串联组成时，应采用先并联后串联的接线方式。

（4）电容器型号选择应满足如下要求：

1）电容器的额定电压应计入接入电网处的运行电压值（如有串联电抗器时还应计入电抗器引起电压升高的因素），电容器运行中承受的长期工频过电压不大于电容器额定电压的1.1倍。

2）电容器的绝缘水平应按电容器接入电网处的要求选取。

3）电容器的过电压值和过电流值应符合国家现行产品标准的规定。

4）装于户内的电容器宜选用难燃介质的电容器。

5）并联电容器安装环境应满足厂家规定的技术条件，如普通电容器为：适用于普通气象条件，周围空气温度为±40℃，相对湿度为80%，海拔高度不超过1000m；周围环境不含有对金属或绝缘有害的腐蚀性气体、蒸汽、大量尘埃；无易燃、易爆危险，无剧烈的振动。

如必须装设在严寒或高海拔或湿热带等不同地区和污秽或易燃、易爆环境中，均应满足特殊要求，在订货时向制造厂提出。

6）如装设在一绝缘框（台）架上串联段数为两段的电容器组，宜选用单套管电容器。

7）电容器室应为丙类生产建筑，其建筑物的耐火等级不应低于二级，建筑物的楼板、隔墙、门窗和孔洞均应满足防火要求。

8）电容器室的屋面防水标准不得低于屋内配电装置室的标准。

9）电容器室应有良好的通风条件以保证电容器室内空气温度不超过40℃，当自然通风不能满足要求时，可加装机械排风。电容器室的进、排风口应采取防止鸟类、鼠、蛇类等小动物进入和防雨雪飘进的措施。在风沙较大的地区应设置防尘措施，进风口宜设置过滤装置。

根据当地的气温条件，在高压电容器室的屋面设置保温层或隔热层。

电容器室的布置应减少太阳辐射对电容器的影响，宜布置在夏季通风良好的方向上。

10）电容器组的布置不宜超过三层，每层不应超过两排，四周及层间不得有隔板；下层电容器的底部距离地面不应小于200mm，框（台）架顶部至屋顶净空距离不应小于1000mm，电容器间距不应小于100mm，排间距离不应小于200mm。

电容器组四周或一侧应设置维护通道，其宽度不应小于1.2m，当电容器组双排布置时，框（台）架和墙之间或框（台）架相互之间可设置检修走道，其宽度不宜小于1m。

电容器组可采用制造厂生产的成套柜，如GR-1型柜，柜内布置则由制造厂根据其设计而定，选用时应仔细查核其有关资料是否与装置地点的各项要求相符。

（5）电容器组的汇流母线应满足机械强度的要求，防止引起熔断器至母线的连接线松弛。

电容器套管相互之间和电容器套管至母线或熔断器的连接线应有一定的松弛度，严禁直接利用电容器套管连接或支承硬母线。单套管电容器组的接壳导线应采用软导线，由接壳端子上引接。

（6）熔断器应装设在通道一侧，严禁垂直装设，装设角度和弹簧拉紧位置应符合制造厂的产品技术要求。熔丝熔断后，尾线不应搭在电容器外壳上。

（7）电容器装置的电器和导体的选择，应满足在当地环境下正常运行、过电压状态和短路故障的要求。

二、并联电力电容器检查

1. 新装并联电容器组投运前的验收

（1）并联电容器组所用的各个电气部件，其型号、规格均应符合设计要求，安装也应符合施工验收规范，并按规程要求进行交接试验和校验且均合格。

（2）应按设计要求装设继电保护装置，其安装应符合规范且经校验均应合格，定值正确且均已在投运位置。

（3）电容器组的接线应正确，各连接点接触良好，与接地网的连接应牢固可靠。

（4）放电器的型号、规格符合设计要求并经试验合格。

（5）电容器及其他注油设备外壳应良好，无渗漏油现象。

（6）电容器组的固定遮栏或成套柜的挡板等均应完好，对带电体距离符合设计及安全要求。

（7）电容器室的各类通道符合设计和安全要求，建筑物符合规范要求，有良好的通风和必要的消防设施及防小动物进入、防雨雪、防风沙飘进等措施。

（8）电容器组三相的任何两个线路端子之间的最大与最小电容之比和电容器组每组各串联段之间的最大与最小电容之比，均不宜超过1.02。

2. 并联电容器运行中的巡视检查

并联电容器运行中的巡视检查如表5-23所示。

表 5 - 23　　　　　　　　　　并联电容器运行中的巡视检查

检查项目	处 理 方 法
外观检查	引出线端连接用的螺母、垫圈应齐全，外壳无显著变形
固定金具检查	使用铝制金具，无裂纹，尺寸合适
电容器本体的检修	套管应完好，本体无膨胀、渗漏油
连接电容器金具检查	金具应使用铜螺母，且无烧伤损坏，连接紧固
瓷件检查	瓷件应完好无破损
导电杆检查	无弯曲变形
电容器接地检查	接地应可靠，接地螺丝应紧固
电容器编号检查	编号应向外
电容器铭牌检查	铭牌应完整
连接母线检查	母线应平整无弯曲
熔断器检查	熔断器无断裂、虚接，熔断器规格应符合设备要求
放电线圈检查	瓷套无破损，油位应正常，无渗漏现象，二次接线应紧固
干式电抗器检查	外观检查完好，绝缘层无破损；支持瓷柱应无破裂；接线板螺丝紧固并无发热现象
装置校验	按照装置校验检修工艺标准对所用装置进行校验
极对壳绝缘电阻	不低于 2000MΩ

检查项目		处 理 方 法
电容值		(1) 电容值偏差不超出额定值的－5%～＋10%范围 (2) 电容值不应小于出厂值的95%
并联电阻值测量		用自放电法测量，电阻值与出厂值的偏差应在±10%范围内
集合式电容器	相间和极对壳绝缘电阻	采用2500V兆欧表，对有6个套管的三相电容器测量相间绝缘电阻，阻值符合厂家规定
	电容值	(1) 每相电容值偏差应在额定值的－5%～＋10%的范围内，且电容值不小于出厂值的96% (2) 三相中每两线路端子间测得的电容值的最大值与最小值之比不大于1.06 (3) 每相用三个套管引出的电容器组，应测量每两个套管之间的电容量，其值与出厂值相差在±5%范围内
	相间和极对壳交流耐压试验	试验电压为出厂试验值的75%
	绝缘油击穿电压(kV)	运行中绝缘油：15kV以下，≥25kV；15～35kV，≥30kV；66～220kV，≥35kV；330kV，≥45kV；500kV，≥50kV
	渗漏油检查	漏油应修复

三、电容器绝缘预防性试验

电容器在长期运行中，由于受高温、电压、谐波等影响，有可能使其中个别元件击穿，严重时能发展成整台电容器的损坏。对电力电容器按规定进行预防性试验的目的就在于检查其内部电容元件是否存在缺陷、电容元件对外壳的绝缘是否良好等，发现问题及时进行处理，以减少事故的发生。

1. 绝缘电阻测量

测量绝缘电阻对1000V以下的电容器用1000V兆欧表，1000V及以上电容器用2500V兆欧表。提高试验直流电压，一般能提高检出缺陷的灵敏度。但对于由多元件串联组成的电容器。由于有缺陷元件的电阻常因受潮而降低（如有一台 YY6.3-12-1 型移相、油浸式6.3kV、12kvar单相电容器，元件绝缘电阻的最大值为3000MΩ，最小值为6.6MΩ），按电阻值分布的直流电压将主要施加在没有缺陷的元件上，导致良好元件击穿。并且有缺陷的元件由于分布的电压很小而不易检出，因此不应该使用高的直流电压测量电容器的绝缘电阻和泄漏电流。

对电容器应分别测量两极之间和两极对外壳的绝缘电阻。将测量结果与过去测量数值进行比较，可以检查电容器元件是否整体受潮、电容器套管是否损坏（有裂纹）等。测量电容器两极之间的绝缘电阻，可以发现两极之间的绝缘状况（整体受潮）；测量两极对外壳的绝缘电阻能了解套管是否受潮。在室内正常情况下其阻值通常大于5000MΩ。电容器绝缘电阻测量接线图如图 5-8 所示。

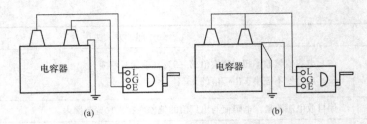

图 5 - 8　测量电容器绝缘电阻接线图

(a) 测量两极间绝缘电阻；(b) 测量两极对外壳的绝缘电阻

电容器两极对地电容量较小，测量时将两极短接，较容易获得稳定读数。两极之间电容量大，充电时间长，而兆欧表容量相对很小，指针上升很慢，摇测速度不均，指针晃动较大，不易读出数值，建议用新型的绝缘电阻测试仪测量。

电容器在进行测量前或试验后均应放电。测量时，在未断开兆欧表引出线前，不应将兆欧表停下，以免反充电损坏兆欧表。

电容器绝缘电阻标准不做规定，可以与出厂记录或过去的记录以及相互间的数值进行比较。

2. 电容量测量

测定电容器电容值的目的是能从电容值的增大或减小（与厂家额定值比）来发现电容器的内部有无元件击穿、短路、断线、引线松动、绝缘油漏泄、干枯和变质等缺陷。介质受潮、元件短路时电容量加大，严重缺油时电容值减小，断线时可能增大也可能减小，一般认为所测电容值不得超过额定值（铭牌值）的 ±10%。

测量电容，有条件时，用电桥测量较好。也可用电流电压表测量电容器的电流和电压，然后计算出电容量。电容量的计算式为

$$C = \frac{I \times 10^6}{2\pi fU} \qquad\qquad (5 - 12)$$

式中　f——电源频率，Hz；

　　　U——电压表 PV 的读数，V；

　　　I——电流表 PA 的读数，A。

测量电容的接线图如图 5 - 9 所示。

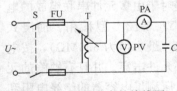

图 5 - 9　测量电容的接线图

测量时所加电压可以适当高些，例如用 （0.05 ~ 0.5） U_e。额定电压 U_e 较低的电容器，取较高的系数。应注意 f 变动的影响，电源中应无谐波。当所测电容很小时，应将电流表 A 接于 C 之上，这是为了消除电压表 V 中的电流引起的误差。按图 5 - 9 接线，根据试验电源电压值和被测电容值选用适当量程的交流电压表和电流表（如 0.5 级）。

3. 交流耐压试验

对电力电容器进行两极对外壳的耐压试验能检出电容器包装绝缘纸击穿、油面下降引起滑闪和内瓷套不清洁等缺陷。

两极对壳的耐压所需试验设备容量不大，现场容易满足且试验方法简单。极间电容量较大，进行交流耐压试验时要考虑试验变压器的容量。

两极对外壳的交流耐压试验接线如图 5-10 所示。

两极对外壳的交流耐压试验标准见表 5-24。

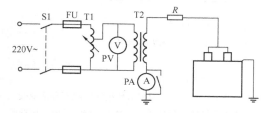

图 5-10 两极对外壳的交流耐压试验接线

表 5-24	两极对外壳的 交流耐压试验标准		(kV)
额定电压	0.5 及以下	6.3	10.5
出厂试验电压	2.5	25	35
交接试验电压	2.1	21	30

交流耐压时间为 1min。如出厂试验电压与表 5-24 不同时，交流耐压值为出厂耐压值的 85%。

4. 故障电容器的检查和鉴定性试验

运行中电容器组出现故障，如果属于电容器内部层间短路，其保护信号应掉牌。此时首先要检查电容器组母线和附属设备是否都无故障，而且确认是电容器的内部层间故障；第二步，应细查每台电容器箱壁上两种示温蜡片是否熔化，油箱壁是否膨胀，电容器是否严重漏油和喷油，箱壳是否烫手，单台熔丝是否熔断等；如果都无明显异常，进行第三步，在平衡保护可靠的情况下进行远方分组投切，以寻找故障，把故障区缩小到最小范围（如某一小组）；第四步，对认为有故障的小组中的每台电容器，测量双极对壳及两极间的绝缘电阻，其值应不低于 1000MΩ（用 2500V 兆欧表测）。再采用电流电压法并施加 3400V 高压测量电容值，看其变化幅度是否在制造厂家规定的 -5%~10% 范围内。若电容器内部并、串联有击穿的话，用高压法测电容值均能发现问题。如果有条件时可逐台进行局部放电试验。

四、电力电容器故障分析

电力电容器常见故障原因及处理方法如表 5-25 所示。

表 5-25　　　　　电力电容器常见故障原因及处理方法

故障现象	产 生 原 因	处 理 方 法
外壳鼓肚变形	(1) 介质内产生局部放电，使介质分解而逸出气体。 (2) 部分元件击穿或极对外壳击穿，使介质逸出气体	立即将其退出运行
渗漏油	(1) 搬运时提拿瓷套，使法兰焊接出裂缝。 (2) 接线时拧螺丝过紧，瓷套焊接出损伤。 (3) 产品制造缺陷。 (4) 温度急剧变化。 (5) 漆层脱落，外壳锈蚀	(1) 用铅锡料补焊，但勿使过热，以免瓷套管上银层脱落。 (2) 改进接线方法，消除接线应力，接线时勿搬摇瓷套，勿用猛力拧螺丝帽。 (3) 防爆晒，加强通风。 (4) 及时除锈、补漆
温度过高	(1) 环境温度过高，电容器布置过密。 (2) 高次谐波电流影响。 (3) 频繁切合电容器，反复受过电压和作用。 (4) 介质老化，$\tan\delta$ 不断增大	(1) 改善通风条件，增大电容器间隙。 (2) 加装串联电抗器。 (3) 采取措施，限制操作过电压及涌流。 (4) 停止使用及时更换

续表

故障现象	产　生　原　因	处　理　方　法
爆炸着火	内部发生极间或机壳间击穿而又无适当保护时，与之并联的电容器组对它放电，因能量大爆炸着火	（1）立即断开电源。 （2）用沙子或干式灭火器灭火
单台熔丝熔断	（1）过电流。 （2）电容器内部短路。 （3）外壳绝缘故障	（1）严格控制运行电压。 （2）测量绝缘，对于双极对地绝缘电阻不合格或交流耐压不合格的应及时更换。投入后继续熔断，则应退出该电容器。 （3）查清原因，更换保险。若内部短路则应将其退出运行。 （4）因熔断器熔断。引起相电流不平衡接近 2.5% 时，应更换故障电容器或拆除其他相电容器进行调整

第五节　电力电缆检查

　　电力电缆线路是电力系统的重要组成元件，它和架空线路的作用相同，在电力系统中起输送和分配电能的作用。电力电缆敷设在地下、室内、沟道、隧道、井内，不需用杆塔架设，与架空线路相比，电缆线路具有以下优点：①占用地面空间小、一次投资可重复使用；②有利于改善城市市容，是城市电网改造的发展方向；③电缆线路受外界条件影响小，供电可靠性高；④运行维护费用较小；⑤能够改善系统功率因数。但电缆线路的投资大，投资一般是架空线路的 5～10 倍；电缆线路发生故障后，故障点寻测难，检修费用大；且电缆不易分支，电缆接头、终端的制作复杂，工艺要求高。

一、电力电缆种类及结构

　　电力电缆按绝缘材料可分为挤包绝缘电力电缆（包括聚氯乙烯、交联聚乙烯、聚乙烯、和橡胶）和油浸纸绝缘电力电缆（包括黏性油纸绝缘电缆、不滴流纸绝缘电缆和充油电缆）；按电压等级不同可分为中、低压电力电缆（35kV 及以下）、高压电缆（110kV 以上）、超高压电缆（275～800kV）以及特高压电缆（1000kV 及以上）。此外，它还可按电流制分为交流电缆和直流电缆。

　　电力电缆主要由电缆导体、绝缘层、屏蔽层、保护层等部分组成。电缆导体由多根小直径单线（铜丝或铝丝）绞合而成，截面形状有圆形、扇形等。电缆绝缘层选用：①低压电缆宜选用聚氯乙烯或交联聚乙烯型挤塑绝缘类型；中压电缆宜选用交联聚乙烯绝缘类型。明确需要与环境保护协调时，不得选用聚氯乙烯绝缘电缆。②高压交流系统中的电缆线路，宜选用交联聚乙烯绝缘类型。在有较多运行经验的地区，可选用自容式充油电缆。③高压直流输电电缆，可选用不滴流浸渍纸绝缘、自容式充油类型。在需要提高输电能力时，宜选用以半合成纸材料构造的型式。直流输电系统不宜选用普通交联聚乙烯型电缆。④移动式电气设备等经常弯移或有较高柔软性要求的回路，应使用橡皮绝缘等电缆。

　　在中、高压电缆中，为了改善电场分布，避免导体—绝缘层—内护层发生局部放电，需要设置屏蔽层。电缆屏蔽层分为导体屏蔽（内屏蔽）和绝缘屏蔽（外屏蔽）。导体屏蔽层也叫做内半导电层，它是由半导电材料紧密包裹在导线外并与绝缘内表面紧密结合而形成的屏蔽结构。导体屏蔽层形成一个法拉利笼（导电的屏蔽体），并有效填充导体和绝缘之间气隙，防止导体间的气隙放电。绝缘屏蔽层一般由两层结构共同构成，一层是和导体紧密结合的外半导电层结构，另一层是绕包或布置在外半导电层外的金属屏蔽层。外半导电层在生产时与电缆主绝缘共同挤出，与电缆绝缘之间几乎无气隙。外半导电层与绝缘结合得越紧密，层间气隙越少越不容易放电，电缆性能越好。外半导电屏蔽层一般通过外层的金属屏蔽去接地，使整个绝缘屏蔽处于零电位，将电场有效地限制在其内部。当安装电缆附件时，要开剥一定长度的外半导电层，以保证足够的高低电位电气距离。

电缆保护层是保护绝缘和整个电缆正常可靠工作的重要保证，包括内护套和外护层。内护套紧贴绝缘层，防止水分、潮气及其他有害物质侵入，保证绝缘性能良好。外护层是包覆在电缆内护套的保护层，用来增加电缆的受拉、抗压机械强度，并能防止护套腐蚀以及避免其他环境损坏。外护层包括：①内衬层，介于金属护套和铠装层之间；②铠装层，采用钢带或钢丝，增加机械强度；③外被层，铠装层的防腐层，采用聚氯乙烯、聚乙烯挤包而成。中压电缆的典型结构如图 5-11 所示。

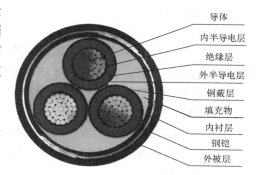

导体
内半导电层
绝缘层
外半导电层
铜蔽层
填充物
内衬层
钢铠
外被层

图 5-11 中压电缆的典型结构

二、电缆线路巡视与检查

（1）敷设于地下的电缆线路，应查看路面是否正常，有无开挖痕迹，沟盖、井盖有无缺损，线路标识是否完整无缺等；查看电缆线路上是否堆置瓦砾、矿渣、建筑材料、笨重物件、酸碱性排泄物或砌石灰坑、建房等。

（2）敷设于桥梁上的电缆，应检查桥梁电缆保护管、沟槽有无脱开或锈蚀，检查盖板有无缺损。

（3）检查电缆终端表面有无放电、污秽现象；终端密封是否完好；终端绝缘管材有无开裂；套支撑绝缘子有无损伤。

（4）电气连接点固定件有无松动、锈蚀，引出线连接点有无发热现象；终端应力锥部位是否发应对连接点和应力锥部位采用红外测温仪测量温度。

（5）有补油装置的交联电缆终端应检查油位是否在规定的范围之间；检查 GIS 筒内有无放电声，必要时测量局部放电。

（6）接地线是否良好，连接处是否紧固可靠，有无发热或放电现象；必要时测量连接处温度和电缆金属护层接地线电流，有较大突变时应停电进行接地系统检查，查找接地电流突变原因。

（7）电缆铭牌是否完好，相色标志是否齐全、清晰；电缆固定、保护设施是否完好等。

（8）检查电缆终端杆塔周围有无影响电缆安全运行的树木、爬藤、堆物及违章建筑等。

（9）对电缆终端处的避雷器，应检查套管是否完好，表面有无放电痕迹，检查泄漏电流监测仪是否正常，并按规定记录放电计数器动作次数。

（10）通过短路电流后应检查护层过电压限制器有无烧熔现象，交叉互联箱、接地箱内连接排是否良好。

（11）检查工井、隧道、电缆沟、竖井、电缆夹层、桥梁内电缆外护套与支架或金属构件处有损或放电迹象，衬垫是否失落，电缆及接头位置是否固定正常，电缆及接头上的防火涂、防火带是否完好；检查金属构件如支架、接地扁铁是否锈蚀。

（12）检查电缆隧道、竖井、电缆夹层、电缆沟内孔洞是否封堵完好，通风、排水及照明设施完整，防火装置是否完好；监控系统是否运行正常。

（13）水底电缆应经常检查临近河（海）岸两侧是否有受潮水冲刷的现象，电缆盖板是否露出或移位，同时检查河岸两端的警告牌是否完好。

（14）充油电缆应检查油压报警系统是否运行正常，油压是否在规定范围之内。

（15）多条并联运行的电缆要检测电流分配和电缆表面温度，防止电缆过负荷。

（16）对电缆线路靠近热力管或其他热源、电缆排列密集处，应进行土壤温度和电缆表面温度测量，以防电缆过热。

三、电力电缆的试验

（一）电力电缆试验的一般要求

（1）对电缆的主绝缘作直流耐压试验或测量绝缘电阻时，应分别在每一相上进行。对一相进行试验或测量时，其他两相导体、金属屏蔽或金属套和铠装层一起接地。

（2）新敷设的电缆线路投入运行 3～12 个月，一般应作 1 次直流耐压试验，以后再按正常周期试验。

（3）试验结果异常，但根据综合判断允许在监视条件下继续运行的电缆线路，其试验周期应缩短，如在不少于 6 个月时间内，经连续 3 次以上试验，试验结果不变坏，则以后可以按正常周期试验。

（4）对金属屏蔽或金属套一端接地，另一端装有护层过电压保护器的单芯电缆主绝缘作直流耐压试验时，必须将护层过电压保护器短接，使这一端的电缆金属屏蔽或金属套临时接地。

（5）耐压试验后，使导体放电时，必须通过每千伏约 80kΩ 的限流电阻反复几次放电直至无火花后，才允许直接接地放电。

（6）除自容式充油电缆线路外，其他电缆线路在停电后投运之前，必须确认电缆的绝缘状况良好。凡停电超过一星期但不满一个月的电缆线路，应用兆欧表测量该电缆导体对地绝缘电阻，如有疑问时，必须用低于常规直流耐压试验电压的直流电压进行试验，加压时间 1min；停电超过一个月但不满一年的电缆线路，必须作 50% 规定试验电压值的直流耐压试验，加压时间 1min；停电超过一年的电缆线路必须作常规的直流耐压试验。

（7）对额定电压为 0.6/1kV 的电缆线路可用 1000V 或 2500V 兆欧表测量导体对地绝缘电阻代替直流耐压试验。

（8）直流耐压试验时，应在试验电压升至规定值后 1min 以及加压时间达到规定时测量泄漏电流。泄漏电流值和不平衡系数只作为判断绝缘状况的参考，不作为是否能投入运行的判据。但如发现泄漏电流与上次试验值相比有很大变化，或泄漏电流不稳定，随试验电压的升高或加压时间的增加而急剧上升时，应查明原因。如系终端头表面泄漏电流或对地杂散电流等因素的影响，则应加以消除；如怀疑电缆线路绝缘不良，则可提高试验电压或延长试验时间，确定能否继续运行。

（9）运行部门根据电缆线路的运行情况、以往的经验和试验成绩，可以适当延长试验周期。

（二）电缆线路绝缘试验

1. 绝缘电阻的测量

测量绝缘电阻是检查电缆绝缘最简单的方法。通过测量可以检查出电缆绝缘受潮、老化等缺陷，还可以判别出电缆在耐压试验时所暴露出的绝缘缺陷。电力电缆的绝缘电阻是指电缆芯线对外皮或电缆某芯线对其他芯线及外皮的绝缘电阻。因此测量时除测量相芯线外，非被测相芯线应短路接地。

测量时对 1000V 以下的电缆用 1000V 绝缘电阻表，1000V 及以上的电缆用 2500V 绝缘电阻表，6kV 及以上电缆也可用 5000V 绝缘电阻表。电力电缆的绝缘电阻与电缆长度、测量时的温度以及电缆终端头或套管表面脏污、潮湿等有很大关系。测量时应将电缆终端头表面擦拭干净，并进行表面屏蔽。其接线图如图 5-12 所示。

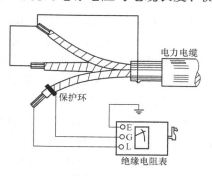

图 5-12   测量电缆绝缘电阻接线图

测得的电缆绝缘电阻应进行综合分析判断，即与交接及历次试验值以及与不同相进行比较。当绝缘电阻与上次试验值比较，有明显减小或相间绝缘电阻有明显差异时应查明原因。多芯电缆在测量绝缘电阻后，还可用不平衡系数来分析判断其绝缘情况，不平衡系数等于同一电缆各芯线的绝缘电阻中最大值与最小值之比，绝缘良好的电力电缆，其不平衡系数一般不大于 2。

判断比较时要将绝缘电阻值换算到同一温度下进行。

2. 直流泄漏及直流耐压试验

（1）对电力电缆进行直流耐压及泄漏电流试验是检查电力电缆绝缘状况的一个主要试验项目。直流耐压及泄漏电流试验是同时进行的。对油浸纸绝缘等电力电缆，做直流耐压及泄漏电流试验比做交流耐压试验有突出的优点：

1）对长电缆线路进行耐压试验时，所需试验设备容量小。

2）在直流电压作用下，介质损耗小，高电压下对良好绝缘的损伤小。

3）在直流耐压试验的同时监测泄漏电流及其变化曲线，微安表灵敏度高，反映绝缘老化、受潮比较灵敏。

4）可以发现交流耐压试验不易发现的一些缺陷。因为在直流电压作用下，绝缘中的电压按电阻分布，当电缆绝缘有局部缺陷时，大部分试验电压将加在与缺陷串联的未损坏的绝缘上，使缺陷容易暴露。一般来说，直流耐压试验对检查绝缘中的气泡、机械损伤等局部缺陷比较有效。

直流耐压试验和泄漏电流测量的接线如图 5-13 所示。

测量时，应逐相测量，非被测相与电缆外皮短接并接地。

（2）对电缆进行直流耐压及泄漏电流试验时应注意如下几个问题：

1）试验前先对电缆验电，并接地充分放电；将电缆两端所连接设备断开，试验时不附带其他设备；将两端电缆头绝缘表面擦干净，减少表面泄漏电流引起的误差，必要时可在电缆头相间加设绝缘挡板。

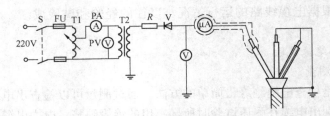

图 5 - 13　直流耐压试验和泄漏电流测量的接线

2) 试验场地设好遮栏，在电缆的另一端挂好警告牌并派专人看守以防外人靠近，检查接地线是否接地，放电棒是否接好。

3) 直流耐压试验时，电缆的导电芯线一般是接负极性的，因为导电芯线如接正极性，在绝缘中有水分存在时，可能因电渗透作用使水分移向铅包，缺陷不易发现。

4) 加压时，应分段逐渐提高电压，分别在 0.25、0.5、0.75、1.0 倍试验电压下停留 1min 读取泄漏电流值；最后在试验电压下按规定的时间进行耐压试验，耐压时间一般为 5min，并在耐压试验终了前，再读取耐压后的泄漏电流值。

5) 根据电缆类型不同，微安表有不同的接线方式，一般都采取微安表接在高压侧，高压引线及微安表加屏蔽。对于带有铜丝网屏蔽层且对地绝缘的电力电缆，也可将微安表串接在被试电缆的地线回路，在微安表两端并一放电开关，测量时将开关拉开，测量后放电前将开关合上，避免放电电流冲击损坏微安表。

6) 在高压侧直接测量电压。因为采用半波整流或倍压整流时，如采取在低压侧测量电压换算至高压侧电压的方法，由于电压波形和变化误差以及杂散电流的影响，可能会使高压试验电压幅值产生较大的误差，故应在高压侧直接测量电压。

7) 每次耐压试验完毕，应先降压，后切断电源。切断电源后必须对被试电缆用每千伏约 80kΩ 的限流电阻对地放电数次，然后再直接对地放电，放电时间应不少于 5min。

(3) 根据测得的电缆泄漏电流值，可用以下方法加以分析判断：

1) 耐压 5min 时的泄漏电流值不应大于耐压 1min 时的泄漏电流值。

2) 按不平衡系数分析判断。泄漏电流的不平系数等于最大泄漏电流值与最小泄漏电流值之比。除塑料电缆外，不平衡系数应不大于 2。对于 8.7/10kV 电缆，最大一相泄漏电流小于 $20\mu A$ 时；6/6kV 以下电缆，最大一相泄漏电流小于 $10\mu A$ 时，不平衡系数不作规定。

3) 泄漏电流应稳定。若试验电压稳定，而泄漏电流呈周期性地摆动，则说明被试电缆存在局部间隙性缺陷。在一定的电压作用下，间隙被击穿，泄漏电流便会突然增加，击穿电压下降，间隙又恢复绝缘，泄漏电流又减小；电缆电容再次充电，充电到一定程度，间隙又被击穿，电压又上升，泄漏电流又突然增加，电压又下降。上述过程不断重复。造成可观察到的泄漏电流周期性摆动的现象。

4) 泄漏电流随耐压时间延长不应明显上升。如发现随时间延长泄漏电流明显上升，则多为电缆接头、终端头或电缆内部受潮。

5) 泄漏电流突然变化。泄漏电流随时间增长或随试验电压不成比例急剧上升，则说明电缆内部存在隐患，应尽可能找出原因，加以消除，必要时，可视具体情况酌量提高试验电压或延长耐压持续时间使缺陷充分暴露。

电缆的泄漏电流只作为判断绝缘情况的参考，不作为决定是否能投入运行的标准。当发现耐压试验合格而泄漏电流异常的电缆，应在运行中缩短试验周期来加强监督，或采用传感器监视被怀疑电缆地线回路中的电流来预防电缆事故。当发现泄漏电流或地线回路的电流随时间而增加时，该电缆应停止运行。若经较长时间多次试验与监视，泄漏电流趋于稳定，则该电缆也可允许继续使用。

（三）检查电力电缆的相位

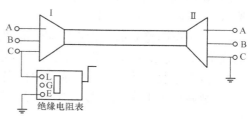

新装电缆竣工交接时，运行中电力电缆重装接线盒或终端头后，必须检查电缆的相位。检查电缆相位的方法很多，一般都较简单，使用较多的是用万用表或兆欧表，接线如图5-14所示。检查时，依次在Ⅱ端将芯线接地，在Ⅰ端用万用表或兆欧表测量对地的通断，每芯测3次，共测9次，测量后将两端的相位标记一致即可。

图5-14 电缆相位检查接线示意图

四、电力电缆故障分析及处理

1. 电缆故障的类型

电缆故障的类型一般分为接地、短路、断线、闪络及混合故障五种。接地、短路和闪络故障一般分为低阻故障和高阻故障。低阻故障是指电缆相间或相对地受损，其绝缘电阻减少到一定程度，能用低压脉冲测量的电缆故障。高阻故障相对于低阻故障，电缆相间或相对的故障较大，只能用闪络法测量的电缆故障，包括泄漏性高阻故障和闪络性高阻故障。断线故障又称开路故障，指电缆相间或相对地绝缘电阻达到规范值，但工作电压不能传输到终端，或终端有电压，但负载能力较差。当两种以上的故障同时存在时，称为混合性故障。

一般情况下高压电缆故障多以运行故障为主，且大多数是高阻故障；而低压电缆故障以开路、短路故障为主。

2. 故障查找与处理

（1）故障查找与隔离方法。

1）电缆线路发生故障时，根据线路跳闸、故障测距和故障寻址器动作等信息，对故障点位置进行初步判断，并组织人员进行故障巡视，重点巡视电缆通道、电缆终端、电缆接头及与其他设备的连接，确定有无明显故障点。

2）如未发现明显故障点，应对所涉及的各段电缆使用兆欧表或耐压仪器进一步进行故障点查找。

3）故障电缆段查出后，应将其与其他带电设备隔离，并做好满足故障点测寻及处理的安全措施。

（2）故障测寻方法。

1）电缆故障的测寻一般分为故障类型判别、故障测距和精确定位三个步骤。

2）电缆故障的类型可使用兆欧表测量每相对地绝缘电阻、导体连续性来确定，必要时对电缆施加直流电压判定其是否为闪络性故障。

3）电缆故障测距主要有电桥法、低压脉冲反射法和高压闪络法。

4）电缆故障精确定位主要有音频感应法、声测法、声磁同步法和跨步电压法。

5）充油电缆可采用流量法和冷冻法以测寻漏油点的方式确定故障点。

6）故障点经初步测定后，在精确定位前应与电缆路径图仔细核对，必要时应用电缆路径仪确定其准确路径。

（3）故障修复方法。

1）电缆线路发生故障，应积极组织抢修，快速恢复供电。

2）锯断故障电缆前应与电缆走向图进行核对，必要时使用专用仪器进行确认，在保证电缆可靠接地后，方可工作。

3）故障电缆修复前应检查电缆受潮情况，如有进水或受潮，必须采取去潮措施或切除受潮线确认电缆未受潮、分段电缆绝缘合格，方可进行故障部位修复。

4）故障修复应按照电力电缆及附件安装工艺要求进行，确保修复质量。

5）故障电缆修复后，按规定进行试验，并进行相位核对，经验收合格后，方可恢复运行。

复 习 思 考 题

（1）什么叫客户电气装置的中间检查？中间检查的意义是什么？

（2）什么叫客户电气装置的竣工检查？竣工检查的主要内容有哪些？

（3）油浸式变压器的巡视检查包括哪些内容？

（4）干式变压器的巡视检查包括哪些内容？

（5）变压器预防性试验的项目主要有哪些？对试验结果的分析判断应考虑哪些方面？

（6）简述运行中的变压器声音异常的判断及处理方法。

（7）中置式高压开关柜运行巡视的检查项目有哪些？

（8）中置式高压开关柜的"五防"如何实现？

（9）并联电容器的作用是什么？运行中巡视检查的项目有哪些？

（10）测定电容器电容值的目的是什么？

（11）电力电缆的种类有哪些？电力电缆的测试项目一般有哪些？

（12）简述电力电缆的结构。

（13）对电力电缆进行泄漏电流和直流耐压试验时应重点注意哪些问题？

（14）电缆故障按性质一般分为哪几类？

（15）简述电力电缆故障测寻的步骤。

第六章　电　能　计　量

第一节　电　能　表

电能表是测量电能的专用仪表，是电能计量最基础的设备，广泛用于发电、供电和用电的各个环节，本节介绍感应式电能表、电子式电能表和智能电能表。

首先介绍电能表的分类、型号及铭牌标志符号的含义。

一、常用电能表的分类

电能表按其使用的电路可分为直流电能表和交流电能表，交流电能表按其相线又可分为单相电能表、三相三线电能表和三相四线电能表。

电能表按其工作原理可分为感应式电能表和电子式电能表（又称静止式电能表）。

电能表按其用途可分为有功电能表、无功能电能表、最大需用量表、标准电能表、复费率分时电能表、预付费电能表、损耗电能表和多功能电能表等。

电能表按其准确度等级可分为普通安装式电能表（0.2、0.5、1.0、2.0、3.0级）和携带式精密电能表（0.01、0.02、0.03、0.05、0.1、0.2级）。

二、电能表的型号及铭牌标志符号的含义

（1）型号及其含义。电能表型号是用字母和数字的排列来表示的，内容如下：类别代号＋组别代号＋设计序号。

1）类别代号，D——电能表。

2）组别代号，表示相线：D——单相；S——三相三线；T——三相四线。

表示用途分类：A——安培小时计；B——标准；D——多功能；H——总耗；J——直流；M——脉冲；S——全电子式；X——无功；Z——最大需量；Y——预付费；F——复费率。

3）设计序号用阿拉伯数字表示。例如：

DD——单相电能表，如DD862型、DD701型、DD95型。

DS——三相三线有功电能表，如DS864型等。

DT——三相四线有功电能表，如DT86型、DT864型。

DX——无功电能表，如DX862型、DX863型。

DJ——直流电能表，如DJ1型。

DB——标准电能表，如DB2型、DB3型。

DBS——三相三线标准电能表，如DBS25型。

DZ——最大需量表，如DZI型。

DBT——三相四线有功标准电能表，如DBT25型。

DSF——三相三线复费率分时电能表，如DSF1型。

DSSD——三相三线全电子式多功能电能表，如DSSD-331型。

DDY——单相预付费电能表，如DDY59型。

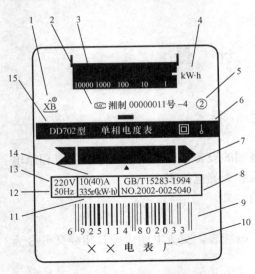

图 6-1　单相电能表的铭牌标志

（2）铭牌，如图 6-1 所示。其内容分述如下：

1——商标。

2——计量许可证标志（CMC）。

3——字轮式计度器的窗口，整数位和小数位用不同颜色区分，中间有小数点；若无小数点位，窗口各字轮均有倍乘系数，如 ×100、×10、×1等。

4——计量单位名称或符号，如有功电表为"千瓦·时"或"kW·h"；无功电能表为"千乏·时"或"kvar·h"。

5——电能表的准确度等级。用置于圆圈内的数字来表示，如①表示该表为 1.0 级。

6——相数、线数的符号。

7——制造标准。

8——出厂编号。

9——条形码。

10——制造厂的名称或制造厂地址。

11——电能表常数。指的是电能表记录的电能和相应的转数或脉冲数之间关系的常数。有功电能表以 kW·h/r(imp) 或 (imp)/(kW·h) 形式表示；无功电能表 kvar·h/r(imp) 或 r(imp)/(kvar·h) 形式表示。

12——参比频率。指的是确定电能表有关特性的频率值，以赫兹（Hz）作为单位。

13——参比电压。指的是确定电能表有关特性的电压值，以 U_N 表示。对于三相三线电能表以相数乘以线电压表示，如 3×380V；对于三相四线电能表则以相数乘以相电压/线电压表示，如 3×200/×380V；对于单相电能表则以电压线路接线端上的电压表示，如 220V。如果电能表通过测量用互感器接入，并且在常数中已考虑互感器变比时，应标明互感器变比，如 3×6000/100V。

14——基本电流和额定最大电流。基本电流是确定电能表有关特性的电流值，以 I_b 表示；额定最大电流是仪表能满足其制造标准规定的准确度的最大电流值，以 I_{max} 表示。如 1.5(6) A 即电能表的基本电流值为 1.5A，额定最大电流为 6A。如果额定最大电流小于基本电流的 150% 时，则只标明基本电流。对于三相电能表还应在前面乘以相数，如 3×5(20) A；对于经电流互感器接入式电能表则标明（互感器接入式电能表则标明互感器）次级电流，以/5A 表示；电能表的基本电流和额定最大电流可以包括在形式符号中，如 FL246-1.5-6 或 FL246-1.5(6)，若电能表常数中已考虑互感器变比时，应标明互感器变比，如 3×1000/5A。

15——电能表的名称及型号。

三、感应式电能表结构

感应式电能表有很多种类，但它们的基本结构大同小异，一般都由驱动元件、转动元件、制动元件、基架、轴承、计度器、铭牌、端钮盒、外壳等构成，其结构示意图如图 6-2 所示。

四、感应式三相有功电能表

三相电能表由单相电能表演变而来，它的基本结构与单相电能表的结构相似，区别在于每个三相电能表有两组或三组驱动元件，它们形成的电磁力作用于同一个转动元件上，并由一个计度器来累积三相电能。可将三相电能表看成两个或三个单相电能表的组合。因此，三相电能表具有单相电能表的一切基本特征，工作原理与单相电能表相似。但是，三相电能表各组驱动元件之间存在相互影响，所以它还具有一些特殊的性能。三相电能表的基本误差与各驱动元件相对位置及所处的工作状况有关，当三相负荷不平衡或电压不对称或相序改变时，都会影响其误差特性。为此，在每组驱动元件上都分别安装了平衡调整装置，以补偿各组元件的驱动力矩不平衡所引起的误差。

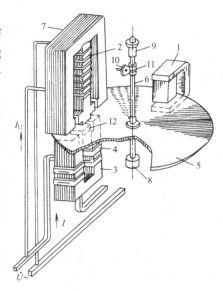

图 6-2 单相电能表内部结构示意图
1—电压铁芯；2—电压线圈；3—电流铁芯；
4—电流线圈；5—转盘；6—转轴；7—制动
元件；8—下轴承；9—上轴销；10—涡轮；
11—蜗杆；12—磁分路

电力系统供电网大多采用三相三线制或三相四线制电路。目前一般采用的是由两组驱动元件制成的三相三线电能表及由三组驱动元件制成的三相四线电能表。

三相三线两元件有功电能表可测量三相三线制电路中的有功电能，而且不管三相电路是否对称，都能正确计量有功电能。

三相四线电能表可测量三相四线电路中的有功电能，而且不管电路是否对称，都能正确计量有功电能。

五、电子式电能表

感应式电能表作为一种传统的电能表，在电能计量工作中发挥了极大的作用。20 世纪 80 年代，随着电力逐步走向市场，电力营销对电能计量工作提出了更高的要求，电能计量表计要承担的功能也越来越多，如在电力系统中，为引导客户更为有效、合理、均衡地利用电能，避免尖峰负荷的出现，提高系统的负荷率，达到电网经济运行的目的，需要对客户实行分时计量；又如，为对电能计量装置进行在线监测、远方遥控，需要对电能表进行远方通信等。同时，随着社会的发展，交易的电量越来越大，供、用双方对自身的权益也越来越关心，这就对电能计量表计的准确度等级提出了越来越高的要求。

普通感应式电能表受其结构和原理上的制约，要进一步提高准确度和拓展其功能已很困难。此时，微电子技术和单片机应用技术的发展和普及，为电能表多功能高精度的实现创造了有利条件，正是在这种背景和条件下，电子式电能表得以出现并得到了飞速发展。电子式电能表与普通感应式电能表相比，具有以下几个特点。

1. 功能齐全

通过对单片机程序软件的开发，电子式电能表可实现正、反向有功、四象限无功、复费率、预付费、远程集中抄表等功能。特别是采用 A/D 转换的电能表，其功能的拓展更是简单、方便、快捷。有时装用一块电子式电能表可相当于几块感应式电能表，表计数量的减少，有效地降低了二次回路的压降，提高了整个计量装置的可靠性和准确性。

2. 准确度等级高且稳定

感应式电能表的准确度等级一般为 0.5～3 级，并且由于机械磨损，误差很容易发生变化，而电子式电能表可方便地利用各种补偿轻易地达到较高的准确度等级，并且误差稳定性很好，电子式电能表的准确度等级一般为 0.2～1 级。

3. 启动电流小且误差曲线平整

感应式电能表要在 $0.3\%I_b$ 下才能启动进行计量，而电子式电能表非常灵敏，在 0.1% I_b 电流下就能开始启动进行计量，且误差曲线好，在全负荷范围内误差几乎为一条直线，而感应式电能表的误差曲线变化较大，尤其在低负荷时误差较大。

4. 频率响应范围

感应式电能表的频率响应范围一般为 45～55Hz，而电子多功能表的频率响应范围为40～1000Hz。

5. 受外磁场影响小

感应式电能表是依靠移进磁场的原理进行计量的，因此，外界磁场对表计的计量性能影响很大。而电子式电能表主要是通过乘法器进行运算的，其计量性能受外磁场影响小。

6. 便于安装使用

感应式电能表的安装有严格的要求，若悬挂水平倾度偏差大，甚至明显倾斜，将造成电能计量不准。而电子式电能表采用的是静止式的计量方式，无机械旋转部件，因此不存在上述问题，加上体积小、质量轻，使其便于使用。

7. 过载能力大

感应电能表是利用线圈进行工作的，为保证其计量准确度，一般只能过载 4 倍，而全电子式多功能表可过载 6～10 倍。

8. 防窃电能力更强

窃电是我国城乡用电中一个无法回避的现实问题，感应式电能表防窃电能力较差。而目前较新型的电子式电能表从基本原理上实现了防止常见的窃电行为。例如，AD7755 能通过两个电流互感器分别测量相线、零线电流，并以其中大的电流作为电能计量依据，从而实现防止短接电流导线等的窃电方式，可为国家减少经济损失。

但电子式电能表也存在如下一些弱点。

（1）维修较复杂。全电子式电能表线路较复杂，维修工作需要具有一定电子技术的专业人员来承担。

（2）若质量不过关，表计容易死机，从而造成极其严重的计量数据混乱。

（3）受目前电子器件寿命的制约，电子式电能表的寿命大约为 10 年，与感应式长寿命电能表相比寿命还不长。

六、智能电能表

智能电能表是由测量单元、数据处理单元、通信单元等组成，具有电能量计量、数据处理、实时监测、自动控制、信息交互等功能的电能表。

智能电能表是智能电网的智能终端，它已经不是传统意义上的电能表，智能电能表除了具备传统电能表基本用电量的计量功能以外，为了适应智能电网和新能源的使用它还具有双向多种费率计量功能、客户端控制功能、多种数据传输模式的双向数据通信功能、防窃电功能等智能化的功能。智能电能表代表着未来节能型智能电网最终客户智能化终端的发展方向。

智能电能表的功能设置支持可更新或可写入，功能设置模块化。在实际运用中根据智能电网的运行情况，远程设置或修改智能电能表的功能和方案，且所有功能均为独立线程，互不干扰与影响，确保了智能电能表的稳定性与安全性，既无需更换整表，又消除了新技术推行的障碍。

第二节 互 感 器

测量用互感器在电力线路中用于对交流电压或电流进行变换，以满足高电压或大电流的测量。采用测量互感器还具有以下好处。

（1）由于互感器具有对变换前后电路隔离的结构，以及良好的绝缘性能，能够保证测量仪表与测试人员的安全。

（2）互感器采用统一的标准化输出量。如电压互感器100、（$100/\sqrt{3}$）V，电流互感器为5、1A等，从而使数十伏到数百千伏的电压、数十毫安到上万安的电流经过互感器变换后，进行测量的仪表量程统一为简单的几种，大大简化了仪表系列的生产和使用。

（3）当电力线路发生故障出现过电压或过电流时，由于互感器铁芯趋于饱和，其输出不会呈正比增加，能够起到对测量仪表设备的保护作用。因此，测量互感器在电力系统的应用非常广泛。

一、电压互感器工作原理

（一）工作原理

电压互感器的结构相当于一台降压变压器。其与变压器的区别，一是电压互感器对电压变换的比例以及变换前后的相位有严格的要求，而降压变压器对这些要求不高；二是前者主要传输被测量的信息，即电压的大小和相位，而后者主要用于传输电能或阻抗变换。

单相电压互感器结构如图6-3所示。

电压互感器的一次绕组 N_1 连接于高压电力线路，二次绕组 N_2 连接测量仪表，因此，一次绕组 N_1 的匝数远远多于二次绕组的匝数 N_2。单相电压互感器在线路图中的符号如图6-4所示。

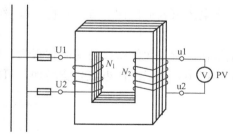

图6-3 单相电压互感器结构

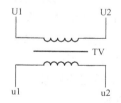

图6-4 单相电压互感器在线路图中的符号

（二）电压互感器的主要参数

1. 准确等级

对电压互感器在规定的使用条件下的准确度等级，按照JJG 314—1994《测量用电压互感器检定规程》，电压互感器的准确度等级可分为0.001、0.002、0.005、0.02、0.02、

0.05、0.1、0.2、0.5、1级。互感器的误差包括比值差和相位差，每一个准确等级的互感器都对此有明确的要求。

2. 额定电压比

额定一次电压与额定二次电压的比值即为额定电压比，则

$$K_{uN} = U_{1N}/U_{2N} = N_1/N_2$$

电压互感器额定变比等于匝数比，即与一次匝数成正比，与二次匝数成反比。

3. 额定一次电压

电压互感器输入一次回路的额定电压 U_{1N} 即为额定一次电压。电力系统常用互感器的额定一次电压为 6、$6/\sqrt{3}$、10、$10/\sqrt{3}$、35、$35/\sqrt{3}$、$110/\sqrt{3}$、$220/\sqrt{3}$、$500/\sqrt{3}$ kV 等。

4. 额定二次电压

电压互感器二次回路输出的额定电压 U_{2N} 即为额定二次电压。电力系统常用二次电压为 100、$100/\sqrt{3}$ V。接于三相四线制中性点接地系统的单相互感器，其额定二次电压应为 $100/\sqrt{3}$ V。

5. 额定二次负荷

互感器在额定电压下运行时二次侧输出的视在功率（VA）。根据国家标准 GB 1207—1997《电压互感器》，在功率因数为 0.8（滞后）时，额定输出标准值为 10、15、<u>25</u>、30、<u>50</u>、75、<u>100</u>、150、<u>200</u>、250、300、400、<u>500</u> VA。其中，有下横线者为优选值。对三相互感器而言，其额定输出是指每相的额定输出。

根据《测量用电压互感器检定规程》规定，电压互感器的二次负荷必须在 25%～100% 额定负荷范围内，方能保证其误差合格，一般情况下将 25% 额定负荷称作"下限负荷"。具体的情况见《测量用电压互感器检定规程》。

6. 额定二次负荷的功率因数

互感器二次回路所带负荷的额定功率因数即为额定二次负荷的功率因数。

（三）使用电压互感器应注意的事项

（1）在投入使用前应按《测量用电压互感器检定规程》规定的项目进行试验检查并核对相序、测定极性和接线组别等。

（2）为防止电压互感器一、二次之间绝缘击穿，高电压窜入低压侧造成人身伤亡或设备损坏，电压互感器二次侧必须设保护性接地点。

（3）运行中电压互感器二次绕组不允许短路。正常运行时二次侧所接负荷阻抗很大、电流很小，相当于开路状态。当二次短路时，由于内阻抗很小，所以二次电流急剧增加，可能造成电压互感器烧坏的事故。

二、电流互感器工作原理

（一）工作原理

电流互感器相当于一台电流变换器，其与电流变换器的区别：一是互感器对电流变换的比例以及变换前后的相位有严格的要求，而电流变换器对这些要求不高；二是前者主要传输被测电流的有关信息，即电流的大小和相位给测量仪表，后者主要用于改变电路的输出阻抗，为负荷提供大小合适的电流。电流互感器结构如图 6 - 5 所示，其在电路图中的符号如图 6 - 6 所示。

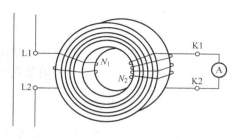

图 6-5 电流互感器结构

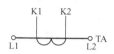

图 6-6 电流互感器在电路图中的符号

电流互感器二次回路所接仪表的阻抗是很小的，其运行工作状态相当于变压器的短路状态。在设计制造时采取较大的铁芯截面，以降低磁通密度和激磁电流来提高准确度。因此，可近似地认为，其一次绕组的安匝数等于二次绕组的安匝数，即 $I_1 N_1 = I_2 N_2$。

实际上，在满足一定准确度的情况下，可以认为两电流的比值是恒定的，即

$$K = I_1/I_2 = N_2/N_1$$

根据上述关系式，可以由二次电流的大小 I_2 来测出一次未知的电流 I_1，即 $I_1 = I_2 K$。

（二）电流互感器的主要参数

1. 准确等级

指电流互感器在规定使用条件下的准确度等级。按照 JJG 313—1994《测量用电流互感器检定规程》，电流互感器准确度可分为 0.001、0.002、0.005、0.1、0.2、0.5、1 级。互感器的误差包括比值差和相位差，每一个准确等级的互感器都对此有明确的要求。

2. 额定电流比

额定一次电流与额定二次电流的比值即为额定电流比，则

$$K = I_{1N}/I_{2N} = N_2/N_1$$

与电压互感器不同的是：电流互感器额定电流比与一次匝数成反比，与二次匝数成正比。

3. 额定一次电流

额定一次电流指测量用电流互感器额定的输入一次回路电流 I_{1N}。根据国家标准 GB 1208—1997《电流互感器》，额定一次电流的标准值为：

（1）单电流比互感器为 10、12.5、15、20、25、30、40、50、60、75A 以及它们的十进制倍数或小数，有下标线的是优选值。

（2）多电流比互感器为额定一次电流的最小值，采用（1）中所列的标准值。

4. 额定二次电流

额定二次电流指电流互感器额定输出的二次电流 I_{2N}。电力系统常用二次额定电流为 5、1A。

5. 额定负荷和下限负荷

额定负荷和下限负荷指额定工况下二次回路的阻抗或功率，用欧姆值或视在功率表示。负荷通常以视在功率（伏安值）表示。额定负荷是互感器在规定的功率因数和额定负荷下运行时二次所汲取的视在功率（VA），是确定互感器准确级所依据的负荷值。

二次回路额定负荷输出的视在功率为

$$S_N = I_{2N}^2 Z_N (VA)$$

根据国家标准 GB 1208—1997《电流互感器》额定输出的标准值为 2.5、5、10、15、20、25、30、40、50、60、80、100VA。

根据《测量用电流互感器检定规程》规定，互感器的二次负荷必须达到 25%～100%额定负荷范围内，方能保证其误差合格，一般情况下，将 25%额定负荷称作"下限负荷"。具体的情况见《测量用电流互感器检定规程》。

（三）使用电流互感器应注意的事项

（1）极性连接要正确。电流互感器的极性一般是按减极性标注的。接线时如果极性连接不正确，会造成测量错误。

（2）二次回路应设保护性接地点。为防止一、二次绕组之间绝缘击穿时，高电压窜入低压侧危及人身和仪表安全，其二次回路应设保护性接地点，且接地点只允许有一个，一般是经靠近电流互感器的端子箱内的端子接地。

（3）运行中二次绕组不允许开路。运行中二次绕组开路后造成的后果包括：①二次侧出现高电压，危及人身和仪表的安全，因二次绕组开路时（$I_2=0$），于是磁势平衡关系变为 $W_1 I_1 = W_1 I_0$，这时，二次电流的去磁作用消失，一次电流全部用于激磁，使铁芯中的磁感应强度急剧增加而达到饱和状态，磁通的波形变为平顶波，感应电势则呈尖顶波，加之二次绕组匝数较多，故二次开路后要产生不允许的高电压，有时可达几千伏甚至更高；②出现不应有的过热，烧坏绕组，这是因为开路后铁芯内磁通密度增加，铁芯损耗增加所造成的；③误差增大，因为磁密增加使铁芯中的剩磁增加。

第三节　电能计量装置接线

电能计量装置包括各种类型电能表、计量用电压、电流互感器及其二次回路、电能计量柜（箱）等。本节主要介绍各类电能计量装置的接线及相应接线相量图。

一、单相电能表接线

1. 直接接入式

直接接入式接线就是将电能表端子盒内的接线端子直接接入被测电路。根据单相电能表端子盒内电压、电流接线端子排列方式不同，又可将直接接入式接线分为一进一出（单进单出）和二进二出（双进双出）两种接线排列方式，这两种方式的接线原理都是一样的。

"一进一出"接线排列的正确接线是将电源的相线（俗称火线）接入接线盒 1 孔接线端子上，其出线接在接线盒 2 孔接线端子上；电源的中性线（俗称零线）接入接线盒 3 孔接线端子上，其出线接在接线盒 4 孔接线端子上，如图 6-7（a）所示。目前国产单相电能表都采用这种接线排列方式。

"二进二出"接线排列的正确接线是将电源的相线接入接线盒 1 孔接线端子上，其出线接在接线盒 4 孔接线端子上；电源的中性线接入接线盒 2 孔接线端子上，其出线接在接线盒 3 孔接线端子上，如图 6-7（b）所示。英国、美国、法国、日本、瑞士等国生产的单相电能表大多数采用这种接线。

从接线盒的结构上可以看出 1 孔和 2 孔之间、3 孔和 4 孔之间的距离较近，而 2 孔和 3 孔之间的距离较远。因此采用"一进一出"接线时，使 1、2 孔和 3、4 孔分别处于同电位，这对防止因过电压引起电表击穿烧坏有一定的作用。具体采用哪种接线方式，应查看生产厂

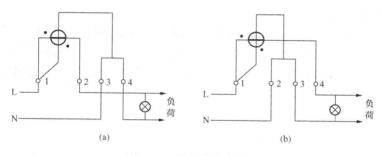

图 6-7　单相电能表接线

(a) 一进一出；(b) 二进二出

家的安装说明书。

2. 经互感器接入式

当电能表电流或电压量限不能满足被测电路电流或电压的要求时，便需互感器接入。有时只需经电流互感器接入，有时需同时经电流互感器和电压互感器接入。若电能表内电流、电压同各端子连接片是连着的，可采用电流、电压线共用方式接线；若连接片是拆开的，则应采用电流、电压分开方式接线。如图 6-8 (a) 所示为经电流互感器的电流、电压共用方式接线图，这种接线电流互感器二次侧不可接地。如图 6-8 (b) 所示为经电流互感器的电流、电压分开方式接线图，这种接线电流互感器二次侧可以接地。

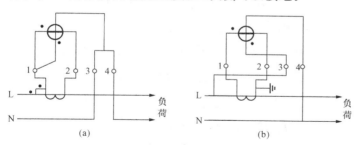

图 6-8　经电流互感器接入单相电能表的接线

(a) 电流、电压线共用方式；(b) 电流、电压线分开方式

如图 6-9 (a) 所示为同时经电流、电压互感器的共用方式接线图；如图 6-9 (b) 所示为同时经电流、电压互感器的分开方式接线图。由图可以看出，当采用共用方式时，可以减少从互感器安装处到电能表安装处的电缆芯线，互感器二次侧可共用一点接地，但发生接线错误的概率大一些。当采用分开方式时，需增加电缆芯数，电流、电压互感器的二次侧必须分别接地，但发生接线错误的可能性小一点，且便于接线检查。

采用上述接线应注意的事项与须说明的问题如下。

(1) 电能表在正确接线的情况下，其转盘均从左向右转动，一般称为顺走。只有在顺走的情况下，方能准确计量。

(2) 电能表的电流线圈或电流互感器的一次绕组，必须串联在相应的相线上，若串联在中性线上就可以发生漏计电能的现象。

(3) 电压互感器必须并联在电流互感器的电源侧，若将电压互感器并联在电流互感器的负荷侧，则电压互感器一次绕组电流必须通过电流互感器的一次绕组，因而使电能表多计了不是负荷所消耗的电能。

（4）为了简化接线图，图 6-9 中电压互感器一次熔断器略去（以后的接线图也有类似的情况）。通常，电压互感器一次均装有熔断器保护，其二次由于熔体容易产生接触不良而增大压降，致使电能表计量不准，所以有关规程规定 35kV 及以下电能表用电压互感器二次回路不装熔断器。

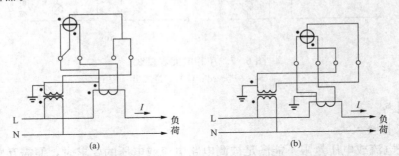

图 6-9　同时经电流、电压互感器接入单相电能表的接线

(a) 电流、电压线共用方式；(b) 电流、电压线分开方式

二、三相三线有功电能表接线

三相电路的功率为

$$P = \dot{U}_U \dot{I}_U + \dot{U}_V \dot{I}_V + \dot{U}_W \dot{I}_W \tag{6-1}$$

若 $\dot{I}_U + \dot{I}_V + \dot{I}_W = 0$，则 $\dot{I}_V = -\dot{I}_U - \dot{I}_W$，所以

$$P = \dot{U}_U \dot{I}_U + (-\dot{U}_V \dot{I}_U - \dot{U}_V \dot{I}_W) + \dot{U}_W \dot{I}_W$$
$$= (\dot{U}_U - \dot{U}_V)\dot{I}_U + (\dot{U}_W - \dot{U}_V)\dot{I}_W$$
$$= \dot{U}_{UV} \dot{I}_U + \dot{U}_{WV} \dot{I}_W \tag{6-2}$$

同样，将 $\dot{I}_U = -\dot{I}_V - \dot{I}_W$ 代入式（6-1）可得

$$P = \dot{U}_{UV} \dot{I}_V + \dot{U}_{WU} \dot{I}_W \tag{6-3}$$

将 $\dot{I}_W = -\dot{I}_U - \dot{I}_V$ 代入式（6-1）可得

$$P = \dot{U}_{UW} \dot{I}_U + \dot{U}_{VW} \dot{I}_V \tag{6-4}$$

从式（6-2）、式（6-3）、式（6-4）可以看出，只要满足 $\dot{I}_U + \dot{I}_V + \dot{I}_W = 0$ 这个条件，那么不论负荷是否对称，都可以不用其中一相电流就准确计量三相电能。

在没有中性线的三相三线系统中，$\dot{I}_U + \dot{I}_V + \dot{I}_W = 0$，因此可采用只有二相电流的三相三线计量方式计量三相有功电能。下面介绍三相三线有功电能表的接线。

1. 直接接入式

如图 6-10 所示为计量三相三线电路有功电能的标准接线方式。此种接

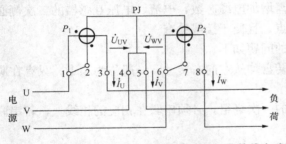

图 6-10　计量三相三线电路有功电能的标准接线方式

线方式适用于没有中性线的三相三线系统有功电能的计量。而且不论负荷是感性或是容性或是电阻性，也不论负荷是否三相对称，均能正确计量。

这种电能表的接线盒有 8 个接线端子，从左向右编号 1、2、3、4、5、6、7、8。其中 1、4、6 是进线，用来连接电源的 U、V、W 三根相线；3、5、8 是出线，三根相线从这里引出分别接到出线总开关的三个进线桩头上；2、7 是连通电压线圈的端子。在直接接入式电能表的接线盒内有两块连接片分别连接 1 与 2、6 与 7，这两块连接片不可拆下，并应连接可靠。

2. 互感器接入式

三相三线有功电能表经互感器接入三相三线电路时，其接线也可分为电流、电压线共用方式和分开方式两种。如图 6-11 所示为三相三线电能表经电流互感器接入时的接线。当采用图 6-11（a）所示的共用方式时，虽然接线方便，还可减少电缆芯数，但当发生接线错误时，例如端子 4 与端子 1、3、5、7 中的任何一个位置互换时，便会造成相应的电流线圈因短路而被烧坏等事故。当采用图 6-11（b）所示的分开方式时，虽然所用电缆芯数增加，但不易造成上述短路故障。而且还有利于电能表的现场检测，所以分开方式较为多用。

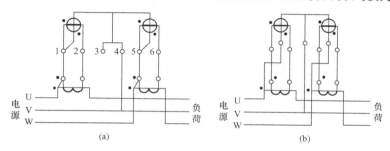

图 6-11　三相三线电能表经电流互感器接入时的接线
（a）电压线与电流线共用的接线方式；（b）电压线与电流线分开的接线方式

为了既采用分开方式接线又可减少电缆芯数，可将两个电流互感器接成不完全星形，如图 6-12 所示。

采用此种方法应注意，只有当电流互感器二次回路 V 相导线电阻 $R_V \approx 0$ 时，才能保证准确计量。当电阻 R_V 较大（例如 V 相导线过长），并且三相电流差别又较大时，会由于电流互感器误差变大而使计量不准确。

图 6-13 和图 6-14 都是三相三线有功电能表经电流互感器和电压互感器计

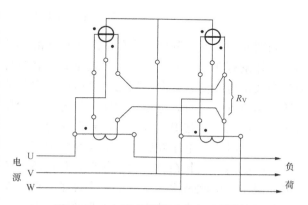

图 6-12　电流互感器不完全星形接线

量没有中性点直接接地的高压三相三线系统中有功电能的接线图。此两图的不同点是：如图 6-13 所示的线路中采用的是两台单相电压互感器的三相 Vv 形接线；如图 6-14 所示的线路中采用的是一台三相或三台单相电压互感器的 Yyn 形接线。

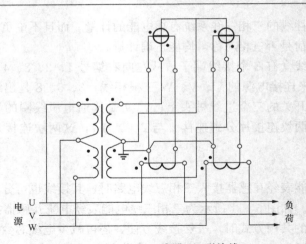

图 6 - 13　电压互感器 Vv 形接线

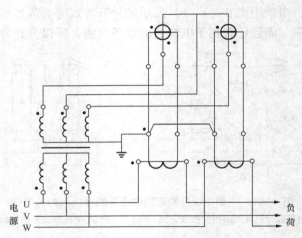

图 6 - 14　电压互感器 Yyn 形接线

如图 6 - 15 所示为两只具有止逆器的三相三线有功电能表经电流、电压互感器接入的三相三线计量有功电能的接线图。可装于高压联络母线上计量甲方或乙方的受电量。图上的两个箭头表示电能传送方向，当乙方受电时，电能表 PJ1 计量甲方供给乙方的有功电能，PJ2 不转；当甲方受电时，电能表 PJ2 计量乙方供给甲方的有功电能，PJ1 不转，甲乙两方供电量之差，可用 PJ1 与 PJ2 计量的电量差来算得。采用这种接线方式应注意的问题是：当甲方由乙方供电时，因电压互感器变为接在电流互感器的负荷侧，PJ2 计量的电量包含电压互感器消耗的电能，尤其在负荷功率较低并且电流互感器变比较小时，电能表 PJ2 会产生较大的正附加误差，也就是说电能表 PJ2 多计了一些有功电量。

在高压三相三线系统中，电压互感器一般是采用 V 形接线，且在二次侧 V 相接地，这种接线的优点是可少用一台单相电压互感器，同时也便于检查电压二次回路的接线。当然也可以采用 Y 形接线，这时应在二次侧中性点接地。电流互感器二次侧也必须有一点接地。

3. 正确接线的相量图

从常用的正确接线图 6 - 10 至图 6 - 15 可以看出，两元件三相三线有功电能表不论是采用哪种接线方式，其电能表接线的实质都与图 6 - 10 所示标准接线方式相同。其电流、电压相量关系如图 6-16 所示。

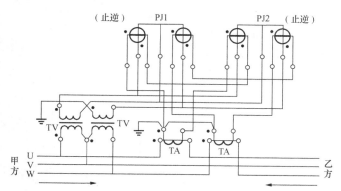

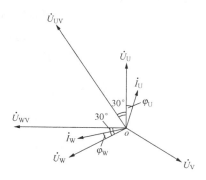

图 6-15 两只具有止逆器的三相三线有功电能表经电流、
电压互感器接入的三相三线计量有功电能的接线图

图 6-16 三相三线电能表的
电流、电压相量关系

从相量图中可以看出，三相三线（二元件）电能表计量元件 1 的电压为 $\dot{U}_{UV}$，电流为 $\dot{I}_{U}$，元件 2 的电压为 $\dot{U}_{WV}$，电流为 $\dot{I}_{W}$。故三相三线（二元件）电能表计量的功率为

$$P_1 = U_{UV} I_U \cos(30° + \varphi_U)$$
$$P_2 = U_{WV} I_W \cos(30° - \varphi_W)$$

所以三相三线（二元件）电能表计量的总功率为

$$P = P_1 + P_2$$
$$= U_{UV} I_U \cos(30° + \varphi_U) + U_{WV} I_W \cos(30° - \varphi_W)$$

在三相电压及三相负荷对称时，$U_{UV} = U_{VW} = U_{UV} = U_L$，$I_U = I_V = I_W = I_{ph}$，$\varphi = \varphi_U = \varphi_W$，且 $U_{UV} = \sqrt{3} U_U = \sqrt{3} U_{ph}$，$U_{WV} = \sqrt{3} U_W = \sqrt{3} U_{ph}$。将这些关系代入上式，可得

$$P = \sqrt{3} U_{ph} I_{ph} [\cos(30° + \varphi) + \cos(30° - \varphi)]$$
$$= \sqrt{3} U_{ph} I_{ph} 2 \cos 30° \cos\varphi$$
$$= \sqrt{3} U_{ph} I_{ph} \times 2 \times \frac{\sqrt{3}}{2} \cos\varphi$$
$$= 3 U_{ph} I_{ph} \cos\varphi = \sqrt{3} U_L I_{ph} \cos\varphi$$

分析说明三相三线电能表接线正确时能正确计量电能。在不同功率因数下，电能表二元件计量的功率是不同的，现采用相量图分析如下。

(1) 当 $\varphi = 0°$，$\cos\varphi = 1.0$ 时，电流、电压相量图如图 6-17 所示。二元件计量的功率及总功率是

$$P_1 = U_{UV} I_U \cos 30° = \sqrt{3} U_{ph} I_{ph} \times \frac{\sqrt{3}}{2} = 1.5 U_{ph} I_{ph}$$

$$P_2 = U_{WV} I_W \cos 30° = \sqrt{3} U_{ph} I_{ph} \times \frac{\sqrt{3}}{2} = 1.5 U_{ph} I_{ph}$$

$$P_3 = P_1 + P_2 = \frac{3}{2} U_{ph} I_{ph} + \frac{3}{2} U_{ph} I_{ph} = 3 U_{ph} I_{ph}$$

结论：在 $\cos\varphi = 1.0$ 时，1 元件电流滞后电压 30°，2 元件电流超前电压 30°，P_1、P_2 均为正值，且两圆盘转矩相等，总力矩为正向。

（2）当 $\varphi=60°$，$\cos\varphi=0.5$（滞后）时，电流、电压相量图如图 6-18 所示。二元件计量的功率及总功率是

$$P_1 = U_{UV}I_U\cos(30°+60°) = U_{UV}I_U\cos90° = 0$$
$$P_2 = U_{WV}I_W\cos(30°+60°) = U_{WV}I_W\cos30° = 1.5U_{ph}I_{ph}$$
$$P = P_1 + P_2 = 0 + 1.5U_{ph}I_{ph} = 1.5U_{ph}I_{ph}$$

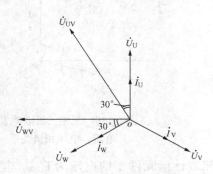 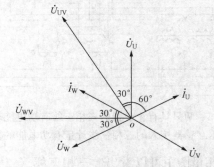

图 6-17　三相三线电能表　　　　　　图 6-18　三相三线电能表 $\cos\varphi=0.5$
　　　$\cos\varphi=1.0$ 时的相量图　　　　　　　　　（滞后）时的相量图

结论：在 $\cos\varphi=0.5$（滞后）时，1 元件转矩为零，圆盘不转；2 元件电流滞后电压 $30°$，P_2 为正值，圆盘正转。总力矩即 1 元件作用于圆盘的力矩，为正向，但 $\cos\varphi=1.0$ 时，减至一半，故其转速比也减少至一半。

（3）当 $\varphi=30°$，$\cos\varphi=0.866$（滞后）时，电流、电压相量图如图 6-19 所示。二元件计量的功率及总功率是

$$P_1 = U_{UV}I_U\cos(30°+30°) = U_{UV}I_U\cos60°$$
$$= \sqrt{3}U_{ph}I_{ph}\times\frac{1}{2} = \frac{\sqrt{3}}{2}U_{ph}I_{ph}$$
$$P_2 = U_{WV}I_W\cos(30°-30°) = U_{WV}I_W\cos0°$$
$$= \sqrt{3}U_{ph}I_{ph}$$
$$P = P_1 + P_2 = \frac{\sqrt{3}}{2}U_{ph}I_{ph} + \sqrt{3}U_{ph}I_{ph}$$
$$= 2.598U_{ph}I_{ph}$$

结论：在 $\cos\varphi=0.866$（滞后）时，1 元件电流滞后电压 $60°$，2 元件电流与电压同相，P_1、P_2 均为正值，力矩都为正向。由于 P_2 比 P_1 大一倍，作用于圆盘的转矩也大一倍，总转矩比 $\cos\varphi=1.0$ 时减至 0.866 倍为正向，故其转速应为 $\cos\varphi=1.0$ 时的 0.866 倍。

（4）当 $\varphi=90°$，$\cos\varphi=0$ 时，电流、电压相量图如图 6-20 所示。二元件计量的功率及总功率是

$$P_1 = U_{UV}I_U\cos(30°+90°) = U_{UV}I_U\cos120° = -\frac{\sqrt{3}}{2}U_{ph}I_{ph}$$
$$P_2 = U_{WV}I_W\cos(30°-90°) = U_{WV}I_W\cos60° = \frac{\sqrt{3}}{2}U_{ph}I_{ph}$$
$$P = P_1 + P_2 = -\frac{\sqrt{3}}{2}U_{ph}I_{ph} + \frac{\sqrt{3}}{2}U_{ph}I_{ph} = 0$$

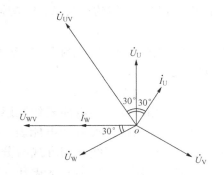

图 6-19　三相三线电能表 $\cos\varphi=0.866$
（滞后）时的相量图

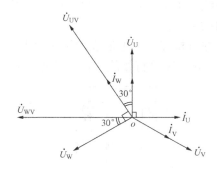

图 6-20　三相三线电能表 $\cos\varphi=0$
时的相量图

结论：在 $\cos\varphi=0$ 时，1 元件电流滞后电压 120°，P_1 为负值，作用于圆盘的力矩为反向；2 元件电流滞后电压 60°，P_2 为正值，作用于圆盘的力矩为正向。两个力矩大小一样大，但方向相反，总力矩为零，故圆盘不动。

三、三相四线有功电能表接线

当 $\dot{I}_U+\dot{I}_V+\dot{I}_W=0$ 时，只需利用二相电流，采用三相三线接线方式就能准确计量三相电能。但若存在中性线回路或中性点接地，则 $\dot{I}_U+\dot{I}_V+\dot{I}_W=\dot{I}_N$，$\dot{I}_N$ 往往不等于 0，这时 $\dot{I}_V=\dot{I}_U-\dot{I}_W+\dot{I}_N$，则

$$
\begin{aligned}
P &=\dot{U}_U\dot{I}_U+\dot{U}_V\dot{I}_V+\dot{U}_W\dot{I}_W \\
&=(\dot{U}_U-\dot{U}_V)\dot{I}_U+(\dot{U}_W-\dot{U}_V)\dot{I}_W+\dot{U}_V\dot{I}_N \\
&=\dot{U}_{UV}\dot{I}_U+\dot{U}_{WV}\dot{I}_W+\dot{U}_V\dot{I}_N
\end{aligned}
\tag{6-5}
$$

这时若仍采用三相三线计量，则存在一个 $\dot{U}_V\dot{I}_N$ 的误差，误差的大小与 $\dot{U}_V$ 和 $\dot{I}_N$ 的夹角及 $\dot{I}_N$ 的大小有关。很显然，这时必须根据式（6-5），利用三相电流，采用三相四线的计量方式才能准确计量有功电能。

下面介绍三相四线有功电能表的接线。

1. 直接接入式

如图 6-21 所示为三元件三相四线有功电能表的标准接线方式。电流 I_U、I_V、I_W 分别通过元件 1、2、3 的电流线圈，电压 U_U、U_V、U_W 分别并接于元件 1、2、3 的电压线圈上。这种接线方式，最适用于中性点直接接地的三相四线电路中有功电能的计量，不论三相电压、电流是否对称，均能准确计量。

如图 6-21 所示三元件三相四线有功电能表的接线端子共有 11 个，从左

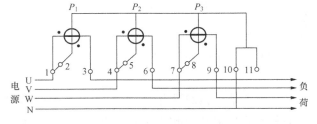

图 6-21　三元件三相四线有功电能表的标准接线方式

向右编号 1、2、3、4、5、6、7、8、9、10、11。其中 1、4、7 是进线，用来连接电源的 U、V、W 三根相线；3、6、9 是出线，三根相线从这里引出后，分别接到出线总开关的三

個進線樁頭上；10、11是中性線的進線和出線，是用來連接中性線的；2、5、8是連通電壓線圈的端子。

在直接接入式電能表的接線盒內有三塊連接片，分別連接1與2、4與5、7與8。因此2、5、8不需另行接線，但三塊連接片不可拆下，並應連接可靠。

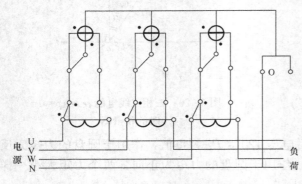

图 6-22　电压、电流线共用接线方式

2. 经互感器接入式

三相四线有功电能表经互感器接入时，也同三相三线有功电能表一样，可分为电压、电流线共用方式与分开方式两种。如图 6-22 所示为电压、电流线共用接线方式。如图 6-23 所示为电压、电流线分开接线方式。如图 6-24 所示为电流互感器星形接线时的电流、电压线分开接线方式。如图 6-25 所示三相四线有功电能表经互感器（TV、TA）计量中性点直接接地的高压三相系统有功电能的接线图。

图 6-22 所示经电流互感器接入的三相四线有功电能表采用电压、电流线共用方式接线。图 6-23 所示的采用电压、电流线分开方式接线的特点，与前面所述三相三线有功电能表的电压、电流线共用方式与分开方式基本相同，这里就不重述了。

图 6-24 所示是三相四线有功电能表经三个电流互感器接成星形时的电压、电流线分开接线方式。采用这种接线方式时应注意：当二次电流回路中性线电阻 R_n 较大，并且三相电流差别也较大时，这就会使电流互感器的误差改变较大，从而导致计量不准确；当 $R_n \approx 0$ 时，即便三相电流差较大，也不会导致电流互感器误差的增大，所以仍能保证计量精度。

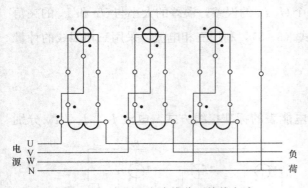

图 6-23　电压、电流线分开接线方式

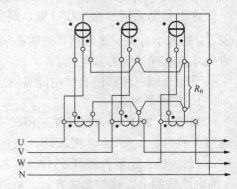

图 6-24　电流互感器星形接线时电流、
电压线分开接线方式

图 6-25 是三相四线有功电能表经 YNyn 接线的电压互感器和三个电流互感器，计量中性点直接接地的高压三相系统有功电能的接线。这种接线因为不受流过中性点电流 I_N 的影响，所以能正确计量中性点直接接地的高压三相系统的有功电能。如果采用三相三线有功电能表按图 6-20 和图 6-21 的接线来计量其有功电能，由于存在 I_N 的影响，则三相三线有功电能表就会产生计量误差，对于高压三相输电线路的大容量电网，这个误差能达到不可忽视的程度。因此，在中性点直接接地的高压三相系统中，对三相有功电能计量，必须采用三相

四线有功电能表按图 6 - 25 所示的接线方式，才能保证计量准确。

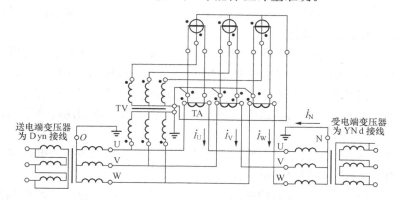

图 6 - 25　三相四线有功电能表经互感器（TV、TA）
计量中性点直接接地的高压三相系统有功电能的接线图

3. 正确接线的相量图

从常用的正确接线图 6 - 21 至图 6 - 24 可知，三元件三相四线有功电能表不论采用哪一种接线方式，其电能表的接线都与图 6 - 21 所示的标准接线方式相同，其相量图如图 6 - 26 所示。

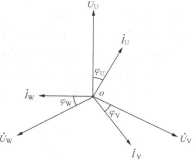

从相量图 6 - 26 可看出，三相四线有功电能表在感性负荷时，元件 1 电压 $\dot{U}_U$ 与电流 $\dot{I}_U$ 夹角为 φ_V，元件 3 电压 $\dot{U}_W$ 与电流 $\dot{I}_W$ 夹角为 φ_W，因此，三相四线有功电能表在常用正确接线时计量的功率为

$$P_1 = U_U I_U \cos\varphi_U$$
$$P_2 = U_V I_V \cos\varphi_V$$
$$P_3 = U_W I_W \cos\varphi_W$$

图 6 - 26　三相四线有功电能表
在感性负荷时的相量图

计量的总功率为

$$P = P_1 + P_2 + P_3 = U_U I_U \cos\varphi_U + U_V I_V \cos\varphi_V + U_W I_W \cos\varphi_W$$

因此，三相四线有功电能表不论三相电压、电流是否平衡，均能正常计量其电能。

当三相功率对称时，则 $U_U = U_V = U_W = U_{ph}$，$I_U = I_V = I_W = I_{ph}$，则上式可写成

$$P = 3U_{ph} I_{ph} \cos\varphi$$

采用上述接线方式时应注意：

（1）应按正相序（U、V、W）接线。反相序（W、V、U）接线时，有功电能表虽然不反转，但由于电能表的结构和检定时误差的调整，都是在正相序条件下确定的，若反相序运行，将产生相序附加误差。

（2）电源中性线（N 线）与 U、V、W 三根相线不能接错位置。若接错了，不但错计电量，还会使其中两个元件的电压线圈承受线电压，使电压线圈承受了相电压的 $\sqrt{3}$ 倍电压，可能致使电压线圈烧坏。同时电源中性线与电能表电压线圈中性点应连接可靠，接触良好。否则，会因为线路电压不平衡而使中性点有电压，造成某相电压过高，导致电能表产生空转或计量不准。

（3）当采用经互感器接入方式时，各元件的电压和电流应为同相，互感器不能接错，否则电能表计量不准，甚至反转。当为高压计量时，电压互感器二次侧中性点必须可靠接地。

四、三相无功电能计量接线

为了促进客户提高功率因数，我国现行的电价政策规定，对大容量电力客户实行"按力率调整电费"的办法。即不但要考核客户的用电量（有功电能），还要考核它的加权平均力率。当客户的功率因数高于某一规定值时，就适当地减收电费；当客户的功率因数低于这一数值时，就要加收电费，功率因数越低，加收的比例就越大，以期用经济手段促使客户提高功率因数。

为了准确考核客户的加权平均力率，给按力率调整电费提供可靠依据，电力部门对大容量客户在安装有功电能表的同时，也往往要安装无功电能表。

另外，电力系统本身为了提高功率因数，在变电站、发电厂也往往装有调相机，或者将发电机作调相运行。此时，也必须装设无功电能表来考核发出的无功电能量。

下面将着重介绍几种国产无功电能表的接线与其原理的相量分析，同时，对在特殊情况下使用有功电能表代替无功电能表的接线和倍率计算，也作了必要的介绍。还要讨论无功电能表及代用无功电能表的使用条件，以便使无功电能计量接线正确、合理。

1. 三相三线无功电能表的接线

国产 DX2、DX8、DX863、DX865 型无功电能表是三相三线两元件无功电能表。由于在无功电能表的电压线圈回路中串有电阻，使电压线圈所产生的磁通不再滞后电压90°，而是滞后电压60°，故称为60°型无功电能表。如图 6-27 所示为60°型三相三线无功电能表直接接入式接线图；如图 6-28 所示为60°型三相三线无功电能表经电流互感器接入式接线图；如图 6-29 所示为经电流互感器及 Vv 接线的电压互感器接入的接线图。

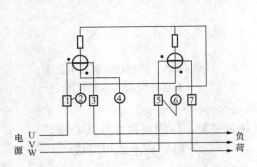

图 6-27　60°型三相三线无功电能表
直接接入式接线图

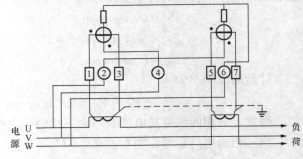

图 6-28　60°型三相三线无功电能表
经电流互感器接入式接线图

图 6-27～图 6-29 所示的60°型三相三线无功电能表计量原理的相量分析，如图 6-30 所示。

两个元件计量的功率如下

$$P_1' = U_{VW}' I_U \cos(60° - \varphi_U)$$

$$P_2' = U_{UW}' I_W \cos(120° - \varphi_W)$$

电能表计量的总功率为

$$P = P_1' + P_2' = U_{VW}' I_U \cos(60° - \varphi_U) + U_{UW}' I_W \cos(120° - \varphi_W)$$

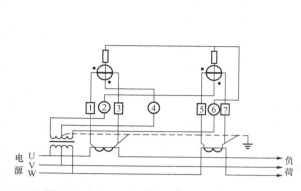

图 6-29　经电流互感器及 Vv 接线的电压
互感器接入的接线图

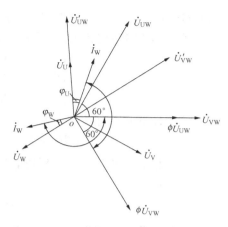

图 6-30　三相三线（二元件）60°型
无功电能表相量图

设三相电压及负荷电流对称，且 $U_{VW}=U_{UW}=U_L$ 时，$U'_{VW}=U'_{UW}=\sqrt{3}U_{ph}$；$I_U=I_W=I_{ph}$；$\varphi_U=\varphi_W=\varphi$，则

$$P'=\sqrt{3}U_{ph}I_{ph}\left[\cos(60°-\varphi_U)+\cos(120°-\varphi)\right]$$

$$=\sqrt{3}U_{ph}I_{ph}\left[\frac{1}{2}\cos\varphi+\frac{\sqrt{3}}{2}\sin\varphi-\frac{1}{2}\cos\varphi+\frac{\sqrt{3}}{2}\sin\varphi\right]$$

$$=\sqrt{3}U_{ph}I_{ph}\left(\frac{\sqrt{3}}{2}\sin\varphi+\frac{\sqrt{3}}{2}\sin\varphi\right)$$

$$=\sqrt{3}U_{ph}I_{ph}2\frac{\sqrt{3}}{2}\sin\varphi$$

$$=3U_{ph}I_{ph}\sin\varphi=Q$$

电能表元件计量的有功功率及总功率实为仪表圆盘获得的转速，圆盘转速与其成正比。上述分析表明：60°型三相三线无功电能表的圆盘转速与被测电路的三相无功功率成正比，故可正确计量无功电能。还可证明，不论三相负荷是否平衡，均能正确计量三相三线电路的无功电能。但应指出，它不能计量三相四线电路中的无功电能，且计量三相三线电路无功电能时，三相电压仍需对称或只为简单不对称时才能准确计量，否则将产生附加误差。

2. 三相四线无功电能表的接线

（1）跨相 90°型无功电能表。国产 DX862、DX864 型无功电能表是三相四线无功电能表。因为它的接线方法是将每组元件的电压线圈分别跨接在滞后相电流线圈所接相相电压 90°的线电压上，所以称之为跨相 90°接线。如图 6-31 所示为 90°型三相四线无功电能表的标准接线图。图 6-31 所示线路图中，第一元件取 U 相电流，该元件电压线圈取线电压 $\dot{U}_{VW}$；第二元

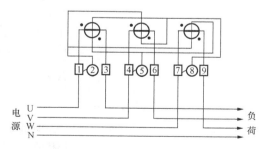

图 6-31　90°型三相四线无功电能表的
标准接线图

件取 W 相电流，则该元件电压线圈取线电压 $\dot{U}_{WU}$；第三元件取 W 相电流，则该元件电压线

圈取线电压 $\dot{U}_{\mathrm{UV}}$。按上述跨相 90°原则接线，之所以能够测量三相电路无功电能，可用图 6 - 25所示相量图加以证明。图中各元件计量的有功功率分别为

$$P_1' = U_{\mathrm{VW}}I_{\mathrm{U}}\cos(90°-\varphi_{\mathrm{U}}) = U_{\mathrm{VW}}I_{\mathrm{U}}\sin\varphi_{\mathrm{U}}$$

$$P_2' = U_{\mathrm{WU}}I_{\mathrm{V}}\cos(90°-\varphi_{\mathrm{V}}) = U_{\mathrm{WV}}I_{\mathrm{V}}\sin\varphi_{\mathrm{V}}$$

$$P_3' = U_{\mathrm{UV}}I_{\mathrm{W}}\cos(90°-\varphi_{\mathrm{W}}) = U_{\mathrm{UV}}I_{\mathrm{W}}\sin\varphi_{\mathrm{W}}$$

该表计量的总有功功率为

$$P = P_1' + P_2' + P_3' = U_{\mathrm{VW}}I_{\mathrm{U}}\sin\varphi_{\mathrm{U}} + U_{\mathrm{WV}}I_{\mathrm{V}}\sin\varphi_{\mathrm{V}} + U_{\mathrm{UV}}I_{\mathrm{W}}\sin\varphi_{\mathrm{W}}$$

若三相电压及负荷电流对称，$U_{\mathrm{UV}} = U_{\mathrm{VW}} = U_{\mathrm{WV}} = \sqrt{3}U_{\mathrm{ph}}$，$I_{\mathrm{U}} = I_{\mathrm{V}} = I_{\mathrm{W}} = I_{\mathrm{ph}}$，$\varphi_{\mathrm{U}} = \varphi_{\mathrm{V}} = \varphi_{\mathrm{W}} = \varphi$，则

$$P' = 3\sqrt{3}U_{\mathrm{ph}}I_{\mathrm{ph}}\sin\varphi = Q$$

被测电路的三相无功功率为 $Q = 3\sqrt{3}U_{\mathrm{ph}}I_{\mathrm{ph}}\sin\varphi$，而该表所计量的无功功率比被测电路的无功功率大 $\sqrt{3}$ 倍，这只需在仪表的参数设计上加以调整即可。这样计度器所示的电量即为实际消耗的无功电能。

如图 6 - 32 所示为三相四线无功电能表经电流互感器接入式接线图；如图 6 - 33 所示为三相四线无功电能表经电流互感器及 Yyn 连接的电压互感器接入的接线图。

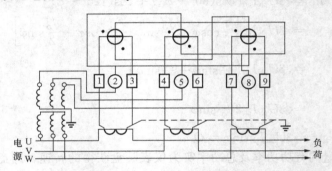

图 6 - 32　三相四线无功电能表经电流互感器接入式接线图

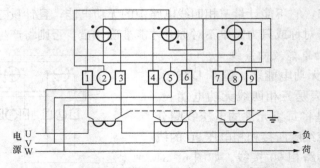

图 6 - 33　三相四线无功电能表经电流互感器及 Yyn
连接的电压互感器接入的接线图

（2）带附加电流线圈的 90°型无功电能表。这种无功电能表的结构特点是：它有两组电磁驱动元件，且每组元件中的电流线圈 2 都是由匝数相等、绕向相同的两个线圈构成。把通

以电流 $\dot{I}_\mathrm{U}$（或 $\dot{I}_\mathrm{W}$）的线圈称为基本电流线圈，通以电流 $\dot{I}_\mathrm{V}$ 的线圈称为附加电流线圈。基本电流线圈和附加电流线圈在电流铁芯中产生的磁通是相减的。为此，接线时应使电流 $\dot{I}_\mathrm{U}$（或 $\dot{I}_\mathrm{W}$）从基本电流线圈的标志端流入，$\dot{I}_\mathrm{V}$ 则从附加电流线圈的非标志端流入。其接线图与相量图分别如图 6 - 34、图 6 - 35 所示。由图可见，它的两个电压线圈是分别跨接于滞后相应电流线圈所接相相电压 90° 的线电压上。因此，它也属于跨相 90° 型相三四线无功电能表。其对三相无功电能的计量原理，可用相量图加以证明，两组元件计量的有功功率为

$$P_1' = U_\mathrm{VW} I_\mathrm{U} \cos(90° - \varphi_\mathrm{U}) + U_\mathrm{VW} I_\mathrm{U} \cos(150° - \varphi_\mathrm{V})$$
$$= U_\mathrm{VW} I_\mathrm{U} \sin\varphi_\mathrm{U} - U_\mathrm{VW} I_\mathrm{V} \cos(30° + \varphi_\mathrm{V})$$
$$P_2' = U_\mathrm{UV} I_\mathrm{W} \cos(90° - \varphi_\mathrm{W}) + U_\mathrm{WU} I_\mathrm{V} \cos(30° - \varphi_\mathrm{V})$$
$$= U_\mathrm{UV} I_\mathrm{W} \sin\varphi_\mathrm{W} + U_\mathrm{WU} I_\mathrm{V} \cos(30° - \varphi_\mathrm{V})$$

当三相电压及负荷对称时，$U_\mathrm{UV} = U_\mathrm{VW} = \sqrt{3} U_\mathrm{ph}$，$I_\mathrm{U} = I_\mathrm{V} = I_\mathrm{W} = I_\mathrm{ph}$，$\varphi_\mathrm{U} = \varphi_\mathrm{V} = \varphi_\mathrm{W} = \varphi$。则总功率为

$$P' = P_1' + P_2' = \sqrt{3} U_\mathrm{ph}[I_\mathrm{U}\sin\varphi_\mathrm{U} - I_\mathrm{V}\cos(30° + \varphi_\mathrm{V}) + I_\mathrm{W}\sin\varphi_\mathrm{W} + I_\mathrm{V}\cos(30° - \varphi_\mathrm{V})]$$
$$= \sqrt{3} U_\mathrm{ph}(I_\mathrm{U}\sin\varphi_\mathrm{U} + I_\mathrm{V}\sin\varphi_\mathrm{V} + I_\mathrm{W}\sin\varphi_\mathrm{W})$$
$$= \sqrt{3}(U_\mathrm{ph} I_\mathrm{U}\sin\varphi_\mathrm{U} + U_\mathrm{ph} I_\mathrm{V}\sin\varphi_\mathrm{V} + U_\mathrm{ph} I_\mathrm{W}\sin\varphi_\mathrm{W})$$
$$= 3\sqrt{3} U_\mathrm{ph} I_\mathrm{ph} \sin\varphi = Q$$

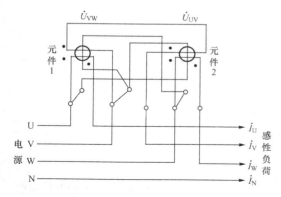

图 6 - 34　带附加电流线圈的 90° 型
无功电能表接线图

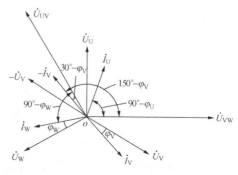

图 6 - 35　带附加电流线圈的 90° 型
无功电能表相量图

可见，计量的有功功率即计度器的示值为被测电路无功功率的 $\sqrt{3}$ 倍。由于设计电能表时已经在电流线圈的匝数中减少至 $\sqrt{3}$ 倍（即已将 $\sqrt{3}$ 扣除在表内），所以计度器的读数就是无功电量。

该型电能表不仅可以正确计量三相四线电路的无功电能，也可以正确计量三相三线电路的无功电能。应提出，跨相 90° 型三相无功电能表，只在完全对称或简单不对称的三相四线电路和三相三线电路中才能实现准确计量，否则要产生附加误差。

如图 6 - 36 所示是带附加电流线圈 90° 型无功电能表经电流互感器接入的接线图；如图 6 - 37 所示为带附加电流线圈 90° 型无功无能表经电流、电压互感器接入的接线图。它们的计量原理同于直接接入式。

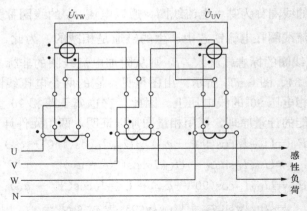

图 6-36 带附加电流线圈 90°型无功电能表经
电流互感器接入的接线图

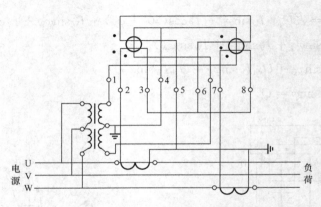

图 6-37 带附加电流线圈 90°型无功电能表经电流、
电压互感器接入的接线图

3. 三相正弦型无功电能表的接线

(1) 两元件三相正弦型无功电能表是用于计量三相三线电路无功电能的。它实际上是两只单相正弦型无功电能表的组合体,其接线原则与两元件三相有功电能表相同。如图 6-38 所示为其接线图,图中元件 1 取电压 $\dot{U}_{UV}$,取电流 $-\dot{I}_U$;元件 2 取电压 $\dot{U}_{WV}$,取电流 $-\dot{I}_W$。上述接线的测量原理可用如图 6-39 所示相量相加以证明。因为正弦型无功电能表有 $\beta = a_1$ 的关系,即各元件电压工作磁通与电流工作磁通的相位差,等于各元件所加电压和电流之间的相位差。因此,可直接用电压、电流间的相位关系进行论证。

该表各元件计量的有功功率为

$$P_1' = U_{UV}I_U\sin(150° - \varphi_U) = U_{UV}I_U\sin(30° + \varphi_U)$$
$$P_2' = U_{WV}I_W\sin(210° - \varphi_W) = -U_{WV}I_W\sin(30° - \varphi_W)$$

总有功功率为

$$P = P_1' + P_2' = U_{UV}I_U\sin(30° + \varphi_U) - U_{WV}I_W\sin(30° - \varphi_W)$$

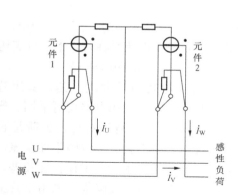

图 6-38　三相三线正弦无功表的接线图

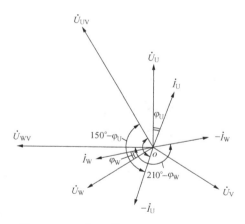

图 6-39　三相三线正弦无功表的相量图

当三相电压及负荷电流对称时，$U_{UV}=U_{WV}=\sqrt{3}U_{ph}$，$I_U=I_W=I_{ph}$，$\varphi_U=\varphi_C=\varphi$。则

$$P=\sqrt{3}U_{ph}I_{ph}[\sin(30°+\varphi_U)-\sin(30°-\varphi_W)]$$
$$=\sqrt{3}U_{ph}I_{ph}(\sin30°\cos\varphi+\cos30°\sin\varphi-\sin30°\cos\varphi+\cos30°\sin\varphi)$$
$$=\sqrt{3}U_{ph}I_{ph}(2\cos30°\sin\varphi)$$
$$=3U_{ph}I_{ph}\sin\varphi=Q$$

上式证明，两元件三相正弦型无功电能表能正确计量三相三线电路的无功电能。

（2）三元件三相正弦型无功电能表是用于计量三相四线电路无功电能的。它实际上是三只单相正弦型无功电能表的组合体，其接线原则与三元件三相四线有功电能表的接线原则相同，如图 6-40、图 6-41 所示为三元件正弦型无功电能表在感性负荷与容性负荷时的接线图。

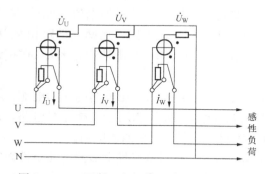

图 6-40　三元件三相四线正弦型无功电能表
感性负荷时的接线图

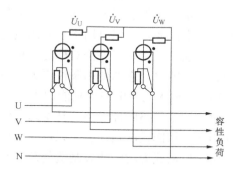

图 6-41　三元件三相四线正弦型无功
电能表容性负荷时的接线图

上述接线的测量原理可用如图 6-42 所示相量图加以证明。图 6-40 中各元件计量的有功功率为

$$P_1=U_UI_U\sin(180°-\varphi_U)=U_UI_U\sin\varphi_U$$
$$P_2=U_VI_V\sin(180°-\varphi_V)=U_VI_V\sin\varphi_V$$
$$P_3=U_WI_W\sin(180°-\varphi_W)=U_WI_W\sin\varphi_W$$

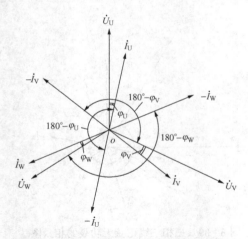

图 6-42　三元件三相四线正弦型无功
电能表感性负荷时的相量图

计量的三相总有功功率为

$$P = P_1 + P_2 + P_3$$

$$= U_U I_U \sin\varphi_U + U_V I_V \sin\varphi_V + U_W I_W \sin\varphi_W$$

当三相电压及负荷电流对称时，上式可表达为

$$P = 3U_{ph}I_{ph}\sin\varphi = Q$$

正弦型无功电能表的最大优点是：适用范围广，不论是单相电路还是三相电路均可采用。当用于三相电路时，不论电压是否对称，负荷是否平衡，均能正确计量，而不会产生线路附加误差。其主要缺点是：自身消耗功率大，工作特性较差，准确度难以提高。所以，目前我国很少采用正弦型无功电能表。

（3）各类无功电能表的使用条件：

1）大多数三相无功电能表计量的正确性与三相电路的对称性有关。只有正弦型无功电能表才能保证在任何三相电路，即使是在复杂不对称的三相电路中，也能够正确计量。而跨相 90°型及 60°型的三相无功电能表等，只有在简单不对称的三相电路或完全对称的三相电路中，才能实现正确计量。

2）无功电能表圆盘的转向由相序和负荷的性质决定的。当正相序时，无功电能表圆盘正转，逆相序时，圆盘反转，所以接线时要注意相序的正确性。当负荷性质由感性变为容性或由容性变为感性，或者电力传送方向改变时，则无功电能表的圆盘转向也要改变。所以，在负荷性质或电力传送方向经常变化的电路中，应同时安装两块带止逆器的无功电能表，以便记录不同性质负荷或不同传送方向的无功电能。

3）90°型无功电能表只能用于计量完全对称或简单不对称的三相电路的无功电能，不对称时会产生线路附加误差。其中，三元件跨相 90°型无功电能表和带附加电流线圈的 90°型三相无功电能表，不仅可用于三相四线电路，也可用于三相三线电路，而两元件跨相 90°型无功电能表则只能用于完全对称的三相三线电路。此外，当采用有功电能表按跨相 90°接线测量无功电能时，它的使用条件更为严格。

4）60°型无功电能表也只能用于计量完全对称或简单不对称的三相电路的无功电能，不对称时要产生线路附加误差。其中两元件 60°型三相无功电能表只能用于三相三线电路，而不能用于三相四线电路。但三元件 60°型无功电能表则可以用于三相四线电路。

由于机械式无功电能表制造复杂，本身功率消耗较大，计量准确性受被测电路条件影响大，随着科学技术的发展，机械式无功电能表已逐渐被带有计量无功电能功能的全电子多功能电能表所取代，全电子多功能电能表外部接线非常简单，同机械式有功电能表完全一样，安装时只需认真阅读安装说明书即可完成。

五、三相三线电能表常见错误接线及更正系数计算

1. U、W 两相电流反接

其接线图和相量图如图 6-43 所示。其接线方式为 $\dot{U}_{UV} - (-\dot{I}_U)$、$\dot{U}_{WV} - (-\dot{I}_W)$。错误接线时功率为

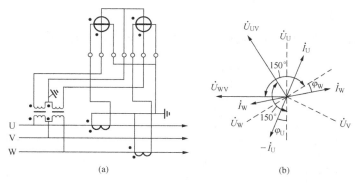

图 6-43　U、W 两相电流反接

(a) 接线图；(b) 相量图

$$P' = P_1' + P_2' = U_{UV}I_U\cos(150° - \varphi) + U_{WV}I_W\cos(150° + \varphi)$$
$$= -UI\cos(30° + \varphi) - UI\cos(30° - \varphi)$$
$$= -\sqrt{3}UI\cos\varphi$$

更正系数为

$$K = \frac{P}{P'} = \frac{\sqrt{3}UI\cos\varphi}{-\sqrt{3}UI\cos\varphi} = -1$$

2. U 相电流反接

其接线图和相量图如图 6-44 所示。其接线方式为 $\dot{U}_{UV} - (-\dot{I}_U)$、$\dot{U}_{WV} - \dot{I}_W$。

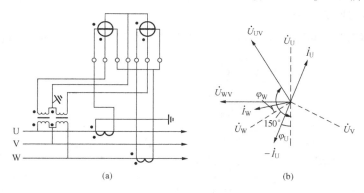

图 6-44　U 相电流反接

(a) 接线图；(b) 相量图

错误接线时功率为
$$P' = P_1' + P_2' = U_{UV}I_U\cos(150° - \varphi) + U_{WV}I_W\cos(30° - \varphi)$$
$$= -UI\cos(30° + \varphi) + UI\cos(30° - \varphi)$$
$$= UI\sin\varphi$$

因为　　　　　　　　　　　$P = \sqrt{3}UI\cos\varphi$

则更正系数为

$$K = \frac{P}{P'} = \sqrt{3}\mathrm{ctan}\varphi$$

3．W 相电流反接

其接线图和相量图如图 6-45 所示。其接线方式为 $\dot{U}_{UV} - \dot{I}_U$、$\dot{U}_{WV} - (-\dot{I}_W)$。

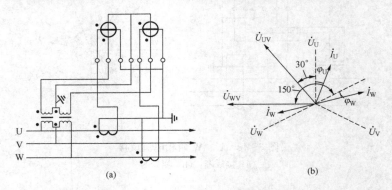

图 6-45　W 相电流反接

（a）接线图；（b）相量图

错误接线时功率为

$$P' = P'_1 + P'_2 = U_{UV}I_U\cos(30° + \varphi) + U_{WV}I_W\cos(150° + \varphi)$$
$$= UI\cos(30° + \varphi) - UI\cos(30° - \varphi) = -UI\sin\varphi$$

更正系数为

$$K = \frac{P}{P'} = \frac{\sqrt{3}UI\cos\varphi}{-UI\sin\varphi} = -\sqrt{3}\operatorname{ctan}\varphi$$

4．U、W 两相电流互换

其接线图和相量图如图 6-46 所示。其接线方式为 $\dot{U}_{UV} - \dot{I}_W$、$\dot{U}_{WV} - \dot{I}_U$。

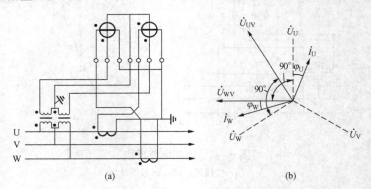

图 6-46　U、W 两相电流互换

（a）接线图；（b）相量图

错误接线时功率为

$$P' = P'_1 + P'_2 = U_{UV}I_W\cos(90° - \varphi) + U_{WV}I_U\cos(90° + \varphi)$$
$$= -UI\cos(90° - \varphi) - UI\cos(90° - \varphi) = 0$$

5．接入电能表电压端钮相序为 V、W、U

其接线图和相量图如图 6-47 所示。其接线方式为 $\dot{U}_{VW} - \dot{I}_U$、$\dot{U}_{UW} - \dot{I}_W$。

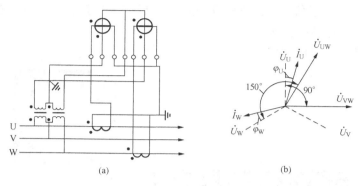

图 6-47　电压端钮相序为 V、W、U

（a）接线图；（b）相量图

错误接线时功率为

$$P' = P_1' + P_2' = U_{VW}I_U\cos(90° - \varphi) + U_{UW}I_W\cos(150° - \varphi)$$
$$= UI\cos(90° - \varphi) - UI\cos(30° + \varphi)$$
$$= UI\left(\sin\varphi - \frac{\sqrt{3}}{2}\cos\varphi + \frac{1}{2}\sin\varphi\right) = \frac{3}{2}UI\left(\sin\varphi - \frac{\sqrt{3}}{2}\cos\varphi\right)$$

更正系数为

$$K = \frac{P}{P'} = \frac{2}{\sqrt{3}\tan\varphi - 1}$$

六、在 WT-F24 电能表接线智能仿真系统上对三相四线有功电能表、三相三线有功电能表接线检查的测试步骤及分析方法

1. 数字式双钳相位伏安表的使用

（1）电压的测量。电压的测量方法如图 6-48 所示。

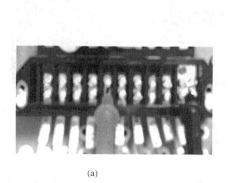

（a）　　　　（b）

图 6-48　电压测量方法

（a）插头连接；（b）伏安表挡位

　　将图6-48（b）所示伏安表的旋转开关先打至 U1 500V 挡。每一路只能输入一个信号，如果接入电压，应将电流插头拔去。

　　（2）电流的测量。电流的测量方法如图6-49所示。

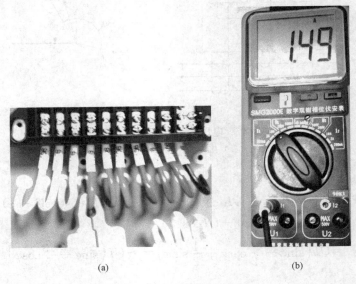

图6-49　电流测量方法
(a) 插头连接；(b) 伏安表挡位

　　（3）测量两路电压之间的相位。测量两路电压之间的相位如图6-50所示。开关旋至"Φ"挡，将两路电压分别从 U1 和 U2 端输入，注意电压的假设正方向，左输入端应接到其假设正方向的高端，示值即为 U2 滞后 U1 的相位角。

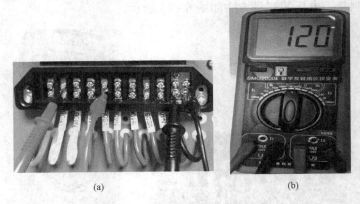

图6-50　测量两路电压之间的相位
(a) 插头连接；(b) 伏安表挡位

　　（4）测量两路电流之间的相位。开关旋至"Φ"挡，将两路电流信号通过卡钳钳口，从 I1 和 I2 端输入，注意电流的假设正方向从卡钳"*"（红点）端输入，示值即为 I2 滞后 I1 的相位角。

　　（5）测量电压与电流之间的相位。测量电压与电流之间的相位如图6-51所示。测量电压与电流之间的相位时，开关旋至"Φ"挡，将电压从 U1 端输入，电流从 I2 输入。注意电压的假设正方向，左输入端接到高端，电流的假设正方向从卡钳钳口"＊"（红点）端输入，示值即为电流滞后电压的相位角。

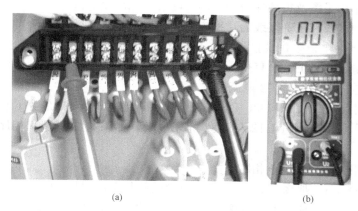

(a)　　　　　　　　　　　　　　(b)

图 6 - 51　测量电压与电流之间的相位

（a）插头连接；（b）伏安表挡位

2. 三相四线有功电能表错误接线检查步骤及分析

（1）电压测量。三相四线电能表电压接线端子设定以 U1、U2、U3 排序。测量 U1、U2、U3 相对地电压时，还应测量线电压 U12、U23、U13，目的是检查各元件是否为同一相电压，是否有电压互感器反极性连接的情况。

（2）电流测量。三相四线电能表电流接线端子设定以 I1、I2、I3 排序，用相位表卡钳选电流测量档位测量 I1、I2、I3。

（3）确定已知参考电压相别与表计电压相别对应关系。分别测量电能表表尾电压 U1、U2、U3 端子与已知模拟装置参考电压（电源电压）及 U1、U2、U3 之间电压值；观察、比较测得的电压值，其中有两次等于 380V（或 100V），另一次等于 0V，分别说明对应表计端电压有两相与模拟装置参考电压（电源电压）不是同一相别，有一相与模拟装置参考电压（电源电压）是一相别。

（4）确定表计端三相电压相序。测 U10 与 U20 之间的相位：

1）当相位伏安表显示 120 时，表计端三相电压相序为正相序。

2）当相位伏安表显示 240 时，表计端三相电压相序为逆相序。

（5）确定表计端三相电压的相别（假设参考电压为 Ua）。

当表计端三相电压相序为正相序时：

1）表计端电压 U1 与参考电压同相，则表计端电压相别为 Ua、Ub、Uc。

2）表计端电压 U2 与参考电压同相，则表计端电压相别为 Uc、Ua、Ub。

3）表计端电压 U3 与参考电压同相，则表计端电压相别为 Ub、Uc、Ua。

当表计端三相电压相序为逆相序时：

1）表计端电压 U1 与参考电压同相，则表计端电压相别为 Ua、Uc、Ub。

2）表计端电压 U2 与参考电压同相，则表计端电压相别为 Ub、Ua、Uc。

3）表计端电压 U3 与参考电压同相，则表计端电压相别为 Uc、Ub、Ua。

（6）确定表计三相电压与电流之间相位角。用已确定的三相电压分别测出 U1 与 I1、U2 与 I2、U3 与 I3 之间的相位角。

（7）根据测量出的数据绘制相量图。

（8）根据所作相量图及负载性质判断出电能表三相所接电流。

（9）写出错误接线和正确接线的功率表达式，求出更正系数。

3. 三相三线有功电能表错误接线检查步骤及分析

（1）电压测量。测量 U12、U32、U13 线电压。

（2）电流测量。测量 I1 和 I2 电流。

（3）判断 b 相。测量 U1、U2、U3 对地电压，对地电压为 0V 的为 b 相。

（4）判断电压相序。测量 U12 与 U32 的相位角，如果为 300°是正相序，如果为 60°是逆相序。

当表计端三相电压相序为正相序时：

1）b 相位置在 U1，那么 U1、U2、U3 对应的就是 Ub、Uc、Ua。

2）b 相位置在 U2，那么 U1、U2、U3 对应的就是 Ua、Ub、Uc。

3）b 相位置在 U3，那么 U1、U2、U3 对应的就是 Uc、Ua、Ub。

当表计端三相电压相序为逆相序时：

1）b 相位置在 U1，那么 U1、U2、U3 对应的就是 Ub、Ua、Uc。

2）b 相位置在 U2，那么 U1、U2、U3 对应的就是 Uc、Ub、Ua。

3）b 相位置在 U3，那么 U1、U2、U3 对应的就是 Ua、Uc、Ub。

（5）测定第一元件和第二元件电压与电流之间的相位角。以 U12 和 U32 为参照，测量 U12 对 I1、U32 对 I2 各相位角并记录。

（6）根据测量数据绘制相量图。

（7）根据所作相量图及负载性质判断出三相三线有功电能表第一元件和第二元件所接电压、电流。

（8）写出错误接线和正确接线的功率表达式，求出更正系数。

第四节　电能表电能量集中采集系统简介

电能量集中采集系统就是远程自动抄表方式是一种，它不需要抄表人员到达表计现场，利用特定的通信方式将客户处电能表记录的各种数据传送到远程后台主站的计算机网路中，从而完成自动抄表并由软件对数据进行统计、分析和计算的方式。

远程自动抄表方式是目前比较先进的抄表方式，它不但替代了供电企业派出大量抄表人员到现场的抄表方式，而且还大大地提高了抄表的准确性和及时性，杜绝了抄表不到位、估抄、误抄、漏抄电能表等问题，是电力系统数据采集自动化的发展方向。

一、远程自动抄表系统构成

远程自动抄表系统由后台主站、远程通信网络、集中器、采集终端和电能表组成，如图 6-52 所示。主站支持单机运行或网络运行；支持多种通信方式，集中器和主站之间可通过 PSTN/GPRS/CDMA 等方式进行通信；灵活的组网方式，兼容 RS485 总线、全载波、半载波、低功率无线等方式；系统兼容各种 RS485 表或载波表及智能电能表。

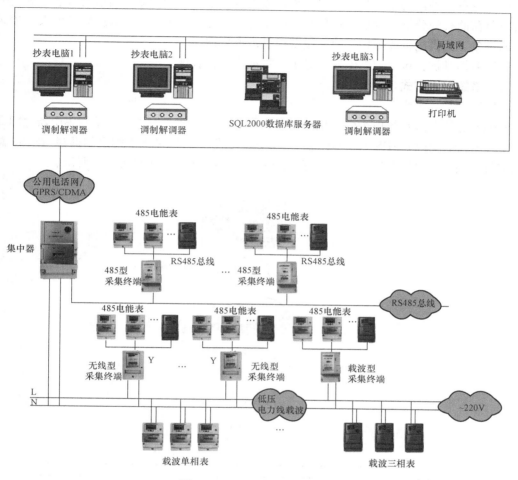

图 6-52 远程自动抄表系统

二、主站功能

（1）集抄设备参数设置：包括通信参数、自动抄表计划、集抄客户信息管理、时钟等参数。

（2）定时或实时抄表功能：可按预先设定的抄表间隔或抄表计划读取集抄设备存储的电量数据；并可实时随机抄读或按地址选抄电能表数据。

（3）远程停送电功能：可远程通过主站对电能表进行停电或送电操作。

（4）数据查询：实时抄表数据查询、计费抄表数据查询、客户购电记录查询、远程控电记录查询等。其中，查询实时抄表和计费抄表数据记录可以生成与 MIS 系统接口的客户自定义文本文件。

（5）与 MIS 系统接口：通过中间库的方式自动将抄表系统抄到的电量数据发送到用电MIS 系统。

（6）线损分析：线损分析计算是利用抄录的轮巡数据或其他实时表码数据，计算任意两点间线损或者线损曲线、负荷曲线等。

（7）设备维护：利用实时、计费、线损抄表数据记录中的数据，通过对抄表数据的分析或者对负荷曲线的分析，发现工作异常（电量为 0、电量异常减小、电量异常增大、抄录失败）的设备，为供电企业维护、检查设备提供理论依据。

（8）数据维护：包括数据库导入导出、数据库维护管理。

三、系统组网方式

1. RS485 总线方式

RS485 总线方式系统由主站、集中器、采集终端和电能表组成。主站与集中器之间通过 PSTN 公用电话网或 GPRS/CDMA 进行远程通信，集中器与采集终端之间通过 RS485 总线方式进行连接，采集终端通过 RS485 总线方式和电能表连接，如图 6 - 53 所示。

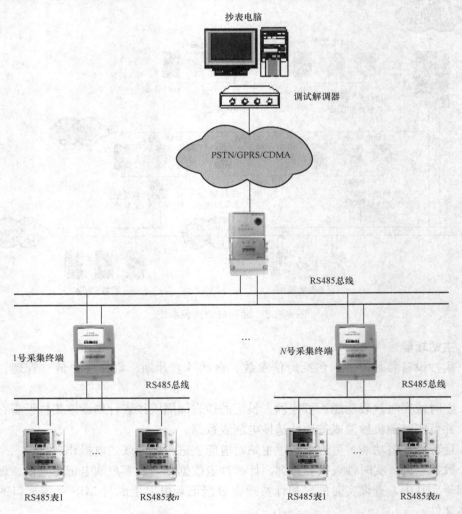

图 6 - 53　RS485 总线方式系统组成

特点：系统采用 RS485 专线通信，抄表速度快，通信可靠，可以保证每天 24 小时实时通信，为目前最稳定可靠的系统。适用于经常使用远程停送电功能、对电费回收率有特别高要求的供电企业。

适用范围：由于系统需要铺设通信线路，所以适用于电能表集中安装、工程施工方便、容易铺设通信线路的小区，新建小区可以在建设过程中预先敷设通信线缆。

2. 全载波方式

全载波方式系统由主站、集中器和电能表组成。主站与集中器之间通过 PSTN 公用电话网或 GPRS/CDMA 进行远程通信，集中器与电能表之间通过电力线载波方式进行通信，如图 6 - 54 所示。

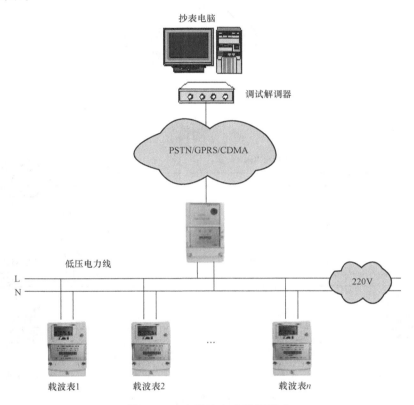

图 6 - 54 全载波方式系统组成

特点：系统采用电力线载波通信，无需架设额外的通信线路，载波表只需接上电源即可，工程施工和日后维护很方便。

适用范围：不需要远程停送电，用电负荷变化小，电能表安装位置分散，布线困难，工程施工难度比较大的台区。

3. 半载波方式

半载波方式系统由主站、集中器、采集终端和电能表组成。主站与集中器通过 PSTN 公用电话网或 GPRS/CDMA 来进行远程通信，集中器与采集终端之间通过电力线载波通信，采集终端和表计之间通过 RS485 总线方式组建抄表网络，如图 6 - 55 所示。

特点：集中器和采集终端之间采用电力线载波通信，无需架设通信线路，工程施工方便。采集终端和电能表用线连接。

适用范围：集中器和采集器终端之间距离较远，架设通信线路困难，对远程停送电实时性要求不高，电能表集中安装的居民小区。

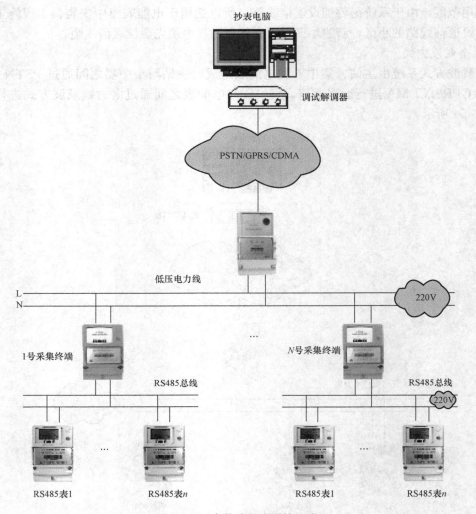

图 6 - 55　半载波方式系统组成

4. 小区低功率无线方式

小区低功率无线方式系统由主站、集中器、采集终端和电能表组成。主站与集中器通过 PSTN 公用电话网或 GPRS/CDMA 来进行远程通信，集中器与采集终端之间通过短距离无线通信，采集终端和表计之间通过 RS485 总线方式组建抄表网络，如图 6 - 56 所示。

特点：集中器和采集终端之间采用小区短距离无线通信，无需额外架设通信线路，工程施工方便。

适用范围：小区短距离无线通信的实时性要比电力线载波通信的实时性高得多，所以本系统适用于对远程停送电实时性要求高、工程施工难度大、电能表集中的居民小区。

四、集抄系统功能应用

（1）可通过后台管理主站对小区的电能表数据进行远程的抄读。

（2）把异常用电户列为监控对象，可随时查询该用户的用电情况。

（3）远程停送电控制功能。

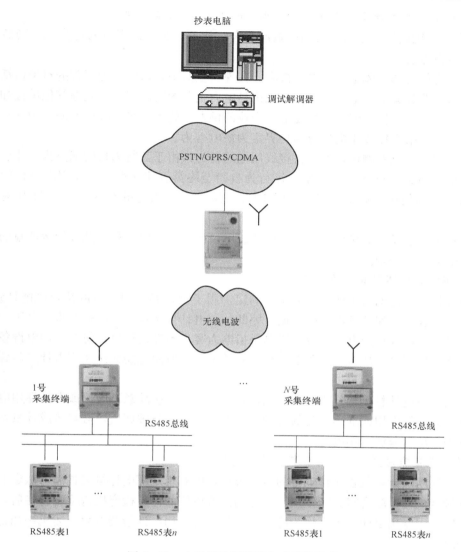

图 6-56 小区低功率无线方式系统组成

（4）线损考核。

第五节 窃 电 与 反 窃 电

一、窃电行为

电力工业是国民经济的先导产业，电力工业的发展直接关系到国民经济发展和社会稳定。一个时期以来违法偷窃电能现象的发生屡禁不止，不仅使国家和人民财产遭受巨大损失，严重侵害电力企业的合法权益，而且也严重侵害广大客户的合法权益。同时，窃电行为还扰乱了供用电秩序，造成许多安全事故隐患，直接威胁电网的安全运行，威胁国家、集体、人民群众的财产和人身安全。下面介绍哪些行为属窃电行为。

1. 在电力企业或者其他单位、个人供用电的设施上擅自接线

"擅自接线用电"是指窃电者的用电没有合法依据，其接线用电的行为未经同意或者许可，非法侵占电能。

窃电行为侵害的客体是公私财产权利。在现实生活中，窃电行为侵害的对象包括两个方面，即电力企业和其他的电力客户。而无论是电力企业的财产权利，还是其他单位和个人的财产权利都受法律保护，因此，将在电力企业的供电设施上擅自接线用电的行为和在其他客户的用电设施上擅自接线用电的行为均界定为窃电行为。

电能须用专门仪器测定，但擅自接线用电的行为人由于其行为目的就是为了非法占用电能，不可能计量或准确计量用电量；该行为自始至终具有违法性，与在用电过程中采取隐密手段窃电的其他窃电行为有所不同。因此，擅自接线用电的行为是一种最典型的窃电行为。

擅自在供用电设施上接线用电，不仅造成电量流失，更由于私拉乱接导致严重的安全隐患，危害电力运行安全。

2. 绕越或者损坏用电计量装置

用电计量装置是电力企业与电力客户约定，用于记录客户用电量的法定电能计量仪器，是电力企业和客户之间结算电费的依据。因此，用电计量装置应当能够客观、公正、准确地计量用电量。所谓绕越用电计量装置用电是指电力客户不经过计量，将全部用电设备直接与输配电线路搭接用电，从而躲避用电计量装置计量，使所用电能无法在用电计量装置上准确记录的用电行为。

故意损坏用电计量装置是指故意（包括直接故意和间接故意）毁灭或者损坏用电计量装置，使其失去计量作用或准确程度的行为。用电计量装置被破坏后，必然造成计量不准或者失效的后果，从而非法占用电能。

3. 伪造或者非法开启用电计量装置的法定封印

为了保证用电计量装置所计电量的客观公正，国家规定用电计量装置需由法定的或者授权的计量检定机构检验合格方能使用，法定的或者授权的计量检定机构检验合格后，要在用电计量装置上用专用封印加封，作为检定合格的标志。用电计量装置由上述机构加封后即不得擅自开启。

伪造用电计量装置法定封印用电是指窃电者开启了法定的或者授权的计量检定机构认可的用电计量装置的封印后，为避免其窃电行为被查处，伪造法定的或者授权的计量检定机构封印的用电行为。

非法开启用电计量装置法定封印用电是指未经准许私自开启或者授权的计量检定机构依法加封的用电计量封印的用电行为。

4. 致使用电计量装置不准或者失效

致使用电计量装置计量不准或者失效用电是指虽不损坏法定用电计量装置，但采用了其他方法使用电计量装置失去计量效能或者计量准确程度的行为。如在用电计量装置内外加放异物，或者采用其他技术手段，致使用电计量装置记录电能量与实际用量不符。只要这种手段造成了用电计量装置计量不准或者失效的后果，使非法占用电能的目的得以实现，且是故意所致，即为窃电行为。

5. 使用窃电装置

使用窃电装置指使用特制的装置窃电，实际是第四项窃电行为中的一种具体手段，之所以将其单列为一项是因为其隐蔽性更强，危害性更大，应当特别予以关注，如升流窃电器、移相窃电器、遥控窃电器等。

6. 使用非法用电充值卡或者非法使用用电充值卡占用电能

使用非法用电充值卡占用电能是指装有充值式电能计时装置（如磁卡式、IC卡式预付费电能表）的客户，使用了不属供电方充值系统特定的电能信息传输介质（充值卡），私自对电能计量装置充值，致使电能计量装置记录的电能信息不能准确传送至供电方并计费的行为。

非法使用用电充值卡占用电能是指装有充值的电能信息式电能计量装置的客户，使用未经供电方合法充值的电能信息传输介质（充值卡），私自对电能计量装置充值，致使电能计量装置记录的电能信息不能准确传送至供电方并计费的行为。

以上两种行为均具有主观故意，在客观上形成了充值系统统计电能量与电能表记录电能量不符，非法侵占电能，属窃电行为。

7. 实行两部制电价客户私自增加电力容量

实行两部制电价客户私自增加电力容量用电指两部制电价客户，违反供用电合同约定，未经许可，私自增加电力容量，非法侵占与电力容量相对应的基本电费的行为。

本窃电行为的主体是实行两部制电价的客户，客观行为是使用电力容量与合同约定计费容量不符，行为后果是侵占了基本电费。

使用电力容量与合同约定计费容量不符，有多种情形，如私自增加受电设备数量；私自以大容量受电设备更换小容量受电设备；私自更换受电设备容量标识，致使标识容量与实际容量不符；故意购置并使用容量标识不合格的受电设备等。

8. 非法改变用电计量装置的计量方法、标准

非法改变用电计量装置的计量方法指擅自更改计量接线形式，致使计量不准的行为。

非法改变用电计量装置的计量标准指擅自改变电能表和互感器等法定计量器具的铭牌参数、计量工作方式（含分时段记录方式）、计量误差等，致使计量不准的行为。

非法改变用电计量装置的计量方法、标准的窃电行为，实际是第四项窃电行为中的一种具体手段，因为其隐蔽性强，查处困难，危害性较大，故将其单列为一项。

9. 采用其他方法非法占用电能

目前被发现的窃电方法有70余种，而且随着电能计量技术的不断发展，窃电者的窃电手段还会越来越多，这里不可能把所有窃电手段和行为列举完整，因此，本项作了兜底规定。也就是说，如果出现了前述8种窃电行为之外的行为，要判断其是否是窃电行为，可以从窃电行为的内涵进行判断，即看其是否具备前述的窃电行为的三个条件。

前述的9项窃电行为，有的其本身就是具体的窃电方法，如使用窃电装置、擅自接线用电、伪造或者非法开启用电计量装置的法定封印用电等，有的则是具体的窃电方法产生的后果，如致使用电计量装置不准或者失效的用电行为，这只是一种后果，而造成用电计量装置计量不准或者失效则有多种方法。

二、窃电手法的分类

窃电的手法虽然五花八门，但万变不离其宗，最常见的是从电能计量的基本原理入手。

一个电能表计费电量的多少主要取决于电压、电流、功率因数三要素和时间的乘积，因此，只要想办法改变三要素中的任何一个要素，都可以使电能表转慢、停转甚至反转，从而达到窃电的目的。另外，通过改变电能表本身的结构性能的手法，使电能表转慢，也可以达到窃电的目的，各种私拉乱接、无表用电的行为则属于明目张胆的窃电行为。尽管各种窃电的手法很多，但是其手法变来变去，大体可分为以下几种类型。

1. 欠压法

改变电能表计量电压回路的正常接线，造成计量电压回路故障，使电能表的电压线圈失压或所受电压降低，从而使电能表少计电量。

欠压法窃电的常见手法：

(1) 使电压回路开路。

(2) 造成电压回路接触不良故障。

(3) 串入电阻降压。

(4) 改变电路接法。

2. 欠流法

改变计量电流回路的正常接线，造成计量电流回路故障，使电能表的电流线圈无电流通过，或只通过部分电流，从而导致电量少计。

欠流法窃电的常见手法：

(1) 使电流回路开路。

(2) 短路电流回路。

(3) 改变 TA 的变比。

(4) 改变电路接法。

3. 移相法

改变电能表的正常接线或接入与电能表线圈无电联系的电压、电流，有的利用电感或电容特定接法，来改变电能表线圈中电压、电流间的正常相位关系，使电能表转慢甚至反转。

移相法窃电的常见手法：

(1) 改变电流回路的接法。

(2) 改变电压回路的接法。

(3) 用变流器或变压器附加电流。

(4) 用外部电源使电能表倒转。

(5) 用电感或电容移相。

(6) 用一台一、二次侧没有电联系的升压变压器将某相电压升高后反相加入表尾零线。

4. 扩差法

窃电者私拆电能表，改变电能表内部的结构性能，使电能表本身的误差扩大；以及利用电流或机械力损坏电能表，改变电能表的安装条件，使电能表少计电量。

扩差法窃电的常见手法：

(1) 私拆电能表，改变电能表表内的结构性能。

(2) 用大电流或机械力损坏电能表。

(3) 改变电能表的安装条件。

三、防窃电技术措施

日趋严重的窃电现象和未能根治的对应措施，给电力部门和为电力系统提供技术服务的科研机构、生产厂家出了一个新课题：在科学技术已经发展到微米、纳米、数字化时代的当今，能不能在供用电的终端计量装置上，运用新技术、新工艺，把窃电行为堵死在源头上，做到防重于反，变被动为主动呢？实践已经表明，答案是肯定的。

多年来，普遍使用的感应式机械电能表结构简单，给窃电者开了方便之门。但要全部换装电子表尚需较长时间，即便全部换装了电子表，也还有个电能表防护和表前防窃问题，目前各地为尽可能地减少窃电现象的发生，都采取相应的措施，各地在防治窃电技术措施方面积累了不少成功的经验，现将一些防窃措施归纳如下。

1. 采用专用的计量柜、计量屏、计量箱、专用电表箱和防窃电的配电变压器

这项措施对上述 4 种窃电手法都有防范作用，适用于各种供电方式的客户，是首选的最为有效的防窃电措施。

在实施这项对策时，通常应根据客户的计量方式采取相应的做法：高供高计专变客户可采用室外装设杆上高压计量箱；若不能装设室外的高压计量箱，则在室内装设专用的电能计量柜；专线客户的计量点应前移至变电所或开闭所；高供低计专变客户应采用专用计量柜或计量箱，即容量较大采用低压配电柜（屏）供电的配套专用计量柜（屏）；容量较小无低压配电柜（屏）供电的可采用专用计量箱；低压客户则采用专用计量箱或专用电表箱，即容量较大经 TA 接入电路的计量装置应采用专用计量箱，普通三相客户采用独立电表箱，单相居民用电客户采用集中电表箱，接户线采用 PVC 管敷设，即线进管、管进箱的措施，对于较分散的居民客户，可据实际情况采用适当分区后在客户中心安装电表箱。

通常，窃电者作案时都要接触计量装置的一次或二次设备才能下手，所以采用专用计量箱或电表箱的目的，就能阻止窃电者触及计量装置，从而加强计量装置自身的防护能力。为此，不仅要求计量箱或电表箱牢固、可靠，而且最关键的还是箱门的防撬问题。现将较实用的方法介绍如下。

（1）箱门加封印。把箱门设计成或改造成可加上供电部门的防撬铅封，使窃电者开启箱门窃电时会留下证据。此法的优点是便于实施，缺点是容易被破坏。

（2）箱门配置防盗锁。和普通锁相比，其开锁难度较大，若强行开锁则不能复原。此法的优点主要是不影响正常维护，较适用于一般客户；缺点是遇到个别精通开锁者仍然无济于事。

（3）将箱门焊死，这是针对个别客户窃电比较猖獗，迫不得已而采取的措施。其优点是比较可靠，缺点是表箱只能一次性使用，给正常维护带来不方便。

2. 封闭变压器低压侧的出线端至计量装置的导体

此措施主要用于防止无表法窃电，同时对通过二次线采用欠压法、欠流法、移相法窃电也有一定的防范作用，适用于高供低计专变客户。

（1）对于配变容量较大采用低压计量柜屏的，电流互感器和电能表全部装于柜屏内，需封闭的导体是配变的低压出线端子和配变至计量柜屏的一次导体。变压器低压出线端子至计量柜屏的距离应尽量缩短；其连接导体宜用电缆，配电变压器的零线应和相线一起，封闭于电缆内、直接引入，并用塑料管或金属管套住；当配变容较大需用铜排或铝排作为连接导体时，可用金属线槽或塑料线槽将其密封于槽内；出线端子和引出线的接头可用一个特制的铁

箱密封，并注意封前仔细检查接头的压接情况，以确保接触良好。另外，铁箱应设置箱门，并在门上留有玻璃窗以便观察箱内情况，箱门的防撬可参照计量箱的做法。

（2）对于配变容量较小采用计量箱的，电流互感器和电表共箱者，可参照上述采用计量柜的做法；计量互感器和电表不同箱时，计量互感器可与低压出线端子合用一个铁箱加封，电表箱按前面介绍的做法处理，而互感器至电表的二次线可采用铠装电缆，或采用普通塑料、橡胶绝缘电缆并穿管防止将计量装置进出线进行短接窃电。

为了便于检查，从低压出线至计量装置的走线应清晰明了，要尽量采用架空敷设，不得暗线穿墙或经过电缆沟。

对于因客观条件限制不能对铝排、铜排加装线槽密封时，可在铝排、铜排上刷一层绝缘色漆，既有一定的绝缘隔离作用，又便于侦查窃电。也可刷普通色漆，但应注意所采用的色泽应与铜排或铝排明显区别。

3. 采用新型防撬铅封

这条措施主要是针对私拆电能表的采用扩差法窃电，同时对欠压法、欠流法和移相法窃电也有一定的防范作用，它适用于各种供电方式的客户。

与旧式铅封相比，新型防撬铅封在铅封帽和印模上增加了标识字数，并适当分类和增加防伪识别标记，由各供电公司自行设定，从而使窃电者难以得逞。为确保防撬铅封能达到预期效果，对铅封的使用应有一套比较严密的管理办法。如铅封、封钳印模的分类、使用范围、使用管理及开启封印的规定等。

4. 规范电能表安装接线

这项措施对上述几种窃电技术手法都有一定的防范作用，具体做法如下。

（1）单相表火、零线应采用不同颜色的导线，不得对调；其目的是防止一线一地制或外借零线的欠流法窃电，同时还可防止跨相用电时造成电量少计。

（2）单相客户的零线要经电能表接线孔穿越电表，不得在主线上单独引接一条零线进入电能表；其目的主要是防止欠压法窃电。

（3）三元件电能表或三个单相电能表中性点零线要在计量箱内引接，不得从计量箱外接入；其目的主要是防止窃电者利用零线外接火线造成某相欠压或接入反相电压使某相电表反转。

（4）电能表及接线安装要牢固，进出表线要尽量减少预留长度。

（5）三元件电能表中性点零线不得与其他单相客户的电能表零线共用。

（6）三相表安装完毕，应进行接线正确性的检查工作。

（7）对电能计量装置加封。

5. 规范低压线路安装架设

严格按照计量工艺要求进行安装，现场进出线端采用电缆连接，主要用于防止无表窃电，以及接线分流等窃电手段。

6. 采用双向计量或止逆式电能表

这是针对移相法窃电所采用的对策，适用于无倒供电能的高压供电客户和普通低压客户。

7. 禁止私拉乱接和非法计量

8. 计量电压互感器回路安装失压记录仪或失压保护

对于 35、110kV 变电站及重要客户，主回路无电控操作的，宜采用失压记录仪。主回路有电控操作的，可采用失压记录仪或失压保护，或两者同时采用。

9. 采用防窃电表或在表内加装防窃电器

当窃电者采用欠压法、欠流法、移相法窃电时，防窃电器动作，由断路器切断客户电路；客户中止窃电后，防窃电器又取消断电指令而自动恢复供电。

10. 禁止在单相客户间跨相用电

这项措施主要用来防止单相表不规范接线情况下出现的移相法窃电。若把单相电焊机的 380V 抽头接到不同相别的单相客户间跨相用电，这样就可造成计量失准。

11. 采用 7751 芯片电子式单相电能表

采用 7751 芯片电子式单相电能表可以有效地防止重复接地及一火一地窃电。

12. 推广使用远程自动监控集中抄表系统

四、利用全电子式多功能电能表

充分利用全电子式多功能电能表的信息，使其事件记录具有法律效性，使之成为防窃电治理的合法依据。

五、改变原有监视模式

（1）传统三相三线计量装置仅接入了 U 相和 W 相电流，对于 V 相电流的工作情况无法监视，若对 U 相或 W 相电流互感器一次或二次短接，电能表无法判断窃电状况。基于三相合成电流为零的原理，看能否对 U、V、W 相电流同时进行监视和分析。对于三相四线表，建议引入零线电流，对 U、V、W、零相的电流进行考核。

（2）因窃电通常是在计量回路进行，若利用非计量回路（测量回路）的电流、电压实时信息和计量回路实时信息进行分析比较，就能发现窃电户，使其窃电查处有针对性。

（3）采用实时远传监控系统。窃电行为对供电系统的危害是通过时间的积累以电量的形式表现出来的。传统的防窃电方式是通过对客户侧的计量装置进行防窃处理来实现的。当发现客户窃电时，供电公司的利益已受到损失，由于窃电量无法确认，在电量的追补和司法上也将无法定量和定性。为了及时发现窃电，对窃电量定量，并尽量减少损失，建议采用实时电能计量装置监视系统，将异常杜绝在萌芽状态，避免损失扩大。

六、采用多样化的计量方式

对于新装客户在其设计时就考虑安装防窃电能计量柜和无线电负荷管理系统，并在非计量回路（测量回路）安装一套黑表，作为与计费表的比较表，这样就能准确发现客户是在什么时段进行的窃电行为。所以在当前计量改造的同时还应加强计量柜的研究，使其实现防窃功能。

不论低压计量还是高压计量，研究互感器和电能表一体化成套设备的可行性，使一体化装置在窃电者眼里成为一个黑匣子，避免因互感器和电能表之间连接形成给窃电者以可乘之机。

七、规范计量装置使用及安装标准

现有电能计量装置和电能表类型各异、二次导线杂乱，给后期的运行维护和检查带来极大不便，增加了检查的难度。建议从以下几方面入手：统一抄表器，进行各厂家多功能表的事件信息录入，这需要进行抄表软件的开发，能兼容各制造厂（包括进口表）多功能表事件记录，具有一定的用电检查分析判断功能；统一进户线和搭火线的安装及排列要求，如分色、分相、分电缆、避免进出线交叉等。

　　最后需要补充的是：任何一种防窃电方法都不可能对所有的窃电手法起防范作用，而且每一种防窃电技术措施也有一定的局限性，因而就有必要采用多种防窃电技术措施相互配合。现场检验型防窃电产品作为一种现场侦察窃电的专用仪器，就是一种防窃电的补充手段，从而构成比较完整的防范系统，这样才能达到更好的防窃电效果。

八、窃电的检查方法

(一) 直观检查法

　　所谓直观检查法就是通过人的感官，采用口问、眼看、鼻闻、耳听、手摸等手段，检查电能表，检查连接线，检查互感器，从中发现窃电的蛛丝马迹。

　　1. 检查电能表

　　主要从直观上检查电能表安装是否正确牢固，铅封是否原样，表壳有无机械性损坏，电能表选择是否正确，运转是否正常等。

　　(1) 检查表壳是否完好。主要看有无机械性损坏，表盖及接线盒的螺丝是否齐全和紧固。

　　(2) 检查电表安装是否正确。

　　1) 电表是否倾斜，正常情况下应垂直安装，倾斜角度应不大于2°。

　　2) 电表进出线预留是否太长。

　　3) 电表安装处是否有机械振动、热源、磁场干扰。

　　4) 表箱是否锁好。

　　(3) 检查电表安装是否牢固。

　　1) 电表固定螺丝是否完好牢固。

　　2) 电表进出线是否固定好。

　　(4) 电表选择是否正确。

　　1) 电表形式选择是否正确，例如三相三线动力客户是选用三元件电表还是选用两元件电表。

　　2) 电流容量选择是否正确，正常情况下的负荷电流应在电表额定电流的 $10\% \sim 100\%$ 额定电流范围内，对于负荷变化较大的是否选用宽负荷电能表，如果经 TA 接入的还应选用 $1.5 \sim 6A$ 宽负荷的电能表。

　　(5) 检查电表运转情况。

　　1) 看转盘，正常连续负荷情况下转速应平稳且无反转。

　　2) 听声音，不应出现摩擦声和间断性卡阻声响。

　　3) 摸振动，正常情况下手摸表壳应无振动感，否则说明表内机械传动不平稳，响声和振动往往是同时出现的。

　　(6) 检查铅封。这是检查电表时需要最细致、也是最重要的一步。就目前采用的新型防撬铅封来说，检查铅封主要应注意如下三个步骤。

　　1) 检查铅封是否被启封过。可通过眼睛仔细察看，必要时也可用放大镜进一步细看，正常的铅封表面应光滑平整、完好无损，一旦启封过也就破坏了原貌，要想复原是不可能的。此外，也可采用手指轻摸铅封表面，通过手感加以判断。

2) 检查铅封的种类是否正确。即根据本供电局对铅封的分类及使用范围的规定，检查铅封的标识字样，防撬铅封通常分为三类，即校表、装表、用电（检查）字样，各自均有其对应的权限范围，若不对应即是窃电行为。

3) 判断铅封是否被伪造。可自带各类印好字样的铅封，与现场铅封进行对照检查：①检查字迹、符号是否相同；②检查是否有防伪识别，以及识别标记是否相符。通常，铅封字迹要防伪得天衣无缝是相当困难的，仔细辨认都不难区分开来；如果适当增加某些不易觉察的防伪标记，而且这些标记保密程度较高的话，则防伪效果更好，判断真伪也更容易。

2. 检查连接线

主要从直观上检查计量电流回路和电压回路的接线是否正确完好，例如有无开路或短路，有无更改和错接，导线的接头及 TV 保险接触是否良好。另外，还应检查有无绕越电表的接线或私拉乱接，检查 TV、TA 二次回路导线是否符合要求等。

(1) 检查接线有无开路或接触不良。

1) 检查 TV 二次保险和一次保险是否开路，尤其要注意二次保险是否拧紧，接触面是否氧化。

2) 检查所有接线端子，包括电表、端子排、TV 和 TA 的接线端子等，接头的机械性固定应良好，而且其金属导体应可靠接触，要防止氧化层或绝缘材料造成的虚接或假接现象。

3) 检查绝缘导线的线芯，要注意线芯被故意弄断而造成开路或似接非接故障，例如，有些单相客户采用欠压法窃电时故意把零线的线芯折断而导致电表不能正常计量。

(2) 检查接线有无短路。

1) 检查不经 TA 接入的低压客户电表的进线端，主要看进线孔有无 U 形短路线，接线盒内有无被短接。

2) 检查经 TA 接入的电表，除了要检查电表进线端，还应检查 TA 的一次或二次有无被短路，以及从 TA 二次端子至电表间二次线有无短路，尤其要注意检查中间端子排接线是否有短接和二次线绝缘层破损造成短路。

(3) 检查接线有无改接和错接。改接是指原计量回路接线更改过，而错接是指计量回路的接线不符合正常计量要求。检查时对于没有经过互感器的低压客户，电表的简单接线可凭经验作出直观判断，而对于经互感器接入的计量回路可对照接线图进行检查。目前 10kV 高供高计客户通常采用三相二元件电表计量，判断这类客户的计量接线是否正确可用"抽中相"的办法，正常接线时断开 V 相电压后，电表转速将降至原来的一半，否则就是接线有误。详细检查通常还要利用仪表测量确定。

(4) 检查有无越表接线和私拉乱接。

1) 检查越表接线，对于高供低计客户，一方面要注意在配变低压出线端至计量装置前有无旁路接线，另一方面尤其要注意该段导体有无被剥接过的痕迹；对于普通低压客户，既要注意检查进入电表前的导体靠墙、交叉等较隐蔽处有无旁路接线，还要注意检查邻户之间有无非正常接线。

2) 检查私拉乱接，是指针对那些未经报装入户就私自在供电部门的线路上接线用电，这类窃电有些是明目张胆的，检查时往往一目了然；有些则是较隐蔽的，应注意根据客户登记情况和现场查线进行。

（5）检查 TA、TV 接线是否符合要求。

1）TV、TA 二次回路的导线截面是否满足≥2.5mm² 的要求。

2）计量 TA 二次回路是否相对独立，如有其他串联负荷是否造成二次总阻抗过大。

3）计量 TV 二次线是否太长，如有其他并联负荷是否造成二次负荷过重。

3. 检查互感器

主要检查计量互感器的铭牌参数是否和客户手册相符，检查互感器的变化和组别选择是否正确，检查互感器的实际接线和变比，检查互感器的运行工况是否正常。

（1）检查互感器的铭牌参数是否和客户手册相符。高供高计客户同时检查 TA 和 TV，高供低计客户和普通低压客户通常不经 TV 接入，检查目的是防止偷梁换柱。

（2）检查互感器的变比选择是否正确。

1）TV 变比选择应与电能表的额定电压相符，TV 二次电压通常采用标准 100V，电能表的额定电压也应是 100V。

2）TA 变比选择应满足准确计量的要求，实际负荷电流应在 TA 额定电流的 30%～100%范围内，最大不超过 120%的额定电流，最小不少于 10%的额定电流。

3）TV 连接组应和 TA 连接组相对应，以保证电流电压间的正常相位关系，例如 TA 连接组为 V/V-12，则 TV 连接组也应是 V/V-12，TA 连接组为 Y/Y-12，TV 连接组也应是 Y/Y-12。

（3）检查互感器的实际接线和变比。

1）检查 TV 接线和变比。对于三相五柱式 TV，其连接线在生产厂家已完成，出错的几率极小，而且整体封闭在铁壳内，除了新安装时需进行检查试验外，在运行中一般不必检查其接线和变比；而对于单相式 TV，相间接线在现场进行，安装、检修和运行中都可能发生改接或错接，因而就有必要进行检查，以防错接而造成相位和二次电压异常。

2）检查 TA 接线和变比。由于 TA 通常做成多变比，可通过改变一次侧匝数或二次侧匝数而得到不同的变比，有的还可以同时改变一次侧匝数和二次侧匝数而得到多种变比。110kV 及以上高压 TA 一次侧通常由几组线圈构成串联或并联多种组合，串联使变比减小，并联使变比增大；低压 TA 一次侧通常采用穿心式，穿过线圈匝数越多则变比越小，反之则变比增大。改变 TA 二次侧匝数的办法多数是采用抽头式，利用改变二次侧抽头而得到不同的变比。另外，检查 TA 接线时还应注意极性是否正确，不但要注意检查 TA 二次侧的同名端接法，还应注意 TA 一次侧电流方向是否与 L1、L2 接线端对应。

（4）检查互感器的运行工况。

1）观察外表有无断线或过热、烧焦现象。

2）倾听声音是否正常，TA 开路时会有明显的"嗡嗡"声，TV 过载时也可能有"嗡嗡"声。

3）停电后马上检查 TV 和 TA，TV 过载或 TA 开路时用手触摸会有灼热感，TV 开路时手感温度会明显低于正常值，TA 局部闪烁短路会有局部过热。另外，TV 或 TA 内部故障引起过热的同时还会有绝缘材料遇热挥发的臭味等。

（二）电量检查法

1. 对照容量查电量

就是根据客户的用电设备容量及其构成，结合考虑实际使用情况对照检查实际计量的电度数。通常客户的用电设备容量与其用电量有一定的比例关系，检查时应注意如下几个方面。

（1）客户的用电设备容量是指其实际使用容量，而不是指客户的报装容量。例如，①有的客户为了减小支付基本电费，申请报装时有意少报用电设备容量，实际用电容量就非常接近报装容量甚至超过报装容量；②有的客户装表时虽然留有一定的裕度，但过一段时间后由于负荷增长比预计的要快，也可能造成满载或超载运行；③有的客户报装时由于对用电发展预期值过高，结果造成实际用电容量明显少于报装容量，甚至造成大马拉小车的现象发生；④有的客户因为生产形势变化等原因造成阶段性减容但又未办理减容手续的。

（2）用电设备构成情况主要是指连续性负荷和间断性负荷各占百分之多少，而不是动力负荷和照明负荷各占多少。例如，①对于家庭用电，照明、风扇、电视、洗衣机等属于间断性负荷，而冰箱就属于长期性负荷，空调机在天气炎热时也属于间断性负荷；②对于工厂用电，照明和动力往往是同时使用的，如果是三班制生产的则基本是连续性负荷，否则就是间断性负荷；③对于宾馆、酒店、办公楼一类用电，空调的容量往往占了很大比例，因而其季节性变化很大。

（3）检查实际使用情况应注意现场核实，并考虑如下几个因素：①气候的变化；②生产、经营形势的变化；③经济支付能力的变化。因为这些情况的变化将影响到设备的实际投用率，最终将影响用电量的变化。

2. 对照负荷查电量

就是根据实测客户负荷情况，估算出用电量，然后以电能表的计算电量对照检查。具体做法是：

（1）连续性负荷电量测算法。适用于三班制生产的工厂和天气炎热时的宾馆这一类客户。①选择几个代表日，例如选一个白天、一个晚上，或者选两个白天、两个晚上，取其平均值为代表负荷；②用钳形电流表到现场实测出一次电流，或测出二次电流再换算成一次电流值；③根据客户负荷构成情况估算出 $\cos\varphi$；④根据实测电流、$\cos\varphi$ 估算值计算出平均每天用电量，并将电能表的记录电度换算成日平均电量加以对照，正常情况下两者应较接近，否则就有可能是电表少计或者测算有误，应通过进一步检测以查明原因。

（2）间断性负荷测算法。这类负荷是指一天 24h 出现间断性用电，例如单班制或两班制的工厂，一般居民用电、办公楼用电等。测算这类负荷的用电量除了要遵循连续性负荷电量测算法的基本步骤外，还应把一天 24h 分成若干个代表时段，分别测出代表时段的负荷电流值，并分别计算出各个代表时段的电量值，然后累计一天的用电量。为了简化手续，通常可选两个代表日，每个代表日选 2～3 个代表时段即可。例如测算一般居民客户（无空调）的用电量，可选晚上 6～10 时高峰用电期为第一时段，测出该时段的代表负荷并估算出该时段的电量；其他低谷期间为第二时段，测出该时段的代表负荷并估算出相应电量，峰期电量和谷期电量相加即为代表日的用电量。

3. 前后对照查电量

即把客户当月的用电量与上月用电量或前几个月的用电量对照检查。如发现突然增加或突然减少都应查明原因。电量突然比上月增加，则重点应查上个月；电量突然减少，则重点应查本月份。

（1）查用电量增加的原因。①抄表日期是否推后了；②抄表过程是否有误，如抄错读数、乘错倍率等；③季节变化、生产经营形势变化等原因引起实际用电量增加；④上个月及前几个月窃电较严重而本月窃电较少，或无窃电了。

（2）查用电量减少的原因。①抄表日期是否提前了；②抄表过程有误，造成本月少抄了；③实际用电量减少了；④原来无窃电而本月有窃电，或本月窃电更严重了。

（3）电量无明显变化也不能轻易认为无窃电。例如，①有的客户每月都有窃电；②用电量多时窃电而用电量少时不窃电，或多用多窃少用少窃。

（三）仪表检查法

这是一种定量检查方法，通过采用普通的电流表、电压表、相位表（或相位伏安表）进行现场定量检测，从而对计量设备的正常与否作出判断，必要时还可用标准电能表校验客户电表。此外，还可以采用专用仪器检查，则更加直观简便。

1. 用电流表检查

（1）用钳形电流表检查电流。这种方法主要用于检查电能表不经 TA 接入电路的单相客户和小容量三相客户。检查时将火、零线同时穿过钳口，测出火、零线电流之和。单相表的火、零线电流应相等，和为零；三相表的各相电流可能不相等，零线电流不一定为零，但火零线之和则应为零，否则必有窃电或漏电。

（2）用钳形电流表或普通电流表检查有关回路的电流。此举目的主要是：①检查 TA 变比是否正确，对于低压 TA，检测时应分别测量一次和二次电流值，计算电流变比并与 TA 铭牌对照；至于高压 TA 无法直接测量一次电流的，可通过测量其低压侧一次电流然后换算成高压侧的一次电流，或者通过测量其他有关回路的二次电流进而推算到待测回路的一次电流。②检查 TA 有无开路、短路或极性接错，若 TA 二次电流为零或明显小于理论值，则通常是 TA 断线或短路，V/V 接线时若某线电流为其他两相电流的 $\sqrt{3}$ 倍，则有一只 TA 极性相反。③通过测量电流值粗略校对电表。测量期间负荷电流应相对稳定，并根据用电设备的负荷性质估算出 $\cos\varphi$ 值，然后计算出电能表的实测功率（也可用盘面有功功率表读数换算），读取某一时段内电能表的转数，再与当时负荷下的理论转数对照检查。

2. 用电压表检查

可用普通电压表或万能表的电压挡，检测计量电压回路的电压是否正常。

（1）检查有无开路或接触不良造成的失压或电压偏低。通常先检测电能表进出线端子，然后才根据实际需要往 TV 方面检查。①单相客户电表的检测，正常时电压端子的电压应等于外部电压，无压则为电压小钩开路或电表的进出零线开路，电压偏低则可能是电压小钩接触不良或者电表接零线串有高电阻；②不经 TV 接入的三相四线三元件电表（或三只单相表）的检测，无压则为电压小钩开路，电压偏低则可能是电压小钩接触不良或者某相电压小钩开路，同时中线断（这时一个元件电压为零，另两个元件的电压为 1/2 线电压）；③TV 采用 V/V-12 接线时三相两元件电表电压回路的检测，正常时三个线电压约为 100V，若三个线电压相差较大，且有某些线电压为零或明显小于 100V，则有断线或接触不良，例如 U 相断线则 U_{UV} 为零，W 相断线则 U_{WV} 为零，V 相断线则 U_{UV} 和 U_{WV} 均为 1/2 线电压；④TV 采用 Y/Y-12 时三相两元件电表电压回路的检测。判断方法和 TV 采用 V/V-12 时大同小异，在此就不举例分析了。

（2）检查有无 TV 极性接错造成的电压异常。例如当 V/V-12 接线的 TV 一相极性接反，则检测时会出现某个线电压升高至 $\sqrt{3}$ 倍正常线电压；当 Y/Y-12 接线的 TV 一相或两相极性接反，则检测时会出现某个线电压为正常线电压的 1/3。

（3）检查 TV 出线端至电能表的回路压降。正常情况下三相应平衡且压降不大于 2%。①三相平衡但压降较大，则可能是线路太长，线径太小或二次负荷太重；②TV 出线端电压正常但至电表的某相压降太大，则可能是某相接触不良或负荷不平衡，也可能在某相回路中有串联阻抗。

3. 用相位表检查

可用普通相位表或相位伏安表，通过测量电能表电压回路和电流回路间的相位关系，从而判断电能表接线的正确性。由于不经互感器接入的电能表接线比较简单，通常采用直观检查或必要时测量相序（三相表）就可判断相位关系是否正确；因此，用相位表检查主要适用于经互感器接入电路的电能表。测量前应确认电压正常，相序无误，并注意负荷潮流方向和电表转向，以免造成误判断。

（1）三相两元件电表接线的相位检测，通常可采用如下三种测法：①测进表线 U_{UV} 与 I_U、I_V、I_W 的相位差；②测进出线 U_{UV} 与 I_U、I_W 的相位差；③分别测 U_{UV} 与 I_U、U_{WV} 与 I_W 的相位差。

（2）三相三元件电表接线的相位检测。通常可采用如下两种测法：①测进表线 U_{UV} 与 I_U、I_V、I_W 的相位差；②分别测量 U_U 与 I_U、U_V 与 I_V、U_W 与 I_W 的相位差。

测量过程应做好记录，并根据实测数据画出相量图，然后导出功率表达式和判断接线的正确性。

（四）用电能表检查

当互感器及二次接线检验确认无误而怀疑是电能表不准时，可用准确的电能表现场校对或在校表室校验。

（1）在校表室校表，将被校表装上试验台，测出某一时段内标准表与被校表的转盘转数，然后进行换算比较。

（2）在现场校表。宜选用与被校表同型号的正常电表作为参考表串入被校表电路中，校验表盘转数的方法与试验室常规校表的方法相同。若怀疑表内计数器有问题，校验的方法是：①抄出被校表与参考表的起始码；②装好参考表后宜将表盘封闭，然后投入运行；③几小时后或一至两天后读取被校表与参考表的读数，计算出各自电量；④计算被校表误差，判断计数器是否正常，若误差较大则说明计数器有问题。对于三相平衡负荷，为了简化接线手续，也可用单相表作为参考表，但单相表应接入相电压和相电流，然后将单相表的记录电量乘以 3 就是三相电量。

（3）装设监测电能表。①对于采用高压专线供电并在线路末端计量（例如有多台配变分别计量）的客户，在馈线出口处还应装设一套监测电表；②对于普通客户可采用适当分区后在干线或主分支线装设监测电表，以便发现问题和侦查窃电，同时也有利于供电部门内部抄表考核。例如，公共配变可在低压侧装设总表，并在各条干线及主分支线加装分表，10kV 高压客户也可在干线和支线分片装设内部考核的高压计量箱变。

（五）用专用仪器检查

近年来国内已开发研制出多种查窃电仪器，××智能计算机应用厂生产的 DGY-Ⅱ型计量故障分析仪就是其中有代表性的产品之一，和普通的查窃电仪表相比，其功能更加完善，使用更加简洁有效，尤其是侦查技术性、隐蔽性窃电，该仪器具有更加明显的优势。

1. 低压计量装置的故障检测和查窃电方法

（1）仪器接线。在使用仪器前，应首先仔细阅读使用说明书，而后根据不同的被测对象采用不同的接线。

（2）操作步骤。低压计量装置的检测项目主要有三项：综合误差测试、TA 变比测试和相量图测试。现以低压三相四线制经 TA 接入的三元件电表计量装置为例，其检测的操作方法如下。

1）综合误差测试。按接线示意图的三相四线制接法接好仪表面板接线并检查无误，同时连接好仪表工作电源，然后分别把三相电压通过测试线对号入座接入仪表，三相电流则通过三个钳形电流互感器接入计量装置一次侧（此前应把钳表量程开关拨至大于 5A 档）。此时在仪器的参量界面可看到各相电流、电压、相位和功率值。采用手动测试时先选择手动方式，输入电表常数和 TA 变比，将手动开关插头与仪器输入口接好，待被测表盘的黑标转过时（电子表为光标闪亮）按下手动按钮，计时开始。当黑标按所选转数达到相应次数时按下手动按钮，计时结束。此时显示屏将自动显示被测计量装置误差值，该仪器还有电子脉冲输入方式和光信号输入方式，以实现综合误差自动检测。此时，还可利用该仪器电量累积功能，直接校验电表读数。

2）相量图测试。以上接线不变，仪器选项至相量图功能菜单，屏幕上即显示出一次侧负荷电流电压相量图；如果把电流钳移至 TA 二次侧，则屏幕上显示的就是二次侧电流电压相量图。

3）TA 变比测试。将钳形电流互感器的 U 相钳拨至小于 5A 档卡在 TA 二次侧，W 相钳拨至大于 5A 档卡在同相 TA 一次侧，V 相钳则不用。返回主菜单后，选择 TA 测量功能，仪器自动显示被测 TA 变比值。

（3）检测结果分析。上述例子的接线比较简单，其计量装置包括电能表、连接线和电流互感器。常见故障是接线错误、开路或短路，TA 故障或变比不对，还有就是电能表故障。常见的窃电手法有欠流法、欠压法、移相法和扩差法。窃电和故障引起的后果在原理分析上是一样的。

1）综合误差分析。低压计量装置综合误差测值正常情况下不超过 3%；电流钳闭合不好引起正误差增大，计量装置故障时则通常是负荷增差大；误差值达到 3%～10%，则通常是电表和 TA 负误差偏大；综合误差超过 10%，就可能是 TA 变比不对、接线开路、短路或错误或电能表内部故障等。

2）TA 变比分析。TA 实测变比与客户档案相差太大且接近某个标准变比值，就可能是安装错误或者窃电者偷梁换柱（例如，某计量 TA 的铭牌额定变比和客户档案变比都是 100/5，而实测变比却接近 150/5），否则就可能是 TA 故障，例如一次侧或二次侧部分线匝短路，一次侧短路将使变比增大，二次侧短路将使变比缩小。

3）相量图分析。先从一次侧负荷相量图入手，在图中可以看到三个相电压相量大小基本相等、相位依次落后 120°，而三个相电流分别比对应相电压落后某个负荷功率因数角（假定负荷为电感性），电流的大小则由各相负荷决定。如果计量装置接线正确，则二次侧计量回路的电压电流相量图与一次侧负荷相量图必然互相对应，这时电压相量不变，电压与电流间的相位差也不变，电流相量总体上可能有所放大或缩小，但与一次侧电流的比例各相应相同。否则，就可能是计量装置存在故障或错误，也可能是窃电引起。例如某相电流相位不对，其原因不是错接就是移相法窃电造成；再如某相电流相量较小且比例明显不对，则可能是电流回路短路（含 TA 和二次线）或欠流法窃电等。

2. 高压计量装置的故障检测和查窃电方法

高压计量装置有许多种类型，最常见的是 10kV/0.4kV 专变客户高压计量装置，其次是 10kV 及以上各级电压直供客户的高压计量装置。现以最常见的高压计量装置为例，介绍故障检测和查窃电的方法。

检测 10kV/0.4kV 专变客户高压计量装置，其方法与检测低压计量装置类似，但由于互感器一次侧不能直接检测综合误差，综合误差检测改为电能表误差检测，TA 变比则采用间接测量，相量图分析也变得复杂一些。

检测时通常要求满足如下几个条件：①被测客户的配变是 Y/Y-12 标准连接组（通常都是）；②客户三相负荷基本平衡，相差小于 20%；③负荷电流相对稳定且方向不变；④负荷电流大于 10%配变额定电流并小于钳形电流互感器量限。

(1) 检测方法。

1) 电能表误差检测。在满足上述③、④两项条件的情况下先按接线图中的三相三线制接法连接好仪器面板接线，同时连接好仪器工作电源，U 相电流钳和 W 相电流钳的量程开关拨至小于 5A 档，然后把计量二次回路的三相电压和 U、W 相电流引入仪表选择综合误差测试功能，其后的操作与低压三相四线计量装置综合误差测试相同，仪器屏幕显示的综合误差值即是电能表误差（电压电流采集点至电能表的损耗可忽略不计）。

2) 高压 TA 变比间接测量。在满足上述 4 项条件的情况下，测量方法与检测低压 TA 相似，但应注意待测一次侧电流并非高压 TA 一次侧电流，而是配变低压侧总电流；其次是检测低压 TA 变比可直接读数，而高压 TA 变比应将读数除以配变运行档位下的实际变化。如果上述条件无法同时满足，但能满足③项条件，则可改用功率法测量，利用仪器的功率测量功能分别测出配变低压侧负荷功率和互感器二次侧功率，把低压负荷功率与变压器空载损耗功率相加后除以互感器二次侧功率与高压 TV 变比，即可得到 TA 变比近似值。

3) 相量图检测。在满足上述①、③、④项条件的情况下，先按检测三相四线低压计量接法（电流钳拨至大于 5A 挡），把配变低压主回路电压、电流引入仪器测出低压负荷相量图，然后按三相三线接法（电流钳拨至小于 5A 挡）测出互感器二次侧的相量图，两者进行比较即可判知接线是否正确。如果采用第一种检测方法，分析判断高压二次相量图时应注意，正确接线状态下 U_{uv} 与 U 相电流的夹角应是（$\Phi+30°$），U_{wv} 与 W 相电流的夹角应是（$\Phi+330°$），如果第一项条件不满足，则应把变压器连接组不同可能引起的角度变化考虑进去。

(2) 检测结果分析。

1) 电能表误差分析。电能表的实测误差应小于 3%，否则就是电表内部有问题或钳形电流互感器的钳口闭合不够紧密。和低压计量装置不同的是：低压计量装置正常与否的主要判据是综合误差，只要综合误差满足要求就可认为计量正常；而电能表误差只反映电表本身，至于互感器和连接线是否正常还得另当别论。

2）TA 变比分析。和分析 TA 变比的思路基本相同，当分析电流测量结果时要注意两点，一是变压器空载电流影响，当空载电流所占比例较大时按铭牌值加在电源侧，与负荷电流折算值直接按算术加法求出高压侧总电流，然后验算高压 TA 变比；二是三相负荷不平衡影响，由于低压侧电流反映到高压侧，当三相不平衡时其对应的比例关系已发生变化，通常要采用对称分量法才能求得高压侧各相电流，为简化计算和分析，检测时应尽量使三相负荷接近平衡，这时就可把三相负荷不平衡影响忽略不计。

3）相量图分析。高压计量装置检测结果分析判断的重点和难点是相量图分析，即根据实测的相量图判断接线是否正确，以及计量装置非正常状态时的具体原因，包括接线错误和各种故障。10kV 高压计量 TA 和 TV 通常采用 V/V-12 标准接线，可能出现的各种开路、短路故障，还有可能出现错误接线和故障的各种组合，总的可能原因有几百种。因此，判断计量装置正确与否并不难，难就难在分析判断计量装置非正常状态时的具体原因。这就要求当事人还应具备一定的专业知识尤其是对相量图要非常熟悉，要善于独立思考和总结积累经验，才能做到动手前胸有成竹，动起手来得心应手。总的思路是：先易后难、先动后静、先电压后电流、先错接后故障。①先易后难，这包括两层意思，第一层意思是从一开始就先别往难处想，而事实上不管是窃电还是故障，造成计量异常的原因通常都比较简单；第二层意思是分析判断不要单看相量图就苦思臆想，而应配合直观检查和调查了解，这样往往可化难为易，有时甚至可轻而易举地发现问题。②先动后静，即检查分析时首先考虑计量回路的活动部分，其次才是静止部分；一方面因为可动部分比静止部分在使用中的故障几率高得多，另一方面窃电者也往往在可动部分动手脚，所以首先要怀疑部位往往是高、低压保险和导线的接头。③先电压后电流，即检查分析的先后次序从电路的角度来说，是先检查电压相量和电压回路，这是因为电压相量通常作为参考量，如果电压相量正常，电流相量的异常原因就不难查找；如果电压相量异常，通常也应先查出电压回路的错接或故障所在，然后才着手检分析电流相量和电流回路，这样就是从主要矛盾入手，其实也是把问题化难为易、化整为零的解决办法。④先错接后故障，即先检查分析互感器及其二次回路有无错接，然后才着手检查故障。由于错接线引起的后果首先是电压电流间的相位关系改变，而且错接线引起的相角差变化量都是特殊角，因而可从实测的相量图直观分析判断错接原因。

由于 TV 二次侧电压为标准 100V，TA 变比也是标准化，因此，上述检测方法虽然不能精确测量高压 TA 变比和综合误差，但从查窃电的角度来说，经实践证明此法还是简便可行的。另外，有些配变低压出线太大或 10kV 及以上直供客户，其主回路电参量图异常（同时可显示二次回路电参量）；这时就要结合盘面表指示或相关回路测试分析判断 TA 变比，相量图的分析判断则大同小异。

第六节　查窃电程序及注意事项

窃电严重扰乱电力市场秩序，是电力企业最现实、最直接的经营风险之一。窃电是一种破坏性手段，对建立电力市场具有很大的破坏性。窃电损失、窃电风险对正常的电力交易和交易安全有着直接的危害和威胁，是严重扰乱供用电秩序的违法犯罪行为，有效预防和治理窃电已经成为电力企业改善经营环境的重要内容，不刹住窃电这股邪风，就很难开展正常的电力交易和建立规范的电力市场。

以合法性保障打击的有效性，从实体和程序两个方面整体上规范查电行为。在实践当中，对于窃电事实，窃电行为人一般是不可抵赖的，查电工作的实体合法性是没有争议的，但绝大多数出现争议的案例表明，窃电行为人经常可以依据电力部门的规定找到和抓住用电检查工作程序上的一些漏洞，以程序不合法来达到否定实体合法的目的，否定大量的用电检查工作。加强程序意识，在反窃电第一线非常必要。

一、查窃电程序

1. 例行性用电检查、供电设施巡视中的窃电检查

（1）有无直观的窃电征象。现场检查有无在供电设施上擅自搭接用电的搭接线，以及搭在电能接线孔的跨接线、电磁干扰、永久磁铁等窃电工具。

（2）核对有功、无功电能表出厂编号（或供电企业自设条码）是否与记录相符，否则，即为窃电或窃电嫌疑。

（3）检查接线盒、电能表、断压断流计时装置、量电柜（箱）是否完好，封印是否完好、正确，否则，即为窃电或窃电嫌疑。

（4）检查断流、断压计时装置有无指示信号。

（5）用秒表法测算有功电能表计量功率并与当时用电负荷比较，判断计量装置计量的合理性，如相差甚大即有窃电嫌疑。

其中，（1）～（4）项在日常抄表时也应检查，当发现有窃电嫌疑时，应立即报告，组织针对性的窃电检查。

2. 针对性的窃电检查

指有窃电嫌疑时的检查，包括电量不正常突变，接到举报或在例行性检查时发现窃电嫌疑等。

（1）进行例行性用电检查时应该进行的外观检查，并有针对性地查找窃电手法显现痕迹。

（2）客户不停电的情况下，带电检查有无断压、断流及错接线。

（3）带电检查查出断压、断流或错接线，应立即要求客户停电（或停电情况下）并对计量装置进行停电检查，包括测量电流互感器的极性、连接、接线盒、电能表电压、电流线接入相位、相序，连接导线有无断线、短路，电压熔丝有无熔断及相数，检查互感器铭牌是否与记录相符或伪装，必要时进行电流互感器变比测试。

（4）发现电能表耳封被开启或伪封，立即通知法定的或授权的计量鉴定机构到现场检查。

（5）采取电磁干扰、永久磁铁等窃电手法，应校验使用该窃电手法后，计量装置少计电量数量值（百分率）。

（6）对于检查中发现的可能的窃电行为，或者因供电企业在计量装置施工中产生差错，宜先分析并取得证据，以理服人。

（7）在窃电检查全过程应做好窃电现场取证工作。

二、窃电检查注意事项

（1）遵守《电业安全工作规程》有关安全距离、停电工作和低压带电作业的规定，防止人身触电、高空跌落。

（2）防止电流互感器二次开路，电压互感器二次短路。

（3）按照《用电检查管理办法》的规定，填写《用电检查工作单》，并经批准，到达检查现场，应主动出示《用电检查证》。

（4）须有两人及以上方可进行检查，对于供电秩序不好的区域宜有公安机关及当地政府部门积极配合进行窃电查处，防止发生武力冲突。

（5）检查人员穿着防护服，随带需用的工具、仪表、对讲机、防护设施和照明工具。

（6）客户设备的操作应由客户进行。

（7）密切注意窃电者作案留下的点滴痕迹，认真做好现场取证工作；对客户人员、窃电人员的询问笔录及取证获取现场数据，均需客户签字，取证工作方可完毕。

（8）为防止窃电者紧急撤除窃电证据，宜采取突击快速和杀回马枪的方式进行检查。

（9）检查前应做好检查重点（窃电手段）、程序、分工及可能突发情况的分析、预想，周密行事。

（10）根据窃电检查任务的难度，用电检查人员应具备相应的技术业务水准、经验阅历并应机智灵活。

第七节　窃电证据的收集

要注意从窃电的社会危害性方面着手宣传，唤起全社会的反窃电意识，改变电力企业孤军奋战的窘境。让社会多了解窃电造成的社会危害，譬如窃电引起火灾，窃电造成停电，窃电导致触电伤亡，窃电增加线损，窃电危害守法客户利益，窃电降低成本，不正当竞争损害其他生产经营者利益，窃电损害公共利益等。制造舆论，引起众怒，产生共鸣，使窃电者未上刑事法庭，先上道德法庭，受到道德和法律的双重审判，为依法打击窃电奠定广泛而又坚实的群众基础。

一、现场取证方法

1. 取证方法

（1）拍照：应调准相机的日期及时间，及时拍照窃电现场、窃电设备及设备的铭牌、被破坏的计量装置、实测电流值、窃电的工具等。

（2）摄像：现场检查的全过程。

（3）录音：需录音应征得当事人同意。

2. 取证要求

（1）提取损坏的用电计量装置。

（2）收集伪造或者开启加封的用电计量装置封印。

（3）收缴不准或失效的计量装置和窃电工具等。

（4）提取及保全用电计量装置上遗留的窃电痕迹。

（5）收集窃电现场的用电设备和采集窃电现场实测电流值，均需当事人签字或经第三方见证，方可有效。

二、取证注意事项

（1）用电检查人员进入客户现场时，应主动出示《用电检查证》。

（2）无证工作人员如发现有窃电现象应立即向所属部门汇报或择时由专业人员进行

查处。

（3）用电检查人员执行检查任务时需履行法定手续，不得滥用或超越电力法及有关法规所赋予的用电检查权。

（4）用电检查人员应严格按照法定程序进行用电检查并依法取证。

（5）若窃电当事人不在，不宜采取拆表方式；应做好窃电证据、旁证的收取；适实开具《违约用电、窃电通知书》委托代收。

三、查电业务的处理

（1）填写《违约用电、窃电通知书》应确定客户的户名、地址、表号及目前客户用电性质。明确指出客户违反了《中华人民共和国电力法》及其配套管理办法的有关条款，属于第几条第几款，是违章用电或窃电行为；《违约用电、窃电通知书》必须有客户的签收、检查人员的检查证号和检查日期，一式两份，客户联交客户，存档联归档保存。

（2）收集窃电的证据应由专人负责归档保存。

（3）应有专人负责《违约用电、窃电通知书》登记、统计、分析、上报工作（每月上报查获笔数、处理笔数及窃电行业的统计分析）。

（4）《违约用电、窃电处理工作单》应有检查违章用电、窃电人员的姓名；客户编号、客户名称；违章用电、窃电行为的内容；违章用电、窃电起止时间；违章用电、窃电设备容量；处理意见和计算公式：补收电量、补收电费、违约使用电费；处理人、审核人签字。

（5）对窃电时间和电量无法明确确定的应按《供电营业规则》第一百零三条的要求进行处理。

（6）对盗窃电量较大触犯刑法的还必须收集窃电户的门牌号等有明显标志的相片。

（7）对窃电影响面大，可以考虑让新闻单位曝光。

（8）须移交公安、司法部门处理的案件，应随案及时提供相应的材料。

第八节　窃　电　案　件　分　析

为了有效防范和打击改表窃电行为，现将改表窃电的一些特点和查处的方法总结如下。

一、改表窃电的主要方式

针对供电企业现实中查获到的几起改表窃电案例，按照其改表的方式可分为以下四种：

（1）电能表主板计量回路并联电阻。即人为开启电能表后，在计量主板的电流采样回路加装贴片电阻，致使采样不准。其特点是通过焊接不同阻值的贴片电阻，来精确控制电能表的误差范围。在查获的案件中，改表团伙根据窃电用户的负荷大小，将电能表误差控制在－30%～－10%范围内进行调整。

（2）更换计量主板晶振模块。即人为开启电能表后，更换计量主板的晶振模块，致使采样不准。其特点是通过更换不同振荡频率的晶振模块变更电能表误差。同时由于晶振回路焊点较少，焊接工艺容易仿造，因此从焊点外观上不易被发现。

（3）在计量主板电流采样回路加装遥控装置。即人为开启电能表后，在电流采样回路串接遥控开关电路，致使电能表不计量。其特点是在电能表内会有多余的遥控控制电路板。由于是采用遥控装置，因此在对电能表现场校验时，电能表误差是在正常范围内。

（4）断开电能表内部电压或电流回路连线。即人为开启电能表后，人为将电能表内部的电压或电流回路断开，致使电能表少计或不计量。

二、改表窃电的主要特点

查获的改表窃电案件从其作案手段来看主要具有如下四个特点：

（1）技术性较强，属于高智商犯罪。通过查获的加装电阻、更换晶振模块的改表案件分析，改表人对电能表内部集成电路知识具有较高的造诣，能够分析电路的参数，并通过改变电路参数使电能表的计量误差达到指定的范围，反映出改表人员具备相当的专业知识。

（2）涉及的电力客户数量较多、涉案金额较大。

在查获的改表窃电案例中，改表团伙主要是针对电价高、电量大的客户进行作案，而且还与窃电客户协商通过窃取电量的多少进行提成。因此，改表窃电所导致的电量、电费损失也较大。

（3）作案人员较多、分工明确，属于团伙作案。

（4）作案手段隐秘，社会危害性较大。改表团伙往往自称是电力企业的工作人员，打着改表窃电是节电和正常节能项目的幌子教唆窃电客户进行窃电，而且该团伙针对目前电力企业的使用的简易防伪封铅的缺点，对封铅进行开启和伪造，外观检查不易发现，增加了查处的难度。

三、证据的锁定

1. 现场证据的固定

凡属改表窃电的客户电能表，一律由当地公安部门扣押，并委托当地质监局和电能表生产厂家出具检测报告，保证窃电取证的公平公正合法。

供电企业在发现客户有改表窃电的嫌疑后，第一时间联系公安部门或质量监督部门等具有取证资质的第三方到达现场，提取存在负误差的电能表、计量箱和接线盒的封印，由客户确认后现场加封固定，并全程摄像、摄影。

2. 实验室检定误差

由证据提取部门将加封固定的电能表送达国家授权的计量检定机构进行实验室检定，并出具具有法律效应的电能表检定报告。

3. 质监部门开表鉴定

由证据提取部门将电能表及封印送交质监局，由质监局委托电能表厂家对提取的电能表开表鉴定，查找改表痕迹、确定改表方式并读取相关表内数据后由质监局出具鉴定报告。

4. 确定窃电时间

对电能表生产厂家读取的表内数据进行初判，筛选可疑停电时间信息，与电力调度部门的客户停电信息进行比对，确定窃电时间。

5. 物价评估

根据计量检定机构的检定结果，结合窃电客户的实际情况，核定窃电金额，并提交物价部门进行价格评估，出具评估报告。

6. 立案调查

由供电企业根据现场检查情况出具报案材料和现场检查工作记录，并将上述各类证明一并提交窃电客户所在地的公安部门，由公安部门立案侦查。

四、采取的措施

在改表窃电案件的查处工作中，应采取多措并举、严查深挖的工作方式，在组织用电检查人员和电能计量人员进行排查的同时，在第一时间就与公安部门取得联系，报告案情，在案件的查处过程中取得公安部门的高度重视。具体采取了以下措施：

1. 充分利用各类信息，排查重点客户

由于客户数量巨大，如全面进行排查，一是时间过长，打草惊蛇、贻误战机；二是战线过长，人员参差、恐有疏漏。对此供电企业组成了排查专班通过四种排查手段进行数据分析，查找重点嫌疑客户，极大地提高了效率。

一是线损分析排查，根据分线路、分台区的线损报表分析，排查出线损异常波动的线路、台区，有效缩小排查范围。

二是用电现场管理系统排查，针对改表窃电案件中窃电分子在实施改表窃电时，必然会造成用电现场管理系统和电能表内有 2～4 个小时的停电记录，同时改表后客户负荷会较历史同期出现下降趋势。

因此通过用电现场管理系统中筛选出存在上述现象的客户，作为重点客户进行检查，更进一步地提高了查处效率。

三是营销系统电量排查，针对改表窃电案件中窃电客户必然出现的同比电量下降的情况，将排查出的客户名单在营销信息系统中逐户比对同期电量，将电量下降的作为重中之重。

四是窃电客户黑名单筛选，针对窃电客户存在重复作案可能性较大的特点，通过用电检查管理信息系统中的窃电客户黑名单，逐户进行分析，筛选出重点嫌疑客户名单。

通过上述四种排查方式，极大地提高了改表窃电案件查处的准确性和时效性。

2. 积极联系公安部门，严厉查处改表团伙

由于改表窃电案件较为隐蔽，涉及客户较多、涉及的窃电数额较大，为确保案件能够及时有效地查处，取得公安部门的支持，借助法律武器进行打击是必要的保障措施。把案情汇报公安部门后，取得了公安部门的高度重视，先后成立了专班对案件进行侦破，还专门成立了专案小组负责组织协调，并采取了切实有效的办案手段。

一是收集各起案件共同特征，进行并案侦破。公安部门对各起改表窃电客户进行询问侦查，对改表团伙案犯制作了人像拼图。根据嫌疑人特征和改表手法，对案件作出并案侦破的方案。

二是通过广泛收集线索，确定改表团伙嫌疑人。公安部门通过侦查到的改表团伙联系电话和资金账号，派出侦查人员到当地进行侦查，最终锁定了改表团伙主要嫌疑人和嫌疑人的基本信息。

三是通过高压打击态势，通缉改表嫌疑人。针对侦查的情况，公安部门与供电公司召开了多次案情通报会，并针对锁定的改表嫌疑人进行了搜查、网上通缉、悬赏通缉等多种方式的追逃行动。

第九节　电能计量装置的分类与计量器具的配置

一、电能计量装置分类

运行中的电能计量装置按其所计量电能量的多少和计量对象的重要程度分 5 类（Ⅰ、Ⅱ、Ⅲ、Ⅳ、Ⅴ）进行管理。

1. Ⅰ类电能计量装置

月平均用电量500万 kW·h 及以上或变压器容量为 10 000kV·A 及以上的高压计费客户、200MW 及以上发电机、发电企业上网电量、电网经营企业之间的电量交换点、省级电网经营企业与其供电企业的供电关口计量点的电能计量装置。

2. Ⅱ类电能计量装置

月平均用电量100万 kW·h 及以上或变压器容量为 2000kV·A 及以上的高压计费客户、100MW 及以上发电机、供电企业之间的电量交换点的电能计量装置。

3. Ⅲ类电能计量装置

月平均用电量10万 kW·h 及以上或变压器容量为 315kV·A 及以上的计费客户、100MW 以下发电机、发电企业厂（站）用电量、供电企业内部用于承包考核的计量点、考核有功电量平衡的 110kV 及以上的送电线路电能计量装置。

4. Ⅳ类电能计量装置

负荷容量为 315kV·A 以下的计费客户、发供电企业内部经济技术指标分析、考核用的电能计量装置。

5. Ⅴ类电能计量装置

单相供电的电力客户计费用电能计量装置。

二、电能计量装置的接线方式

电能计量装置的接线方式按被测电路的不同分为单相、三相三线、三相四线；按电压和电流的高低或大小分为直接接入和经互感器接入方式。常用的几种接线有：单相电路有功电能的测量接线、三相三线电路有功电能的测量接线、三相四线电路有功电能的测量接线、三相有功和无功电能的联合测量接线。

（1）接入中性点绝缘系统的电能计量装置，应采用三相三线有功、无功电能表。接入非中性点绝缘系统的电能计量装置，应采用三相四线有功、无功电能表或三只感应式无止逆单相电能表。

当采用三只感应式单相电能表接入非中性点绝缘系统时，应配置无止逆装置的单相感应式电能表。因为有单相电焊机接入回路时，一相的电流方向可能会反向，该相的电能表要出现反转，这属正常现象，计量的电能应为三只单相感应式电能表电量的代数和，若有止逆则会造成计量不准。

一般电子式单相电能表的工作原理是：无论电流方向正或反，电能表都计量，且记录的电量是累加的。当出现类似于上述单相电焊机负荷时，计量的电能就变为三只单相电子式电能表电量的绝对值和，则造成多计电量。所以，不应采用电子式单相电能表。

（2）接入中性点绝缘系统的三台电压互感器，35kV 及以上的宜采用 Y/y 方式接线；35kV 以下的宜采用 V/V 方式接线。接入非中性点绝缘系统的三台电压互感器，宜采用 Y_0/y_0 方式接线。其一次侧接地方式和系统接地方式相一致。

（3）低压供电，负荷电流为 50A 及以下时，宜采用直接接入式电能表；负荷电流为 50A 以上时，宜采用经电流互感器接入式的接线方式。

直接接入式电能表的额定最大电流超过 60A 时，接线端子易过热受损。因此，低压供电线路的负荷电流为 50A 及以下时，宜选用额定最大电流不大于 60A 的直接接入式电能表；当线路负荷电流大于 50A 时，宜选用经互感器接入式的电能表。

（4）对三相三线制接线的电能计量装置，其两台电流互感器二次绕组与电能表之间宜采用四线连接。对三相四线制连接的电能计量装置，其三台电流互感器二次绕组与电能表之间宜采用六线连接。

当三相三线制接线采用简化三线连接方式时，在公共导线中流过 U 相和 W 相的合成电流，在公共导线电阻上产生压降，与 U 相和 W 相电流互感器原有的二次负荷压降相叠加，使 U 相和 W 相电流互感器实际二次负荷总量的大小和功率因数发生很大变化，其实际计量误差与试验室检定结果有较大的差别，即引入了计量附加误差。所以，不推荐采用简化三线连接方式。三相四线制接线的电能计量装置，其三台电流互感器二次绕组与电能表之间推荐采用六线连续，主要原因是常用的简化四线方式连接不利于查出错误接线。

三、计量器具准确度等级

（1）各类电能计量装置应配置的电能表、互感器的准确度等级不应低于表 6-1 所示值。

表 6-1 　　　　　　　准 确 度 等 级

电能计量装置类别	准 确 度 等 级			
	有功电能表	无功电能表	电压互感器	电流互感器
Ⅰ	0.2S 或 0.5S	2.0	0.2	0.2S 或 0.2*）
Ⅱ	0.5S 或 0.5	2.0	0.2	0.2S 或 0.2*）
Ⅲ	1.0	2.0	0.5	0.5S
Ⅳ	2.0	3.0	0.5	0.5S
Ⅴ	2.0	—	—	0.5S

*） 0.2级电流互感器仅指发电机出口电能计量装置中配用。

1）在电能计量装置中广泛应用 S 级电流互感器（宽量限电流互感器），Ⅰ和Ⅱ类电能计量装置中应用宽负荷的 S 级电能表。

随着电子技术、计算机技术的发展，电子式电能表制造工艺水平的提高，电子式电能表产品的准确度等级已达到 0.2S，已具备提高Ⅰ类电能计量装置准确性的必备条件。将Ⅰ类电能计量装置中电能表的准确度等级提高到 0.2S，且目前国内电能表生产厂家已能制造 S 级电能表（S 级电能表与普通电能表的主要区别在于小电流时的要求不同，普通电能表 $5\%I_b$ 以下没有误差要求，而 S 级电能表在 $1\%I_b$ 即有误差要求，提高了电能表轻负荷的计量特性）。

2）实践证明，多数电能计量点的电力负荷变动较大，为保证计量的准确性，则要求电能计量装置具有更宽的准确计量范围，特别是轻负荷、季节性负荷以及有冲击性负荷的电能计量点就更需要配置高动热稳定、宽量限的互感器和宽负荷的 S 级电能表。因此，提高电能计量装置的准确度等级配置不仅必要，且是可行的。

（2）Ⅰ、Ⅱ类用于贸易结算的电能计量装置中电压互感器二次回路电压降应不大于其额定二次电压的 0.2%；其他电能计量装置中电压互感器二次回路电压降应不大于其额定二次电压的 0.5%。

目前Ⅰ类和Ⅱ类电能计量装置中一般都采用静止式电能表（功耗较小），再结合改造计量二次回路、就地安装电能表等措施的综合应用，即可将电压互感器二次回路电压降减小到额定二次电压的 0.2% 以下。

四、电能计量装置的配置原则

（1）贸易结算用的电能计量装置原则上应设置在供用电设施产权分界处；在发电企业上网线路、电网经营企业间的联络线路和专线供电线路的另一端应设置考核用电能计量装置。

（2）Ⅰ、Ⅱ、Ⅲ类贸易结算用电能计量装置应按计量点配置计量专用电压、电流互感器或者专用二次绕组。电能计量专用电压、电流互感器或专用二次绕组及其二次回路不得接入与电能计量无关的设备。

（3）计量单机容量在100MW及以上发电机组上网贸易结算电量的电能计量装置和电网经营企业之间购销电量的电能计量装置，宜配置准确度等级相同的主、副两套有功电能表。

采用主、副两套有功电能表是为了保证电能计量的准确、可靠，也是国际上对重要电能计量装置管理的先进经验。

（4）35kV以上贸易结算用电能计量装置中电压互感器二次回路，应不装设隔离开关辅助接点，但可装设熔断器；35kV及以下贸易结算用电能计量装置中电压互感器二次回路，应不装设隔离开关辅助接点和熔断器。

（5）安装在客户处的贸易结算用电能计量装置，10kV及以下电压供电的客户，应配置全国统一标准的电能计量柜或电能计量箱；35kV电压供电的客户，宜配置全国统一标准的电能计量柜或电能计量箱。

（6）贸易结算用高压电能计量装置应装设电压失压计时器。未配置计量柜（箱）的，其互感器二次回路的所有接线端子、试验端子应能实施铅封。

（7）互感器二次回路的连接导线应采用铜质单芯绝缘线。对电流二次回路，连接导线截面积应按电流互感器的额定二次负荷计算确定，至少应不小于 $4mm^2$。对电压二次回路，连接导线截面积应按允许的电压降计算确定，至少应不小于 $2.5mm^2$。

（8）互感器实际二次负荷应在25%～100%额定二次负荷范围内；电流互感器额定二次负荷的功率因数应为0.8～1.0；电压互感器额定二次负荷的功率因数应与实际二次负荷的功率因数接近。

（9）电流互感器额定一次电流的确定应保证其在正常运行中的实际负荷电流达到额定值的60%左右，至少应不小于30%。否则应选用高动热稳定电流互感器以减小变比。

（10）为提高底负荷计量的准确性，应选用过载4倍及以上的电能表。

为适应各种客户的需要，常常要求电能表能在较宽的负荷范围内工作。感应式电能表一般要求从轻载到 I_{max} 都应有较好的误差特性。随着感应式电能表制造技术的发展，电能表的过载倍数不断得到提高，过载4倍以上的电能表在国际上已经得到了广泛应用。目前我国制造过载4倍的感应式电能表的技术已比较成熟。另外，电子式电能表的过载倍数很容易做得更高。电能表过载倍数越高，电能计量装置准确计量的负荷范围就越宽。同时，当客户负荷增长后，可减少更换电能表的工作量。

（11）经电流互感器接入的电能表，其标定电流宜不超过电流互感器额定二次电流的30%，其额定最大电流应为电流互感器额定二次电流的120%左右。直接接入式电能表的标定电流应按正常运行负荷电流的30%左右进行选择。

（12）执行功率因数调整电费的客户，应安装能计量有功电量、感性和容性无功电量的电能计量装置；按最大需量计收基本电费的客户应装设具有最大需量计量功能的电能表；实行分时电价的客户应装设复费率电能表或多功能电能表。

（13）带有数据通信接口的电能表，其通信规约应符合 DL/T645 的要求。

（14）具有正、反向送电的计量点应装设计量正向和反向有功电量以及四象限无功电量的电能表。

复 习 思 考 题

一、填空题

（1）电能表按工作原理可分为＿＿＿＿、＿＿＿＿等。

（2）电能表按相线可分为＿＿＿＿、＿＿＿＿和＿＿＿＿。

（3）感应式电能表测量机构的驱动元件包括＿＿＿＿和＿＿＿＿。

（4）电能表转盘要求＿＿＿＿好、＿＿＿＿轻、不易变形，通常采用＿＿＿＿制成。

（5）电压互感器与变压器相比，二者在＿＿＿＿没有什么区别，电压互感器相当于普通变压器处于＿＿＿＿运行状态。

二、选择题

（1）在一定时间同累积＿＿＿＿的方式来测得电能的仪表称为有功电能表。

（a）有功电能 （b）瞬间功率 （c）平均功率 （d）电量

（2）铭牌标志中 5(20) A 的 5 表示＿＿＿＿。

（a）基本电流 （b）负荷电流

（c）最大额定电流 （d）最大电流

（3）有功电能表的计量单位是＿＿＿＿，无功电能表的计量单位是＿＿＿＿。

（a）kWb （b）kW·h （c）kvgh （d）kvar·h

（4）三相三线有功电能表能准确测量＿＿＿＿的有功电能。

（a）三相三线电路 （b）对称三相四线电路 （c）不完全对称路

（5）在三相对称电路中不能准确测量无功电能的三相电能表＿＿＿＿。

（a）正弦型三相无功电能表 （b）60°三相无功电能表

（c）跨相 90°接线的三相有功电能表 （d）三相有功电能表

（6）当三相三线电路的中性点直接接地时，宜采用＿＿＿＿的有功电能表测量有功电能。

（a）三相三线 （b）三相四线

（c）三相三线或三相四线 （d）三相三线和三相四线

（7）如果一只电能表的型号为 DSD9 型，这只表应该是一只＿＿＿＿。

（a）三相三线多功能电能表 （b）三相预付费电能表

（c）三相最大需量表 （d）三线复费率电能表

（8）电压互感器使用时应将其一次绕组＿＿＿＿接入被测线路。

（a）串联 （b）并联 （c）混联

（9）电流互感器工作时相当于普通变压器＿＿＿＿运行状态。

（a）开路 （b）短路 （c）带负荷

三、问答题

（1）电能表按其用途可分为哪些类型的电能表？

（2）电能表按其结构可分为哪几类电能表？

（3）改表窃电的主要形式有哪些？

（4）改表窃电的主要特点有哪些？

（5）简要说明电压互感器的基本工作原理。

（6）为什么三相三线计量方式可以准确计量变压器中心点不接地系统的电量？

（7）三相三线相位差 60°型无功电能表为什么能计量三相三线电路中的无功电能？

四、计算题

一台额定二次电流 5A 的电流互感器，一次绕组为 5 匝，二次绕组为 150 匝，其电流比为多少？要将上述互感器改为 50/5，其一次绕组要改为多少匝？

五、绘图题

（1）绘出三相三线有功电能表经电流、电压互感器接入的接线图。

（2）画出跨相 90°三相四线无功电能表的接线图。

第七章 安 全 运 行 与 管 理

　　安全生产是我国的一项基本国策，是保证经济建设持续稳定、协调发展和社会安定的基本条件，也是社会文明进步的重要标志。《中华人民共和国电力法》指出，电力企业应当加强安全生产管理，坚持安全第一、预防为主的方针，建立、健全安全生产责任制度。为了确实保障职工在生产中的安全和健康以及电力系统供配电系统设备的安全运行，电力企业制定了各种有关电力生产安全运行的规程和制度。各单位的领导干部和电气工作人员必须严格执行各项规程和制度，各级领导必须以身作则，充分发动和依靠群众。要发挥安全监察机构和群众性安全组织的作用，严格监督各规程的执行，确保电力企业的安全生产，使电力企业发挥社会效益和提高企业的经济效益。

第一节 运 行 维 护

　　为保证企业的电气设备安全运行，应经常对运行中的电气设备进行运行维护。设备运行指的是对运行中的设备进行的日常管理，设备管理指的是对运行中的设备进行的技术管理。

一、设备运行

　　在电气设备运行中，应经常利用其运行参数分析设备的运行状况，发现运行中出现问题时，要及时采取措施进行处理，为此应建立以下各项制度。

　　（1）值班制度。对运行中的电气装置，应设有专人或兼职人员进行值班，其职责是监视装置的各项运行参数，如电压、电流、温度、声音等。若发现有超出正常运行条件的变化等问题时，应及时采取措施进行处理，使电气装置在规定的条件下运行。

　　（2）运行记录制度。值班人员实行每日24h值班制，值班时按正点将规定记录的运行参数和发生的变化记录下来，以便作为运行中问题和事故分析的依据。

　　（3）运行分工专责制。运行中的设备，要根据其复杂程度分成若干单元，按值班人员的技术高低和职责范围，分工负责进行检查。

　　（4）资料管理制度。建立专门机构，整理分析运行资料，并提出保障安全运行改进的措施。

　　（5）现场安全操作规程、运行规程和各种保证安全运行的制度。此类制度是值班人员规范安全操作的重要保障。应经常组织运行人员学习和考试，也可采取事故演习等反事故措施来防止误操作事故的发生。

　　（6）缺陷管理制度。发现缺陷要登记、上报，并指定人员及时处理，缺陷消除后再记录处理情况。

二、设备管理

　　电气设备的运行管理通常采用建立设备档案、用各种手段监视设备的本体状况等方式。从历史对照分析中及时地发现设备缺陷，有针对性地采取措施来防止设备事故的发生。

　　设备管理工作是一项复杂、细致而又繁琐的工作。首先要对每台设备建立技术历史档案

（包括设备的绝缘和运行参数的变化等），以便掌握设备的动态状况。通过对设备的运行监视和定期试验，及时提出维修或更改计划。其次应定期组织各级运行人员、检修人员和技术人员进行设备的技术鉴定，并制订检修计划，使设备经常保持良好的状态。

（一）经常进行技术监测

对设备的健康状况进行经常性的技术监测是保证安全运行的有力手段。对各种安全装置也应定期进行监测，以发挥其安全作用。通常把这项工作叫做运行中的四大监督，即绝缘监督、油务监督、继电保护监督和仪表监督。

1. 绝缘监督

电气设备的绝缘监督重点是电力变压器、电动机和断路器等主要设备。加强绝缘监督更有预先发现设备缺陷的可能。

绝缘监督的方法是：定期进行绝缘预防性试验和各种检查（包括测量绝缘电阻、测量介质损失角、做泄漏电流试验等），确定设备目前的状况；将测试结果与该台设备的历史记录作比较，从其上升或下降的趋势和速度来预测以后的变化情况。这是一种科学的方法，为使绝缘监督准确，必须注意保持与历史试验条件、试验方法和检测设备的一致性。

2. 油务监督

多油设备是利用油作主要绝缘介质的，如变压器和油断路器等。采用这类设备时，要对绝缘油的优劣进行监视，从中可直接发现本体绝缘的好坏。有些局部性故障，如变压器内部偶尔放电、铁芯局部发热，在做本体绝缘试验时不一定能发现，但通过分析油中杂质和做溶解气体成分的色谱分析后，则容易发现和判断以上问题是否存在以及问题的性质。

3. 继电保护监督

继电保护对电气设备安全运行起到重要作用，它随时做好切除故障设备的准备。因此，要有专人负责管理，定期进行检验和调整，以保证正确动作的可靠性。

对继电保护装置的监督，主要是按规定的试验周期进行定期校验。一般企业继电保护装置，每1～2年要校验其整定值，并进行动作跳闸试验，以检验其可靠性。当一次接线和运行参数有变化时，还应重新计算和调整新整定值。

继电保护在事故跳闸后的复试检查是提高动作正确率的关键，所以在发生事故后，一定要分析继电保护装置的动作是否正确，这是一项极为重要的工作。

继电保护的校验要按调试规程进行，并有详细的调试记录。对历史资料要妥善保管，并作好分析。这样才能充分发挥继电保护的监督作用。

4. 仪表监督

电气装置上安装的各种测量仪表能及时反映设备运行中的各种参数，测量数据的正确与否对运行是十分重要的，所以要求各种表计指示正确。为此，必须做好以下几点。

（1）根据需要装设测量各种有关参数的仪表，如电压、电流、温度、频率、有功功率表等。仪表装设的方向与高度要方便值班人员随时监视和抄表。

（2）选用的仪表规范要适合现场需要，并和相应的互感器变比相一致。为使仪表安全准确读数，在正常运行中的最小指示数值不小于表面刻度的 $1/2$，并且最大指示数值不大于表面刻度的 $4/5$。

（3）每年校验一次，使其准确度在标准之内，同时检查其接线是否松动。及时调换不能满足以上要求的仪表和相应的互感器等附件。

（二）组织重点突出的技术检查

每年应根据季节等特点组织专题技术检查，有效地防止事故的发生。

（1）每年在雷雨季之前应组织防雷检查和检修，重点检查防雷设施和接地装置，做好设备绝缘监测和绝缘子清扫等工作。

（2）夏季到来之前应进行降温、防风、防雨和防汛等检查。重点检查设备是否过负荷、温度是否过高、通风装置是否良好等。线路杆塔、拉线、导线等有无缺陷和可能受洪水、大风的影响。室内配电装置的防雨、防溅水等设施是否良好，在高温、潮湿的场合还应检查暂停设备和备品备件的绝缘情况等。

（3）应组织防冻、防风的检查。南方地区在冬季进行，黄河以北地区应在秋季进行。重点是设备防冻措施的落实、取暖装置的检查、设备出力与所预计的冬季高峰负荷能否适合等。

（4）注意对防止小动物措施的检查。检查各种防止小动物措施是否落实，配电室通向室外的孔、洞、电缆沟、下水道等都应封闭，破损的门窗、铁丝应修复。

（三）电气设备的管理

加强设备管理工作，及时掌握设备动态，这是保证安全用电的一项重要措施。一般企业可从以下几点进行。

（1）设备的技术管理包括对技术资料的管理，主要电气设备除应有出厂资料、安全调试资料、历次电气试验和继电保护校验记录外，还应有设备缺陷管理、设备事故分析等记录。应有专人负责定期检查设备，发现设备缺陷应及时修理，消除隐患。

（2）电气设备应按国家标准定期进行预防性试验，检查其试验方法、操作过程和仪表的准确度是否合乎要求等。对具有试验能力的客户，可充分发挥其作用，批准其为自试单位（并指定专责人），将其作为供电系统绝缘监督网的一部分。

（四）运行管理

加强运行管理，严格执行安全制度是防止误操作事故的有效措施。做好各种运行记录，为分析情况提供可靠的科学依据，因此必须认真细致地做好这项工作。运行管理工作包括如下几个方面。

（1）电气运行日志按时抄记。字迹要清楚，数据要齐全，记录应准确。值班日志上要注明运行方式、安全情况和运行不正常现象等。另外，交接班签名应写清楚，记录表内不应记录与运行无关的事情。

（2）事故处理的记录要清楚。包括事故记录、缺陷记录、处理操作记录等都应清楚明确。其中应有时间、设备部位、处理经过、处理结果、当事人签名及上级领导批示等事项。

（3）保持各种图表的正确与完整。一次接线图、二次回路图、操作模拟板等是否与现场相符并保持完整。

（4）明确岗位责任制。各有关人员是否明确各岗位的职责分工和管辖设备区域分工等。

（5）现场规程应齐全，内容应切合实际。检查执行工作票制度、操作票制度、交接班制度、巡回检查制度、缺陷管理制度及现场整修制度等是否认真和规范，检查两票的合格率上升还是下降等。

（6）检查继电保护整定值是否与电力系统调度下达的定值相符。

三、现场巡视检查注意事项

到客户现场进行设备巡视检查，应由客户电气负责人陪同并切实注意以下几点。

（1）不允许进入运行设备的遮栏内。

（2）人体与带电部分要保持足够的、符合规程的安全距离。

（3）一般不要接触运行设备的外壳，如需要触摸时，应先确定其外壳接地线是否良好。

（4）对运行中的开关柜、继电保护盘等巡视检查时，要注意防止误碰跳闸按钮等。

第二节　安全组织措施与技术措施

为了保证在高压线路和电气设备上工作人员的作业安全，《电业安全工作规程》制定了保证安全的组织措施与技术措施，明确了作业安全的技术规范。

一、安全组织措施

安全组织措施包括工作票制度、工作许可制度、工作监护制度、工作间断、转移与终结制度和恢复送电制度等。

（一）工作票制度

工作票是准许工作人员在电气设备或线路上作业的书面命令和工作凭证。根据工作性质、工作范围的不同，可分为第一种工作票和第二种工作票。第一种工作票适用于在高压电气设备、线路上和二次回路上需要全部停电或部分停电作业的工作。第二种工作票适用于带电作业和在二次回路上无需将高压设备停电的工作。

电气工作票制度中涉及到 4 类人员：工作票签发人、工作负责人（监护人）、工作许可人和检修工作人员。

（1）工作票签发人由技术人员或熟悉生产技术的部门领导担任。工作票由工作票签发人填写，签发人对作业的必要性和安全性、所派工作负责人和工作人员是否恰当、安全措施是否完备负责。

（2）工作负责人一般由班组长或部门领导指派人员担任。工作负责人对作业的组织和安全措施的落实负责，并担负现场指导和安全工作。工作签发人不能同时担任该项目的工作负责人。

（3）工作许可人由对现场设备熟悉、有运行经验的电气运行值班人员担任。工作许可人负责审核和具体落实工作票的安全措施。对无人值守的变电站，可由巡检操作人员担任。

（4）检修工作人员是检修作业的具体执行人。检修工作人员应严格遵守现场有关安全的规定，接受工作负责人的指导和监督，保证检修作业的安全进行。

另外，工作票具有有效期，以批准的检修期为限。紧急事故处理可不填写工作票，但应履行工作许可手续，做好必要的安全措施。根据规程规定，一些工作可以采用口头或电话命令，但是需要进行清晰的记录。

（二）工作许可制度

工作许可制度是落实安全措施、加强安全工作责任感的一项重要制度。工作许可人在检修作业前，应对作业内容和安全措施逐一进行审查落实，并与工作负责人一起检查工作场所的安全措施，确认无误后，向工作负责人做安全交底，方准许进行检修作业。

为确保安全措施的落实，在办理好工作票后，还需履行工作许可手续，具体内容如下。

（1）工作许可人对工作票进行全面审查，审查所列安全措施是否正确完备、是否符合现场条件等。若有疑问，应向工作票签发人询问清楚或做详细补充，必要时要求重新填写。

（2）工作许可人确认工作票合格后，根据工作票所列的安全措施逐一进行布置。

（3）开始作业之前工作许可人与工作负责人应到现场检查安全措施。对已停电的待维修设备，工作许可人以手触试，证明检修设备确无电压，并向工作负责人指明带电设备的位置和注意事项。

（4）工作许可人和工作负责人确认安全措施无误，分别在工作票上签名后方可由工作人员开始进行维修作业。

需要指出的是：工作许可命令的传递是按"工作许可人→工作负责人→工作人员"路径传递。工作人员不能直接从工作许可人处接受工作许可，任何人不能违反工作许可命令的传递要求。

在维修作业期间，如果需要变更安全措施、作业内容和工作人员，必须遵守以下规定。

（1）工作许可人和工作负责人任何一方不得擅自变更原制定的安全措施，运行值班人员不得变更有关检修设备的运行接线方式。若确有特殊情况需要变动时，应事先取得对方的同意。

（2）若要增加工作内容、扩大作业范围，须由工作负责人通过工作许可人允许，并在工作票上增添工作项目。

（3）若要变更安全措施，须重新填写工作票和重新履行工作许可制度。

（4）若要变更工作人员，须经工作负责人同意。若要变更工作负责人，则须经工作票签发人同意，并由签发人将人员变动情况记录在工作票上。

（三）工作监护制度

工作监护制度用以保证正确的操作，避免发生人身伤害事故。在发电厂、变电站和高压线路上进行检修作业时，除检修设备停电外，周围大都是带电或运行中的设备。如有任何的疏忽大意都会造成人身伤亡事故的发生。因此，执行工作监护制度可使工作人员在作业时得到监护人的指导和监督，及时纠正危及安全的不正确做法，以避免人身伤害事故的发生。

工作监护人一般由工作负责人担任，工作监护人要向工作人员指明带电部位和交待安全措施。工作开始后，工作负责人必须始终在工作现场对工作人员进行安全监护。

维修工作期间，工作监护人的具体工作内容和要求如下。

（1）监护所有工作人员的活动范围，监督工作人员保持与带电部分的安全距离。

（2）监督工作人员正确使用工具，指导运用合适的作业方法和采用安全的工作位置。

（3）发现工作人员有危及安全的行为要立即提出警告并制止，必要时可暂停工作。

（4）监护人因故暂离现场，可指定一位能胜任监护工作的工作人员代理监护工作。若需长时间离开，则应由原工作票签发人同意并做好变更记录。

（5）监护人一般不得兼任其他工作。在确保安全的前提下，才可一边工作一边进行监护。

（6）对有危险和复杂的作业，工作票签发人和工作负责人应根据情况增设专人监护。对非电气工作人员在高压场所工作时也应派专人监护，对有触电危险的作业，实行"一对一"监护。

（7）高压电气设备和线路的检修不得单独作业，也不允许一人滞留在高压场所，工作监护人也不例外。

（四）工作间断、转移与终结制度和恢复送电制度

除上述制度外，电气设备检修作业还要建立工作间断、转移和终结制度，电力线路检修还应建立工作间断制度、工作终结和恢复送电制度。

（1）工作间断分为日内间断和日间间断两种。日内间断指的是因进餐或室外作业时因天气变化等所发生的作业中断，日间间断指的是当日工作时间结束等所发生的作业中断。

（2）日内间断时，工作人员撤离现场，保留安全措施，工作票交由工作负责人保存。间断后继续工作时，不需经过工作许可人的同意。日间间断时，需清扫现场，开放已经封闭的通道，并将工作票交给值班员。次日开工时，需经值班员的同意领回工作票，同时，工作负责人必须重新检查安全措施。

（3）在同一电气连接部分用同一工作票依次在几个工作地点转移工作时，全部安全措施由值班员在开工前一次做完，不需再办理转移手续，但工作负责人需向工作人员重新交代现场安全措施。

（4）工作终结后，需要进行以下工作。

1）清理现场时工作负责人要做细致检查，向值班人员讲清检修项目、已发现的问题、试验结果和可能存在的问题等，并与值班人员共同检查设备状况、有无遗留物件、是否清洁等，然后在工作票上填写工作终结时间并签名。

2）只有在同一停电系统的所有工作票结束，拆除所有接地线、临时遮栏和标示牌，恢复常设遮栏，并得到值班调度员或值班负责人的命令后，方可合闸送电。

二、安全技术措施

安全技术措施包括在全部或部分停电的电气设备或线路上完成必要的停电、验电、装设接地线、悬挂标示牌和装设遮栏等安全措施。

（1）停电必须把各方面的电源完全断开，禁止在未经断路器断开电源的设备上工作。工作人员正常活动和工作时与带电设备之间的安全距离见表7-1。

表7-1　　　　　工作人员正常活动和工作时与带电设备之间的安全距离

电压（kV）	10及以下	20~35	60~110	220
安全距离（m）	0.7	1.0	1.5	3.0

（2）验电时必须用电压等级合适且合格的验电器，在检修设备进出线两侧分别进行各相验电。

（3）装设接地线必须由两人进行，先接接地端，后接导体端。拆接地线时与此顺序相反。

（4）悬挂标示牌、装设遮栏。在一经合闸即可送电到工作地点的断路器和隔离开关的操作手柄上均应悬挂"禁止合闸，有人工作！"的标示牌。

第三节　电气安全用具

电气工作人员在进行维修等作业时必须使用相应的电气安全用具。这些用具不仅能协助工作人员完成工作任务，而且对保护人身安全起着重要作用，例如防止人身触电、电弧灼

伤、高空摔跌等。要充分发挥电气安全用具的保护作用，电气工作人员必须熟悉各种安全用具的性能，并熟练掌握其使用方法。

电气安全用具就其基本作用可分为绝缘安全用具和一般防护安全用具两大类。下面着重介绍这两类安全用具的性能、作用和使用维护方法。

一、电气绝缘安全用具

电气绝缘安全用具是用来防止电气工作人员直接触电的安全用具。它分为基本安全用具和辅助安全用具两种。

基本安全用具是指那些绝缘强度能长期承受设备的工作电压，并且在该电压等级产生内部过电压时能保证人身安全的绝缘工具。基本安全用具可直接接触带电体，如绝缘棒、验电器等。

辅助安全用具是指那些主要用来进一步加强基本安全用具绝缘强度的工具。如绝缘手套、绝缘靴（鞋）、绝缘垫等。辅助安全用具的绝缘强度比较低，不能承受高电压带电设备或线路的工作电压，只能加强基本安全用具的保护作用。因此，辅助安全用具配合基本安全用具使用时，能起到防止工作人员遭受接触电压、跨步电压、电弧灼伤等伤害。但在低压带电设备上，辅助安全用具可作为基本安全用具使用。

（一）基本电气安全用具

这里主要介绍电容型验电器、绝缘棒、绝缘隔板、绝缘罩、携带型短路接地线、个人保安接地线、核相器等基本绝缘安全用具。通过基本绝缘安全用具的形象化介绍，掌握基本绝缘安全用具的正确使用与保管要求。

1. 电容型验电器

电容型验电器是通过检测流过验电器对地杂散电容中的电流，检验高压电气设备、线路是否带有运行电压的装置。

验电器又称测电器、试电器或电压指示器，是检验电气设备、电器、导线上是否有电的一种专用安全用具。当每次断开电源进行检修时，必须先用它验明设备确实无电后，方可进行工作。

电容型验电器一般由接触电极、验电指示器、连接件、绝缘杆和护手环等组成。其结构如图 7-1 所示。

验电器使用与保管应注意如下事项：

（1）使用前根据被验电设备的额定电压选用合适电压等级的合格高压验电器。验电操作顺序应按照验电"三步骤"进行：即在验电前必须进行自检，方法是用手指按动自检按钮，指示灯有间断闪光，同时发出间断报警声，说明该仪器正常，或将验电器在带电的设备上验电，以验证验电器是否良好；然后

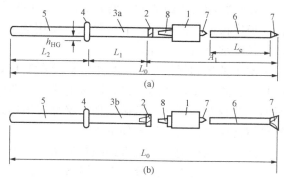

图 7-1　电容型验电器结构

（a）包含绝缘杆的单件式验电器；（b）可组装绝缘杆的分离式验电器

1—指示器（任何类型）；2—限度标志；3—绝缘杆；4—护手；
5—手柄；6—接触电极延长段；7—接触电极；8—连接器
h_{HG}—护手的高度；L_2—手柄长度；L_1—绝缘件的长度；
L_e—接触电极的延长段的长度；L_0—验电器的总长度；
A_1—插入深度（长度）

再在已停电的设备进出线两侧逐相验电；当验明无电后再把验电器在带电设备上复核一下，看其是否良好。

（2）验电时，应戴绝缘手套，验电器应逐渐靠近带电部分，直到氖灯发亮为止，验电器不要立即直接触及带电部分。

（3）验电时，验电器不应装设接地线，除非在木梯、木杆上验电，不接地不能指示者，才可装接地线。

（4）避免跌落、挤压、强烈冲击、振动，不要用腐蚀性化学溶剂和洗涤等溶液擦洗。

（5）不要放在露天烈日下曝晒，验电器用后应存放于匣内，置于干燥处，避免积灰和受潮。

（6）该高压验电器（指示器）使用 SR44 按钮和电池（1.5V）4 节，当按动自检开关时，如指示器强度弱（包括异常）应及时更换电池。

对高压验电器应每半年试验一次。

2. 绝缘棒

绝缘棒又称绝缘杆，也称绝缘拉杆、操作拉杆，是用于短时间对带电设备进行操作或测量的绝缘工具，如用来操作高压隔离开关和跌落式熔断器的分合、安装和拆除临时接地线、放电操作、处理带电体上的异物，以及进行高压测量、试验、直接与带电体接触得等各项作业和操作。

绝缘棒的结构主要由工作部分、绝缘部分和握手部分构成，如图 7-2 所示。

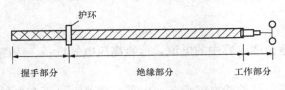

图 7-2　绝缘棒结构

工作部分一般由金属或具有较大机械强度的绝缘材料（如玻璃钢）制成，一般不宜过长。在满足工作需要的情况下，长度不应超过 50～80mm，以免操作时发生相间或接地短路。

绝缘部分和握手部分是用浸过绝缘漆的木材、硬塑料和胶木组成的，两者之间由护环隔开。绝缘棒的绝缘部分须光洁、无裂纹或硬伤，其长度根据工作需要、电压等级和使用场所而定，如 110kV 以上电气设备使用的绝缘棒，其长度部分为 2～3m。

为了便于携带和保管，往往将绝缘棒分段制作，每段端头有金属螺丝，用以相互镶接，也可用其他方式连接，使用时将各段接上或拉开即可。绝缘棒每三个月检查一次。检查时要擦净表面，检查有无裂纹、机械损伤、绝缘层损坏。绝缘棒一般每年必须试验一次。

绝缘棒使用与保管应注意如下事项：

（1）使用绝缘杆前，应检查绝缘杆的堵头，如发现破损，应禁止使用。

（2）雨天、雪天在户外操作电气设备时，操作杆的绝缘部分应有防雨罩。罩的上口应与绝缘部分紧密结合，无渗漏现象，罩下部分的绝缘棒保持干燥。

（3）使用绝缘棒时，操作人员应戴绝缘手套、穿绝缘靴（鞋），人体应与带电设备保持足够的安全距离，并注意防止绝缘杆被人体或设备短接，以保持有效的绝缘长度。

（4）操作绝缘棒时，绝缘棒不得直接与墙或地面接触，以防碰伤其绝缘表面。

（5）绝缘棒应存放在干燥的地方，以防止受潮。一般应放在特制的架子上或垂直悬挂在专用挂架上，以防弯曲变形。

3. 绝缘隔板

绝缘隔板是由绝缘材料制成，用于隔离带电部件、限制工作人员活动范围的绝缘平板。绝缘隔板一般用胶木板、环氧树脂板等绝缘材料制成。其外形多种多样，可根据其不同的用途和要求制成不同的形状。绝缘隔板一般用在部分停电工作中，施工人员与 35kV 及以下线路的距离不能满足安全距离时，则用能承受该电压等级的绝缘隔板将 35kV 及以下线路临时隔离起来，也可用绝缘隔板以防止停电开关的误操作。当开关拉开后，为防止误操作，可在动触头和静触头之间用绝缘隔板将其隔开，使其在发生误操作时也合不上开关，从而保证人身安全。在一个供电回路停电检修时、做交流耐压试验时、在电源断开点的两侧有可能产生电弧时，也可用绝缘隔板来加强绝缘，防止因试验电压产生对带电部分的闪络而发生的事故。绝缘隔板应满足绝缘工具的耐压试验要求。

4. 绝缘罩

绝缘罩是由绝缘材料制成，用于遮蔽带电导体或非带电导体的保护罩。

在高压开关柜检修时，为防止隔离开关拉杆自动脱落或误合而造成事故，以往大都采用绝缘板。但实践证明，由于绝缘板容易滑落和吸潮，放置困难、笨重，安全可靠性能尚难满足要求。隔离开关绝缘罩则是代替环氧隔板的理想的安全隔离工具，采用硅橡胶、PE、PVC 等高分子树脂材料，一次热压成型。检修时，用专用的操作棒套放在隔离开关的动触头上即可，有倒送电可能的，也应考虑在出线侧隔离开关装用此罩，装时在挂地线之前，拆时在拆地线之后。隔离开关绝缘罩在某种程度上比挂接地线更加安全可靠，挂接地线并不能减少事故，只能减小事故的伤害程度而已，唯有加装此罩，才能彻底杜绝事故，如图 7-3 所示。

5. 携带型短路接地线和个人保护接地线

（1）携带型短路接地线。携带型短路接地线是用于防止设备、线路突然来电，消除感应电压，放尽剩余电荷的临时接地装置。

携带型接地线由以下几部分组成（见图 7-4）：

1）专用夹头（线夹）。有连接接地线到接地装置的线夹、连接短路线到接地线部分的线夹和短路线连接到母线的线夹。

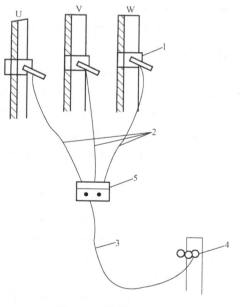

图 7-4 携带型接地线
1、4、5—专用夹头（线夹）；
2—三相短路线；3—接地线

图 7-3 主进隔离开关绝缘罩

2）多股软铜线。其中相同的三根短的软铜线是接向三根相线用的，它们的另一端短接在一起。一根长的软铜线是接向接地装置端的。多股软铜线的截面积应符合短路电流的要求，即在短路电流通过时，铜线不会因产生高热而熔断，且应保持足够的机械强度，故该铜线截面积不得小于 $25mm^2$。铜线截面积的选择应视该接地线所处的电力系统而定。电力系统比较大的，短路容量也大，这时应选择较大截面积的短路铜线。

接地线装拆顺序的正确与否很重要。装设接地线必须先接接地端，后接导体端，且必须接触良好；拆接地线的顺序与此相反。

接地线的使用和保管应注意如下事项：

1）使用时，接地线的连接器（线卡或线夹）装上后接触应良好，并有足够的夹持力，以防短路电流幅值较大时，由于接触不良而熔断或因电动力的作用而脱落。

2）应检查接地铜线和三根短接铜线的连接是否牢固，一般应由螺丝拴紧后，再加焊锡焊牢，以防因接触不良而熔断。

3）装设接地线必须由两人进行，装、拆接地线均应使用绝缘棒和戴绝缘手套。

4）接地线在每次装设以前应经过详细检查，损坏的接地线应及时修理或更换，禁止使用不符合规定的导线作接地线或短路线之用。

5）接地线必须使用专用线夹固定在导线上，严禁用缠绕的方法进行接地或短路。

6）每组接地线均应编号，并存放在固定的地点，存放位置亦应编号。接地线号码与存放位置号码必须一致，以免在较复杂的系统中进行部分停电检修时，发生误拆或忘拆接地线而造成事故。

7）接地线和工作设备之间不允许连接隔离开关或熔断器，以防它们断开时，设备失去接地，使检修人员发生触电事故。

（2）个人保护接地线。个人保护接地线（俗称"小地线"）用于防止感应电压危害的个人用接地装置。

个人保安接地线仅作为预防感应电使用，不得以此代替《国家电网公司电力安全工作规程》规定的工作接地线。只有在工作接地线挂好后，方可在工作相上挂个人保安接地线。

个人保安接地线由工作人员自行携带，凡在 110kV 及以上同杆塔并架或相邻的平行有感应电的线路上停电工作，应在工作相上使用，并不准采用搭连虚接的方法接地。工作结束时，工作人员应拆除所挂的个人保安接地线。

6. 核相器

核相器是用于鉴别待连接设备、电气回路是否相位相同的装置，主要用于额定电压相同的两个系统核相定相，以使两个系统具备并列运行条件。

核相器由长度和内部结构基本相同的两根测量杆配以带切换开关的检流计组成。

核相器每六个月应进行一次电气试验。

核相器使用及保管应注意如下事项：

（1）使用核相器前，应检查核相器的工作电压与被测设备的额定电压是否相符，是否超过试验有效期。

（2）使用核相器前，应检查核相器的测量杆绝缘是否完好。

（3）使用核相器时，应戴绝缘手套。

（4）户外使用核相器时，须在天气良好时进行。

（5）核相器应存放在干燥的柜内。

（二）辅助电气安全用具

辅助安全用具有绝缘手套、绝缘靴（鞋）、绝缘垫、绝缘站台和绝缘毯等。

1. 绝缘手套和绝缘靴（鞋）

在操作高压隔离开关、高压保险器或装卸携带型接地线时，除了使用绝缘棒或绝缘夹钳外，还需要使用绝缘手套和绝缘靴（鞋），如图 7 - 5 所示。

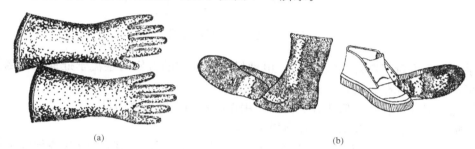

(a)   (b)

图 7 - 5 绝缘手套和绝缘靴（鞋）
（a）绝缘手套；（b）绝缘靴（鞋）

绝缘手套和绝缘靴（鞋）由特种橡胶制成。在低压带电设备上工作时，绝缘手套可作为基本安全用具使用。在任何电压等级的电气设备上工作时，绝缘靴（鞋）作为与地保持绝缘的辅助安全用具。当系统发生接地故障出现接触电压或跨步电压时，绝缘手套起到一定的防护作用。而绝缘靴（鞋）在任何电压等级下都可作为防护跨步电压的基本安全用具。

绝缘手套应有足够的长度，长度应超过手腕 10cm 以上，绝缘手套和绝缘靴（鞋）不得作其他用途。普通的、医疗的和化学用的手套和胶靴不能代替绝缘手套和绝缘靴（鞋）使用。

绝缘手套和绝缘靴（鞋）的使用和保管应注意下列事项：

（1）使用前应进行外部检查有无磨损、破漏、划痕等损伤，绝缘手套还可用吹气卷筒法检查是否有砂眼漏气，有损伤及砂眼漏气的禁止使用。使用绝缘手套时，最好先戴上一双棉纱手套，夏天可防止出汗，冬天可以保暖。若出现橡胶被弧光熔化，棉纱手套还可防止灼烫手指。

（2）绝缘手套和绝缘靴（鞋）应定期进行试验。试验标准按高压试验规程进行。试验合格应有明显标志并注明试验日期。

（3）使用后应擦净、晾干，在绝缘手套上还应洒一些滑石粉，以免粘连。绝缘手套和绝缘靴（鞋）应存放在通风阴凉的专用柜子里。温度保持在 5～20℃，湿度在 50%～70%时最为合适。

（4）不合格的绝缘手套和绝缘靴（鞋）不应与合格的混放在一起，以避免错拿使用。

2. 绝缘垫和绝缘毯

绝缘垫和绝缘毯由特种橡胶制成，表面有防滑槽纹。如图 7 - 6 所示为绝缘垫及试验接线。

绝缘垫一般用来铺在配电装置室的地面上，用以提高操作人员对地的绝缘程度，防止接触电压和跨步电压对人体的伤害。在低压配电室地面铺上绝缘垫，工作人员站在上面可不使

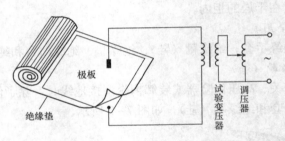

图 7 - 6　绝缘垫及试验接线

用绝缘手套和绝缘靴（鞋）。在发电机、电动机滑环处和励磁机的整流子处铺上绝缘垫，在维护时可不必穿绝缘靴（鞋）。

　　绝缘毯一般铺设在高、低压开关柜前，用作固定的辅助安全用具。

　　绝缘垫和绝缘毯使用及保管应注意以下事项：

　　（1）在使用过程中，应保持绝缘垫干燥、清洁，注意防止与酸、碱及各种油类物质接触，以免受腐蚀后老化、龟裂或变黏，降低其绝缘性能。

　　（2）绝缘垫应避免阳光直射或锐利金属划刺，存放时应避免与热源（暖气等）距离太近，以防急剧老化变质，绝缘性能下降。

　　（3）使用过程中要经常检查绝缘垫有无裂纹、划痕等，发现有问题时要立即禁用并及时更换。

　　3. 绝缘站台

　　绝缘站台如图 7 - 7 所示，台面用直木纹、无节疤的干燥木条或木板制成，用以代替绝

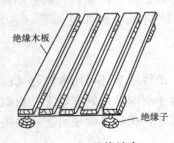

图 7 - 7　绝缘站台

缘垫或绝缘靴（鞋）。用木条制成的绝缘站台，木条间距不大于 2.5cm，以免靴（鞋）跟陷入。台面尺寸最小 0.8m×1.5m，最大不宜超过 1.5m×1.5m。台面边缘不得超出绝缘子以外，以防止绝缘台倾倒，摔伤作业人员。绝缘子高度不小于 10cm。

　　绝缘站台使用及保管应注意以下事项：

　　（1）绝缘台多用于变电站和配电室内。如用于户外，应将其置于坚硬的地面，不应放在松软的地面或泥草中，以避

免台脚陷入泥土中造成站台面触及地面而降低绝缘性能。

　　（2）绝缘台的台脚绝缘子应无裂纹、破损，木质台面要保持干燥清洁。

　　（3）绝缘台使用后应妥善保管，不得随意登、踩或作板凳坐用。

　　绝缘站台每三年做一次试验，试验电压为 40kV，时间为 2min。

　　二、一般防护安全用具

　　为了保证电力工作人员的安全和健康，除上述基本和辅助安全用具之外，还可使用一般性防护安全用具，如安全带、安全帽、脚扣、梯子、安全绳、防静电服（静电感应防护服）、防电弧服、安全自锁器、速差自控器、防护眼镜、过滤式防毒面具、正压式消防空气呼吸器、SF_6 气体检漏仪、氧量测试仪、遮栏、标示牌、安全牌等防护安全用具。通过防护安全用具的形象化介绍，掌握防护安全用具正确使用与管理要求。

一般防护安全用具主要用于防止停电检修的设备突然来电而发生触电事故，或防止工作人员走错间隔、误登带电设备、电弧灼伤和高空跌落等事故的发生。这种安全用具虽不具备绝缘性能，但对保证电气工作的安全是必不可少的。

（一）安全带

安全带是高空作业工人预防坠落伤亡的防护用品。

1. 安全带结构

安全带由带子、绳子和金属配件组成。根据作业性质的不同，其结构形式也有所不同。

安全带和绳目前多以锦纶为主要材料。电工围杆带可用黄牛革制作，金属配件用普通碳素钢或铝合金钢制作。安全带的腰带和保险带、绳应有足够的机械强度，材质应有耐磨性，卡环（钩）应具有保险装置。保险带、绳使用长度在 3m 以上的应加缓冲器。安全带的试验周期为半年。

2. 安全带使用与保管

（1）安全带使用前，必须作一次外观检查：①组件完整、无短缺、无伤残破损；②绳索、编带无脆裂、断股或扭结；③金属配件无裂纹、焊接无缺陷、无严重锈蚀；④挂钩的钩舌咬口平整不错位，保险装置完整可靠；⑤铆钉无明显偏位，表面平整。如发现上述者，应禁止使用，平时不用时也应一个月作一次外观检查。

（2）安全带应系在牢固的物体上，禁止系挂在移动或不牢固的物件上。不得系在棱角锋利处。安全带要高挂和平行拴挂，严禁低挂高用。在杆塔上工作时，应将安全带后备保护绳系在安全牢固的构件上（带电作业视其具体任务决定是否系后备安全绳），不得失去后备保护。

（3）安全带使用和存放时，应避免接触高温、明火和酸类物质，以及有锐角的坚硬物体和化学药物。

（4）安全带可放入低温水中，用肥皂轻轻擦洗，再用清水漂干净，然后晾干，不允许浸入热水中，以及在日光下曝晒或用火烤。

（5）安全带上的各种部件不得任意拆掉，更换新绳时要注意加绳套，带子的使用期为 3～5 年，发现异常应提前报废。

（二）安全帽

安全帽是用来保护使用者头部或减缓外来物体冲击伤害的个人防护用品。

1. 安全帽的保护原理

安全帽对头颈部的保护基于两个原理：

（1）使冲击载荷传递分布在头盖骨的整个面积上，避免打击一点。

（2）头与帽顶空间位置构成一能量吸收系统，可起到缓冲作用，因此可减轻或避免伤害。

2. 安全帽的使用

（1）使用安全帽前应进行外观检查，检查安全帽的帽壳、帽箍、顶衬、下颚带、后扣（或帽箍扣）等组件应完好无损，帽壳与顶衬缓冲空间在 25～50mm。

（2）安全帽戴好后，应将后扣拧到合适位置（或将帽箍扣调整到合适的位置），锁好下颚带，防止工作中前倾后仰或其他原因造成滑落。

安全帽的使用期限视使用状况而定。若使用、保管良好，可使用 5 年以上。

3. 电报警安全帽

该产品是在普通安全帽的基础上加装了近电报警器，增加了近电报警功能，不影响安全帽的本来功能。当工作人员接近带电体安全距离时，安全帽内近电报警器即自动鸣响报警，警告工作人员此处有电。安全帽报警器灵敏度高，抗干扰能力强，性能可靠。

每次使用电报警安全帽前，选择灵敏开关于高或低挡，然后按一下安全帽的自检开关，若能发出音响信号，即可使用。头戴或手持电报警安全帽检修架空电力线路和用电设备时，在报警距离范围内，若能发出报警声音，表明带电。

使用高压近电报警安全帽检查其音响部分是否良好，不得作为无电的依据。

（三）脚扣

脚扣是攀登电杆的主要工具。脚扣是用钢或合金材料制作的攀登电杆的工具。

脚扣是用钢或合金铝材料制作的近似半圆形、带皮带扣环和脚登板的轻便登杆用具。电杆有木杆和水泥杆两种形式。木杆用脚扣的半圆环和根部均有突起的小齿，以便登杆时刺入杆中起防滑作用；水泥杆用脚扣的半圆环和根部装有橡胶套或橡胶垫来防滑。脚扣有大小号之分，以适应电杆粗细不同之需要。使用脚扣较方便，攀登速度快、易学会，但易于疲劳，适于短时间作业。

脚扣使用注意事项：

（1）脚扣使用前应进行外观检查：

1）金属母材及焊缝无任何裂纹及可目测到的变形；

2）橡胶防滑块（套）完好，无破损；

3）皮带完好，无霉变、裂缝或严重变形；

4）小爪连接牢固，活动灵活。

在不用时，亦应每月进行一次外表检查。

（2）正式登杆前在杆根处用力试登，判断脚扣是否有变形和损伤。

（3）登杆前应将脚扣登板的皮带系牢，登杆过程中应根据杆径粗细随时调整脚扣尺寸。

（4）特殊天气使用脚扣时，应采取防滑措施。

（5）严禁从高处往下扔摔脚扣。

脚扣虽是攀登电杆的安全保护用具，但应经过较长时间的练习、熟练地掌握后，才能起到保护作用。若使用不当，也会发生人身伤亡事故。脚扣应每半年试验一次。

（四）梯子

梯子是工作现场常用的登高工具，分为直梯和人字梯两种，直梯和人字梯又分为可伸缩型和固定长度型，在变电站高压设备区或高压室内应使用绝缘材料的梯子，禁止使用金属梯子。搬动梯子时，应放倒两人搬运，并与带电部分保持安全距离。

登梯作业注意事项：

（1）梯子应能承受工作人员携带工具攀登时的总重量。

（2）梯子不得接长或垫高使用。如需接长时，应用铁卡子或绳索切实卡住或绑牢并加设支撑。

（3）梯子应放置稳固，梯脚要有防滑装置。使用前，应先进行试登，确认可靠后方可使用。有人员在梯子上工作时，梯子应有人扶持和监护。

（4）梯子与地面的夹角应为 65° 左右，工作人员必须在距梯顶不少于 2 挡的梯蹬上工作。

（5）人字梯应具有坚固的铰链和限制开度的拉链。

（6）靠在管子上、导线上使用梯子时，其上端需用挂钩挂住或用绳索绑牢。

（7）在通道上使用梯子时，应设监护人或设置临时围栏。梯子不准放在门前使用，必要时应采取防止门突然开启的措施。

（8）严禁人在梯子上时移动梯子，严禁上下抛递工具、材料。

梯子应每半年试验一次。此外，每个月要对外表进行检查一次，看是否有断裂、腐蚀现象。

（五）安全绳

安全绳是高空作业时必须具备的人身安全保护用品，通常与护腰式安全带配合使用。

安全绳是用锦纶丝捻制而成的，具有质量小、柔性好、强度高等优点，目前广泛应用于送电线路等高处作业中。

根据使用情况的不同，目前常用的安全绳有 2、3m 和 5m 三种。

安全绳的使用与保管应注意以下事项：

（1）每次使用前必须进行外观检查。凡连接铁件有裂纹或变形、锁扣失灵、锦纶绳断股者，都不得使用。

（2）使用的安全绳必须按规程进行定期静荷重试验，并做好合格标志。

（3）安全绳应高挂低用。如果高处无绑扎点，可挂在等高处，不得低挂高用（即安全绳的绑扎点低于作业点）。

（4）绑扎安全绳的有效长度，应根据工作性质而定，一般为 3~4m。如果在 2m 处的高空作业，绑扎安全绳的有效长度应小于对地高度，以便起到人身保护作用。

（5）安全绳用完应放置好，切忌接触高温、明火和酸类物质，以及有锐角的坚硬物等。

安全绳的试验周期为半年。

（六）防静电服

防静电服的全称是静电感应防护服，用于在有静电的场所降低人体电位、避免服装上带高电位引起的其他危害的特种服装。

防静电服是 10~500kV 带电作业用的必备服装，是采用金属纤维与柞蚕丝混纺后与蒙乃尔合金丝并捻交织成布后再做成的服装，具有优良可靠的电气性能和阻燃性能，各项指标均符合 GB/T 6568—2008《带电作业用屏蔽服装》规定的指标。当地电位作业人员穿着后，能有效地保护人体免受高压电场及电磁波的影响。

（七）防电弧服

防电弧服是一种用绝缘和防护的隔层制成的保护穿着者身体的防护服装，用于减轻或避免电弧发生时散发出的大量热能辐射和飞溅融化物的伤害。

（八）安全自锁器、速差自控器和防护眼镜

1. 安全自锁器

安全自锁器能在限定距离内快速制动锁定坠落人，特别适合于攀登作业。当发生坠落时安全绳拉出距离不超过 0.2m，冲击力小于 2949N。控制系统采用经过特殊处理的特种钢，质轻、耐磨、耐腐蚀、抗冲击；外壳采用铝合金，质轻，不老化；安全绳材质为航空钢丝绳，悬挂绳，可与任何有挂点的安全带配套使用。

2. 速差自控器

速差自控器是一种装有一定长度绳索的器件，作业时可不受限制地拉出绳索，坠落时，因速度的变化可将拉出绳索的长度锁定。

3. 防护眼镜

防护眼镜是在维护电气设备和进行检修工作时，保护工作人员不受电弧灼伤以及防止异物落入眼内的防护用具。

（九）过滤式防毒面具和正压式消防空气呼吸器

1. 过滤式防毒面具

过滤式防毒面具（简称"防毒面具"），是用于有氧环境中使用的呼吸器。

（1）使用防毒面具时，空气中氧气浓度不得低于 18%，温度为 $-30℃ \sim 45℃$，不能用于槽、罐等密闭容器环境。

（2）使用者应根据其面型尺寸选配适宜的面罩号码。

（3）使用前应检查面具的完整性和气密性，面罩密合框应与佩戴者颜面密合，无明显压痛感。

（4）使用中应注意有无泄漏和滤毒罐失效。

（5）防毒面具的过滤剂有一定的使用时间，一般为 $30 \sim 100min$。过滤剂失去过滤作用（面具内有特殊气味）时，应及时更换。

2. 正压式消防空气呼吸器

正压式消防空气呼吸器（简称"空气呼吸器"），是用于无氧环境中的呼吸器，如图 7-8 所示。

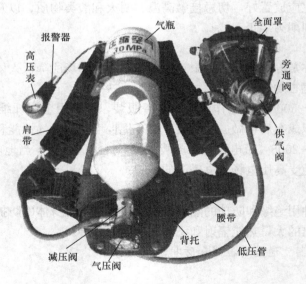

图 7-8 空气呼吸器

该空气呼吸器配有视野广阔、明亮、气密良好的全面罩，供气装置配有体积较小、重量轻、性能稳定的新型供气阀；选用高强度背板和安全系数较高的优质高压气瓶；减压阀装置装有残气报警器，在规定气瓶压力范围内，可向佩戴者发出声响信号，提醒使用人员及时撤离现场。抢险救护人员能够在充满浓烟、毒气、蒸气或缺氧的恶劣环境下安全地进行灭火、抢险救灾和救护工作。

(1) 使用时应根据其面型尺寸选配适宜的面罩号码。

(2) 使用前应检查面具的完整性和气密性，面罩密合框应与人体面部密合良好，无明显压痛感。

(3) 使用中应注意有无泄漏。

(十) SF_6 气体检漏仪和氧量测试仪

1. SF_6 气体检漏仪

SF_6 气体检漏仪主要用来检测环境空气中的 SF_6 气体含量和氧气含量，当环境中 SF_6 气体含量超标或缺氧，能实时进行报警。它独有的微量 SF_6 气体检测技术，能检测到 1000ppm 浓度的 SF_6 气体，不仅可以达到保障人身安全的目的，而且还能确保设备正常运行。

2. 氧量分析仪

氧量分析仪是用在有可燃气体、蒸气与空气形成的爆炸和温度组别 T1～T6 的 1 区、2 区易燃易爆危险场所，对空气、氮气、氢气、氩气等气体中的氧气浓度连续监测的仪器。采用进口高性能电化学式气体传感器和微处理机技术，具有数字显示、上下限报警、标准信号输出及继电器触点报警输出等功能。

(十一) 遮栏

高压设备部分停电检修时，为防止检修人员走错位置，误入带电间隔及过分接近带电部分，一般采用遮栏进行防护。此外，遮栏也用作检修安全距离不够时的安全隔离装置。

遮栏分为栅遮栏、绝缘挡板和绝缘罩三种。遮栏如图 7-9 所示，它是用干燥的绝缘材料制成，不能用金属材料制作。遮栏高度不得低于 1.7m，下部绝缘离地不应超过 10cm。

图 7-9 遮栏

遮栏必须安置牢固，并悬挂"止步，高压危险！"的标示牌。遮栏所在位置不能影响工作，与带电设备的距离不小于规定的安全距离。

在室外进行高压设备部分停电工作时，用线网或绳子拉成临时遮栏。一般可在停电设备的周围插上铁棍，将线网或绳子挂在铁棍或特设的架子上。这种遮栏要求对地距离不小于 1m。

(十二) 标示牌

标示牌的用途是警告工作人员，不得接近设备和线路的带电部分，提醒工作人员在工作地点采取安全措施，以及表明禁止向某设备合闸送电等。标示牌的悬挂和拆除，应按调度员的命令执行。

标示牌按用途可分为禁止类、允许类和警告类三种，如图 7 - 10 所示。

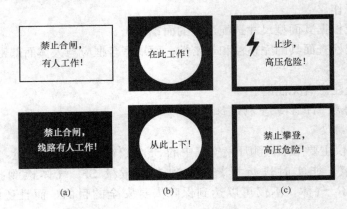

图 7 - 10　标示牌
(a) 禁止类；(b) 允许类；(c) 警告类

1. 禁止类标示牌

禁止类标示牌悬挂在已停电的断路器和隔离开关的操作把手上，防止运行人员误合断路器和隔离开关，将电送到有人工作的设备和线路上。"禁止合闸，有人工作！"标示牌为白底红字，用来悬挂在施工设备的断路器和隔离开关操作把手上；"禁止合闸，线路有人工作！"标示牌为红底白字，用来悬挂在线路的断路器和隔离开关操作把手上。

这类标示牌为长方形，尺寸有 200mm×100mm 和 80mm×50mm 两种。大的悬挂在隔离开关操作把手上，小的悬挂在断路器的操作把手上。

2. 允许类标示牌

允许类标示牌有两种。"在此工作！"标示牌用来悬挂在工作地点或施工设备上。"从此上下！"标示牌悬挂在允许工作人员上下用的铁架或梯子上。此类标示牌的规格均为 250mm×250mm，在绿色的底板中间为一个直径为 210mm 的白色圆圈，文字用黑色标出。

3. 警告类标示牌

警告类标示牌用来提醒工作人员注意有高压危险的地方。"止步，高压危险！"标示牌用来悬挂在施工地点附近带电设备的遮栏上、室外工作地点的围栏上、禁止通行的过道上、高压试验地点以及室内构架和工作地点临近带电设备的栋梁上。"禁止攀登，高压危险！"标示牌用来挂在与工作人员上下铁架临近可能上下的另外铁架上（以防工作人员走错位置）和挂在运行中变压器的梯子上。这类标示牌的规格均为 250mm×200mm，白底红边，文字为黑色。

（十三）安全牌

安全牌是由安全色、几何图形和简易图形构成的告示牌。在生产现场设置了多种安全牌，用以提醒工作人员对危险或不安全因素的注意，预防意外事故的发生。

安全牌有各种类型，电气部分常用的安全牌主要分为三类，如图 7 - 11 所示。

图 7-11 电气部分常用的安全牌
(a) 禁止类；(b) 指令类；(c) 警告类

第四节 保护接地与保护接零

当电气设备的绝缘受到损坏时，金属外壳会处于带电状态，人体若触摸设备外壳往往容易发生接触电压触电事故。为防止此类事故的发生，可采用一些技术防范措施。在低压供电网络中，保护接地和保护接零是经常采用的防止接触电压触电的两种有效防范措施。

一、保护接地

为防止人身因电气设备绝缘损坏而遭受触电，将电气设备的金属外壳与接地体连接，称为保护接地。它是防止接触电压触电的一种技术措施。

保护接地是利用接地装置足够小的接地电阻值，降低故障设备外壳可导电部分对地电压，减小人体触及时流过人体的电流，达到防止触电的目的。

1. 保护接地的适用范围

保护接地适用于中性点不接地的低压供电网络中。在中性点直接接地的低压供电电网中，电气设备不采用保护接地是危险的。采用了保护接地，可以减轻触电的危险程度，但不能完全保证人身安全。

2. 保护接地的作用

中性点不接地系统的保护接地原理如图 7-12 所示。电器设备的外壳未设接地保护时，若出现绝缘等问题使其金属外壳带电，如电动机一相绝缘损坏，带电电压数值接近于相电压，当人体触及设备外壳时，就会发生单相触电事故，如图 7-12 (a) 所示。

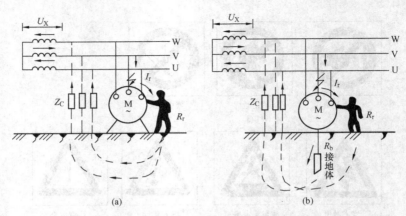

图 7-12　中性点不接地系统的保护接地原理
(a) 无保护接地时；(b) 有保护接地时

当设备装设了接地保护时，如图 7-12 (b) 所示，如果设备外壳带电，接地短路电流将同时沿着人体和接地体与电网对地绝缘电阻形成两条通路，保护接地电阻与人体电阻并联，电流值将与其电阻大小成反比，即

$$\frac{I_r}{I_d} = \frac{R_d}{R_r}(R_d \ll R_r)$$

式中　I_r——流过人体的电流；

I_d——流过接地体的电流；

R_d——接地体的接地电阻；

R_r——人体电阻。

由上式可以看出，接地电阻 R_d 越小，流过人体的电流也越小。所以，只要将 R_d 限制在较小的范围内（<4Ω），触及电动机外壳时流过的人体电流将大大减小，就可减小触电危险，起到保护人身安全的作用。

二、保护接零

为防止人身因电气设备绝缘损坏而遭受触电，将电气设备的金属外壳与电网的零线相连接，称为保护接零，如图 7-13 所示。

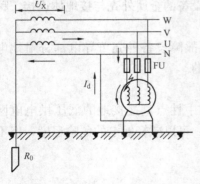

图 7-13　保护接零

1. 保护接零的适用范围

保护接零适用于三相四线制中性线直接接地的低压供电网络中。当采用保护接零时，除电源变压器的中性点必须采取工作接地外，零线要在规定的地点采取重复接地。

2. 保护接零的作用

在电源中性点已接地的三相四线制中，若未采用保护接零措施，电气设备的外壳与地、零线之间没有金属部分连接。当设备出现绝缘击穿使外壳带电时，工作人员触及带电设备外壳就会有触电危险。

若采用保护接零措施，接地短路电流将通过零线构成回路。由于零线阻抗很小，使得单相短路电流很大。此电流大大超过低压断路器和继电保护装置的整定值，或超过熔断器额定电流的几倍至几十倍，从而使线路上的保护装置迅速动作，切断电源，使设备外壳不再带电，起到保护人身安全的作用。

3. 零线的重复接地

在保护接零系统中，只在电源的中性点处接地还是不够安全的。为了防止发生零线断线而失去保护接零的作用，还应在零线的一处或多处通过接地装置与大地连接，即零线的重复接地，如图 7-14 所示。采用了零线的重复接地之后，即使发生零线断线，断线处之后的电气设备相当于采用了保护接地，使其危险性相对减小。

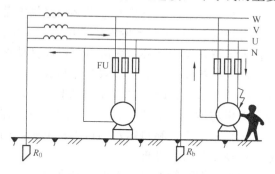

图 7-14 零线的重复接地

若对电气设备的外壳接地或零线的重复接地不十分重视，未按规定设置接地、接零线，或者发现了接地、接零线断股或断线也没有及时处理等，使接地、接零装置存在很大安全隐患或根本尚失其功能，这些都可能带来严重的人身触电事故。

第五节 双电源与自发电客户安全措施

同一客户引进两条回路及以上供电线路，并能将其在内部互相连锁或并列运行的客户称为双电源客户。从电网引入一条供电线路，但客户有独立的自发电厂（自备电源）并能相互切换或并列的客户，也视为双电源客户。

客户需要配备保安电源或备用电源时，供电企业应根据其负荷的重要性、用电容量和供电的可靠性，与客户协商确定。客户重要负荷的保安电源，可由供电企业提供，也可由客户自备。下列情况之一的，客户应自备保安电源。

（1）在电力系统解列或因不可抗拒因素造成供电中断时，仍需保证供电的。

（2）客户自备电源比从电力系统供给电源更为经济合理的。

一、供电企业对双电源客户的管理

（1）双电源客户应与供电公司签订双电源使用协议。需供电企业调度部门调度的客户，应按照双方共同签订的调度协议进行调度和操作。

（2）双电源客户应按要求加装可靠的电源联锁装置，并定期维护和检修。保证其装置的灵敏性和可靠性，能有效地防止向电网反送电。高压双电源客户进线处应带有保护装置的断路器和隔离开关。

（3）用电检查部门应定期检查双电源客户的电源运行方式有否擅自变更的情况，检查变电值班室的专用电话是否畅通等。

（4）当双电源客户投入运行前，用电检查部门应要求客户先对相序进行核查。因为在变电所主接线发生变化、主变压器更换或大修，以及从事某些线路工作都有可能导致相序发生变化，进行相序核查可以防止非同相并列事故的发生。

（5）用电检查人员应督促双电源客户的电气值班人员学习掌握《客户双（多）电源管理

标准》的要求、调度协议内容、设备调度权限的划分、运行方式的有关规定及现场操作规程。

（6）按照调度协议中的条款，双电源客户须向供电企业的调度部门和用电检查部门报送变电值班人员名单。如值班人员发生变动，必须以书面形式通知供电企业的调度部门和用电检查部门。

二、自发电厂（自备电源）的管理

（1）客户装设的自备发电机必须经供电部门审核批准，并签订《自备发电机使用协议》后方可投入运行。《自备发电机使用协议》中除包括供电线路、发电机型号和容量、防反送电技术措施及接线图外，还应有不得向其他客户送电、违约责任等条款。

（2）自备发电机必须经双头刀闸或有闭锁装置的开关接入客户变电站母线，当连接电网的电源开关未断开时，自备发电机不得接入。未经用电检查部门同意，客户不得擅自改变自备发电机与供电系统的一、二次接线，不允许向其他客户供电。

（3）未经审批私自运营的自备发电机，用电检查部门可责成其立即拆除接引线并按《供电营业规则》进行处理。

（4）并网运行的自备发电厂管理遵照《小火电机组建设管理规定》和《小型独立电厂和企业自备电厂管理办法》等执行。

第六节　进网作业电工管理

进入用电单位的受（送）电装置内，从事电气安装、试验、检修和运行等作业的工作、技术与生产管理人员统称为进网作业电工。

为了维护供用电的公共安全，保障电力系统安全经济运行，必须通过加强其管理工作，提高进网作业电工技术素质来实现。电力部门的电工管理分为对进网作业电工的培训、考核、发证和日常管理工作。

1. 对进网作业电工的要求

（1）熟悉电气安全工作规程和现场操作规程，且经当地电力部门培训、考核，并取得《电工进网作业许可证》后，方准许进网作业。

（2）具备必要的电气基本理论知识，熟悉本单位电气设备性能，能完成各种电气操作。

（3）熟悉《电力供应与使用管理条例》及有关供用电的法令、政策，能配合供电部门做好安全用电、计划用电和节约用电工作。

2. 对进网作业电工的培训

进网作业电工必须是年满十八周岁，具有初中及以上文化程度且身体健康、无妨碍从事电工作业的病症和生理缺陷者。进网作业电工必须是工作认真负责、遵章守纪守法的。

对进网作业电工的技术培训内容如下。

（1）电气理论及电力系统运行知识。

（2）电业安全与作业技能。

（3）电业作业的各项规定。

进网作业电工培训时间：低压电工不得少于 100 学时，高压电工不得少于 160 学时，低压电工转高压电工不得少于 60 学时，特种电工不得少于 120 学时。

3. 电工的考核和发证工作

经当地电力部门组织培训期满后，由县（市）以上电力部门组织考核，考试科目为技术培训内容。具有中等及以上电气专业学历人员，经本人申请，县（市）以上电力部门核准认可，可以免除电气理论知识的培训，但考核照例进行。

经考试全部科目合格者，由当地县（市）以上电力部门发给《电工进网作业许可证》。考试不合格者，允许补考一次。补考仍不合格者，应重新进行培训考核。《电工进网作业许可证》由国务院电力主管部门或其授权单位统一监制，由地（市）、县（市）电力部门签发，全国通用。

4. 监督管理工作

电力部门对已取得《电工进网作业许可证》的人员，至少每两年进行一次复核。离开电工作业岗位半年以上，需重新进网作业人员，应对其进行重新考核，合格者方可恢复进网从事作业。

电力部门应建立进网作业电工管理档案，进网作业电工需调动时，应办理转档手续。跨省际作业时，进网作业电工应持证向当地电力部门办理登记手续。

供电部门应协助客户共同加强对电工的管理，指导和帮助客户进行经常性的安全技术教育和反事故演习，督促和检查规章制度的贯彻落实。有下列违反安全操作规程等行为，可视其情节给当事人以批评教育，或吊扣、吊销《电工进网作业许可证》的处罚。

（1）未持证从事进网作业的。

（2）涂改、伪造或转借《电工进网作业许可证》的。

（3）违章作业或违章造成责任事故的。

（4）违反国家有关供用电方针、政策和法规的。

无《电工进网作业许可证》人员从事进网电工作业，或从事的电工作业与证件规定不符的，电力部门应责令当事人停止作业。上述行为如果是所在单位领导指使的，应责令单位领导改正，情节严重的可不予检验接电或中止供电。

用电监察部门还可根据当地具体情况，制定电工安全日活动计划，编制和印发各种学习资料。监察员负责组织安全日的活动，检查活动质量，提高进网电工的技术素质。

复 习 思 考 题

（1）什么是运行中的四大监督？

（2）安全组织措施中有哪几种制度？

（3）什么是工作票制度？执行工作票制度有哪几种方式？

（4）什么是工作许可制度？执行工作许可制度需要履行哪些手续？

（5）电容型验电器、绝缘杆的使用与保管注意事项有哪些？

（6）接地线时应该注意些什么？

（7）核相器与绝缘挡板和绝缘罩都是干什么用的？

（8）安全带、安全帽、脚扣、梯子、安全绳、过滤式防毒面具、正压式消防空气呼吸器如何正确使用？

（9）防静电服（静电感应防护服）、防电弧服、安全自锁器、速差自控器、防护眼镜、

SF₆ 气体检漏仪、氧量测试仪的作用是什么？

　　（10）标示牌和遮栏的作用是什么？

　　（11）保护接地和保护接零的作用是什么？

　　（12）在保护接零系统中，为什么还要进行零线的重复接地？

　　（13）对进网作业电工的要求是什么？

第八章　继电保护与自动装置

在电力系统中继电保护与自动装置是非常重要的二次设备，在防止事故的发生和发展，提高电力系统安全、稳定性以及供电的可靠性，保证电能质量等方面起着重要作用。

继电保护与自动装置与其他的二次设备及回路有着密切的联系。本章先介绍二次回路的有关知识，再介绍继电保护与自动装置。

第一节　二次回路的基本概念

一、二次回路的内容

变电站的电气设备除电力变压器、电力母线、断路器、隔离开关、电力电缆和输电线路等一次设备外还有大量的二次设备。二次设备是对一次设备进行监测、控制、调节和保护的设备，如电气测量及计量仪表、控制及信号器具、继电保护及自动装置、远动装置和操作电源等，各类二次设备及其连接成的网络构成了完成相应功能的二次系统，表示二次设备相互连接的电路称为二次回路或二次接线。

二次回路是实现电力系统安全、可靠、优质、经济运行的重要保障，是变电站电气系统的重要组成部分。

二次回路按功能可划分为测量回路、断路器控制和信号回路、中央信号回路、继电保护和自动装置回路、操作电源回路等。

二、二次回路的图纸和符号

1. 二次回路接线图中常用的图形符号和文字符号

国标对二次回路中的不同功能元件都规定了具有一定特征的图形符号和文字符号，以便在二次接线图的绘制中统一、简洁、形象地表示各元件，不至于发生混淆。常用二次元件的图形符号和文字符号见表8-1、表8-2、表8-3。比如集中表示的电流继电器图形符号中，用方框表示继电器的线圈，其中标注字母 I 表示是电流线圈。与方框用虚线相连接的是继电器的触点，触点的动作取决于线圈电流的大小。电流继电器文字符号为 KA，其后可加数字序号，以区分图中的多个电流继电器。在展开的继电器图形符号中，继电器的线圈和触点是分别表示的，以便画在不同回路，同一继电器的线圈和触点应标注同样的文字符号，以表示其间的联系。

表 8-1　　　　　　　　　　　原理图中常用的图形符号

序　号	图形符号	名　称	序　号	图形符号	名　称
1		电流继电器	3		反时限过电流继电器
2		低电压继电器	4		气体（瓦斯）继电器

序 号	图形符号	名 称	序 号	图形符号	名 称
5	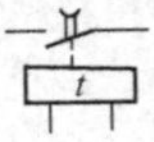	时间继电器	12	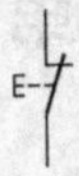 E-ᄀ	动断按钮
6	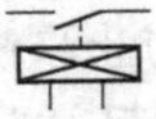	中间继电器	13		接通的连接片
7	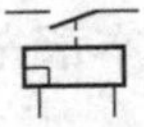	信号继电器	14	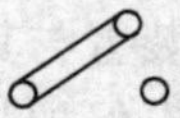	断开的连接片
8	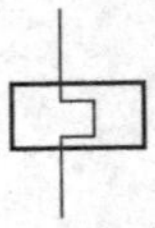	热继电器驱动元件	15	 ⊗	指示灯
9		电铃	16		熔断器
10		蜂鸣器	17		电流互感器
11	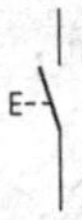 E-\	动合按钮	18		电压互感器

表 8 - 2　　　　　　　　　　　展开图中常用的图形符号

序 号	图形符号	名 称	序 号	图形符号	名 称
1	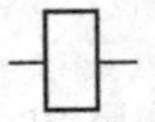	继电器接触器线圈	6		延时断开动合触点
2	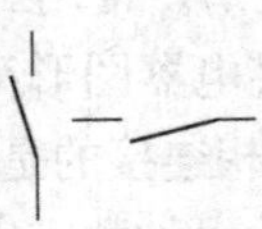	动合触点	7		延时闭合动断触点
3	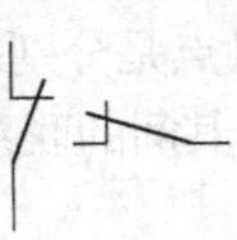	动断触点	8		延时断开动断触点
4	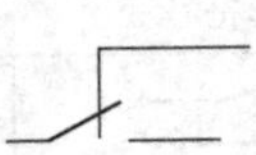	先断后合转换触点	9		延时闭合、延时断开动合触点
5		延时闭合动合触点	10	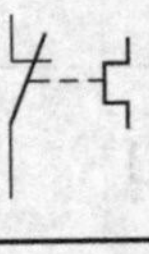	热继电器动断触点

表 8-3   **二次接线图中常用元件及保护装置的文字符号**

序 号	元件名称	文字符号	序 号	元件名称	文字符号
1	电流继电器	KA	24	电阻	R
2	电压继电器	KV	25	连接片	XB
3	时间继电器	KT	26	端子板（切换片）	XT
4	中间继电器、接触器	KM	27	熔断器	FU
5	信号继电器	KS	28	断路器	QF
6	热继电器	KR	29	隔离开关	QS
7	气体继电器（瓦斯）	KG	30	刀开关	QK
8	功率方向继电器	KPD	31	电流互感器	TA
9	差动继电器	KD	32	电压互感器	TV
10	阻抗继电器	KR	33	直流控制回路电源小母线	+WC、-WC
11	信号脉冲继电器	KSP	34	直流信号回路电源小母线	+WS、-WS
12	极化继电器	KP	35	直流合闸电源小母线	+WO、-WO
13	自动重合闸装置	AR	36	预告信号小母线	WW
14	合闸线圈	LC	37	事故音响信号小母线	WFA
15	合闸接触器	KMC	38	电压小母线	WV
16	跳闸线圈	LT	39	闪光母线	WF
17	控制、选择开关	SA	40	电流表	PA
18	一般信号灯	HL	41	电压表	PV
19	红灯	HR	42	电能表	PJ
20	绿灯	HG	43	电容	C
21	光字牌	HP	44	逆变器、整流器	U
22	蜂鸣器、电铃	HA	45	二极管、三极管	V
23	按钮开关	SB			

2. 二次回路图

变电站二次回路图按用途不同一般分为原理接线图、安装图、布置图和解释性图4种。安装图和布置图是表示元件或设备位置关系的图纸，多用于现场安装和接线。原理接线图是表示电气元件或设备连接关系的图纸，解释性图是表示各部分之间功能关系的图纸，他们多用于原理说明和逻辑分析。

（1）原理接线图。原理接线图用于表述二次回路的构成、相互动作顺序和工作原理，有归总式和展开式两种表达形式。

1）归总式原理图（简称原理图）。归总式原理图是一种用整体图形符号表示设备，按电路的实际连接关系绘制的二次回路图纸，简称为原理图。在图8-17（a）所示的电流保护原理图中，各继电器用表8-1所示的整体继电器符号表示，并将二次回路与有关的一次接线画在一起，以整体表达一、二次之间的联系。

原理图能清楚的表达回路的构成和工作原理，但接线交叉多，串并联关系不明显。一般在二次回路初步设计阶段和解释动作原理时采用。

2）展开式原理图。展开式原理图是将各二次设备的线圈与触点分别用图形符号表示，按回路性质分为几部分绘制的图纸，简称为展开图。如图 8-2、图 8-3、图 8-17（b）等所示均为展开式原理图，在图 8-17（b）所示的电流保护展开图中，按不同电源将接线图划分为交流回路、直流回路、信号回路等多个独立部分。图中各继电器的线圈和触点用表 8-2 所示的线圈符号和触点符号分别绘在各自回路中，对于同一继电器的线圈和触点标注相同的文字符号。对同一回路内的线圈和触点按电流通过的路径从左至右排列，各回路按动作顺序或相序自上而下排列。各导线、端子用统一规定的回路编号和标号标注，便于分类查线。

展开图具有回路及元件连接关系清晰，便于回路分析和检查的优点，在实际工作中得到广泛应用。

（2）解释性图。解释性图是除原理图、布置图和安装图以外根据实际需要绘制的图纸。继电保护及自动装置中常用的解释性图有逻辑图和配置图。

逻辑图是将装置各功能部分用标有特定符号或文字的方框表示，各逻辑部分之间仅存在"0"、"1"两状态关系，并用单线按动作逻辑将各部分连接起来，以表示装置的逻辑功能和工作原理的图纸，亦称逻辑框图。如图 8-4、图 8-11 和图 8-14 等所示均为逻辑图。逻辑图隐藏了各功能部分内部的结构和接线，只强调其输入和输出间的逻辑关系及各部分间的激励与响应关系。因此能简洁明了地表示出装置的动作逻辑关系，其广泛应用于集成电路型和微机型装置中。

配置图是将一次设备所配置的各装置用方框表示，与该设备的一次接线画在一起，并用单线与引入装置的电流、电压的互感器相连接，用以说明设备所配装置的图纸，如图 8-39 所示。配置图不但简明、直观地表明设备配有的装置，还示出了装置电气量的测量点。

3. 操作电源

操作电源是为二次系统中各设备和开关的操作提供可靠的工作电源。主要有信号电源、断路器的控制电源以及继电保护、自动装置或自动化系统的工作电源。发电厂及变电站的操作电源主要有交流操作电源和直流操作电源两大类。

（1）交流操作电源。交流操作电源可由所用变压器或电流互感器、电压互感器二次提供。为保证继电保护动作的可靠性，继电保护的跳闸电源主要取自电流互感器。

交流操作电源具有设备简单、价格低廉、维护方便等优点，但为保证继电保护的动作可靠性，对电流互感器的容量要求非常严格；继电保护需采用交流继电器，并且不能构成复杂保护。因此，交流操作电源仅应用于小型变配电所。

（2）直流操作电源。直流操作电源通过＋、一控制小母线（WC）向直流负荷提供 220V（110V）直流电压，并通过（＋）闪光小母线（WF）将闪光装置产生的闪光电压提供给信号灯。直流操作电源有以下三种形式：

1）蓄电池直流操作电源。蓄电池直流操作电源由整流器和蓄电池提供直流电，整流器除将所用交流电整流成直流电外，还起到对蓄电池充电的作用。蓄电池主要有铅酸蓄电池和镉镍蓄电池。

铅酸蓄电池端电压较高（2.15V），冲击放电电流较大，但其寿命短，会产生有害气体，维护麻烦。在变电站中现已不予采用。

镉镍蓄电池虽然端电压较低（1.2V），事故放电电流较小，但其体积小，寿命长，维护方便，无有害气体。现已广泛用于大中型变电站。

2）硅整流直流操作电源。硅整流直流操作电源是由硅整流器将所用交流电压整流成直流电压供给直流母线，为保证故障引起交流电压显著降低时，继电保护可靠跳闸，在继电保护直流供电回路中并联有储能电容器组，以提供足够的跳闸冲击电能。

硅整流直流操作电源价格便宜，占地面积小，维护量小，但可靠性受交流系统影响，须采用两路交流电源，并实现自动切换。主要适用于多电源供电的中小型变电站。

3）复式整流直流操作电源。复式整流直流操作电源是将所用交流电压及电压互感器二次电压构成的交流电压源和电流互感器二次提供的交流电流源复合整流后得到的直流电源。正常运行时主要由电压源提供电能，故障时系统电压下降而故障回路电流增大，则主要由电流源提供电能，使复式整流电源的直流电压均能满足要求。

复式整流直流操作电源接线简单，维护量小，故障时能提供较大的直流电能，适用于单电源供电的中小型变电站。

第二节　控　制　回　路

变电站的控制回路是指实现开关设备分合操作的电路。断路器是变电站操作频繁，且对控制回路要求较高的开关电器，本节重点介绍断路器的控制回路。

一、断路器控制回路及其基本要求

1. 断路器控制回路

断路器的控制有集中控制和分散控制两种方式。集中控制是在控制室的控制屏上对断路器进行控制，也称远方控制，变电站重要设备（升压变压器、高压母线、35kV级以上电压等级的线路）断路器均采用集中控制。分散控制是在断路器旁的控制设备上进行的，也称为就地控制，由于控制距离近，节省电缆和减小控制室面积，6~10kV 的客户直配线断路器，常采用这种控制方式。

断路器控制回路是由控制部分、执行部分、中间传送及位置信号部分构成的控制电路。

控制部分用来发出分、合闸命令，常用控制开关或按钮作为手动控制元件，用自动装置和继电保护装置的出口继电器触点作为自动控制元件。

如图 8-1（a）所示为 LW2 型自动复位控制开关外形图，旋转操作手柄可实现"跳闸后（TD）"、"预备合闸（PC）"、"合闸（C）"、"合闸后（CD）"、"预备跳闸（PT）"和"跳闸（T）"6 种控制状态。手柄的操作顺序和位置以及对应的各触点状态如图 8-1（b）所示，表中："—"表示触点断开，"×"表示触点接通。在控制回路图中，常用如图 8-2 所示的控制开关通断符直观表示触点通断与开关状态的关系，开关状态线（垂直虚线）在触点引线（水平实线）下部注有黑点表示该对触点在此状态下接通，无黑点表示断开。

执行部分是指接受分、合闸命令并驱动断路器操动机构的跳、合闸线圈。

中间传送及位置信号部分由形成逻辑控制和传输的继电器、接触器、电缆和反映断路器位置状态的信号灯组成。

2. 对断路器控制回路的基本要求

为实现对断路器的可靠控制及监视，断路器的控制回路应满足以下基本要求。

（1）短路器操动机构中的跳、合闸线圈是按短时通电设计的，在跳、合闸操作完成后，应立即切断跳、合闸回路，并自动解除控制脉冲。

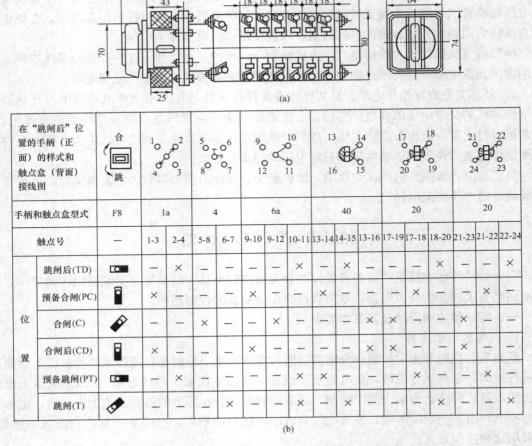

图 8-1　LW2 型自动复位控制开关外形图及触点表

(a) 控制开关外形图；(b) 控制开关触点表

手柄和触点盒型式：F8、1a、4、6a、40、20、20

位置	F8	1-3	2-4	5-8	6-7	9-10	9-12	10-11	13-14	14-15	13-16	17-19	17-18	18-20	21-23	21-22	22-24
跳闸后(TD)		—	×	—	—	—	—	×	—	×	—	—	—	×	—	—	×
预备合闸(PC)		×	—	—	—	×	—	—	×	—	—	×	—	—	×	—	—
合闸(C)		—	—	×	—	—	—	—	—	—	—	×	—	—	×	—	—
合闸后(CD)		—	×	—	—	—	×	—	—	—	×	×	—	—	×	—	—
预备跳闸(PT)		—	×	—	—	—	—	×	—	×	—	—	×	—	—	×	—
跳闸(T)		—	—	—	×	—	—	×	—	×	—	—	—	×	—	—	×

(2) 应具有手动和自动跳、合闸功能。

(3) 应能监视跳、合闸回路及操作电源的完好性。

(4) 应有防止断路器连续多次跳、合闸的电气防跳功能和与操作机构有关物理量（气压、油压、弹簧压力）的监视和闭锁措施。

(5) 接线应简单可靠，使用电缆芯数尽量少。

二、断路器控制回路举例

根据断路器的操动机构不同，断路器控制回路有多种形式，现以如图 8-2 所示的利用信号灯指示位置的断路器控制回路为例介绍断路器控制回路的工作原理。

(1) 断路器的合闸控制。设合闸前，断路器处于跳闸状态，QF1 闭合，控制开关 SA 在"跳闸后"（TD）位置，触点 SA11-10 接通 3 回路（＋→SA11-10→HG、R_1→QF1→KM→－），表示断路器处在跳闸位置，由于 R_1 的分压作用，合闸接触器 KM 的线圈电压太低不动作。

手动合闸时，控制开关 SA 先置于"预备合闸"（PC）位置，触点 SA9-10 接通 4 回路（＋→SA9-10→HG、R_1→QF1→KM→－），绿灯 HG 接入闪光电源（＋），发闪光信号，提示操作人员核对操作。核对无误后，将 SA 短时置于"合闸"（C）位置，触点 SA5-8 接通 2 回路（+→SA5-8→KCF2→QF1→KM→−），合闸接触器 KM 线圈励磁，其触点将合闸电源（±WC）接入断路器的合闸线圈 LC，使其驱动断路器操动机构合闸。断路器合闸后，QF1 断开，QF2 闭合，8 回路（+→SA16-13→HR，R_2→QF2→LT→−）接通，红灯 HR 亮，表示断路器已合闸。松开控制开关 SA 手柄，SA 自动返到"合闸后"（CD）位置，8 回路仍接通，红灯 HR 发平光，表明断路器处在合闸位置，跳闸回路及控制电源完好。

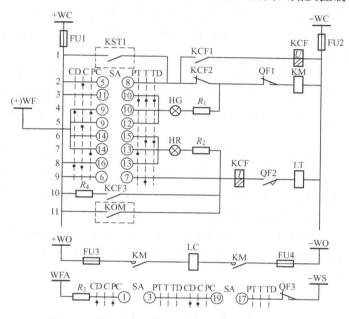

图 8-2 利用信号灯指示位置的断路器控制回路

自动装置合闸时，其出口继电器触点 KST1 闭合，1 回路（+→KST1→KCF2→QF1→KM→−）接通，使断路器合闸，QF1 断开，QF2 闭合，6 回路（+→SA14-15→HR，R_2→QF2→LT→−）接通，红灯闪光，表示断路器已自动合闸。

（2）断路器的跳闸控制。跳闸前，断路器处于合闸状态，控制开关 SA 在"合闸后"（CD）位置，手动跳闸时，先置 SA 于"预备跳闸"（PT）位置，触点 SA14-13 接通 7 回路（+→SA14-13→HR，R_2→QF2→LT→−），红灯 HR 发闪光信号。核对无误后，将 SA 短时置于"跳闸"（T）位置，触点 SA6-7 接通 9 回路（+→SA6-7→KCF→QF2→LT→−），断路器跳闸线圈通电，使断路器跳闸。断路器跳闸后，QF2 断开，QF1 闭合，3 回路（+→SA11-10→HG，R_1→QF1→KM→−）接通，绿灯 HG 亮，表示断路器已跳闸。松开控制开关 SA 手柄，SA 自动返到"跳闸后"（TD）位置，3 回路仍接通，绿灯 HG 发平光，表明断路器处在跳闸位置，合闸回路及控制电源完好。

保护装置自动跳闸时，其出口继电器触点 KOM 闭合，11 回路（+→KOM→KCF→QF2→LT→−）接通，使断路器跳闸，QF2 断开，QF1 闭合，4 回路（+→SA9-10→HG，R_1→QF1→KM→−）接通，绿灯闪光，表示断路器已自动跳闸。

（3）断路器的跳跃闭锁。如果手动控制断路器合闸至永久性故障线路，在旋转 SA 手柄至"合闸"（C）位置时，手柄还未松开，合闸后的断路器又被继电保护瞬间跳开，QF1 再次闭合，接通合闸回路，使断路器再次合闸，然后跳开，这种造成断路器反复多次合闸跳闸的现象称为断路器的"跳跃"。断路器的"跳跃"可能引起断路器爆炸。

为防止断路器的"跳跃"，在断路器控制回路中，加装防跳继电器 KCF，构成电气防跳回路，其接线如图 8-2 所示。防跳继电器 KCF 是一只具有电流启动线圈和电压保持线圈的中间继电器。当保护跳闸时跳闸电流使防跳继电器 KCF 电流线圈励磁，其动断触点 KCF2 断开合闸回路，动合触点 KCF1 接通电压自保持回路，只要 SA5-8 触点接通或 KST1 粘连不返回，防跳继电器电压线圈就带电自保持，始终断开合闸回路，起到跳跃闭锁的作用。防跳继电器的另一对动合触点 KCF3 经电阻 R_4 与触点 KOM 并联，可防止保护出口继电器触点 KOM 先于 QF2 断开而烧坏。

（4）事故音响启动。当继电保护动作跳开断路器时，其动断辅助触点 QF3 闭合，而控制开关仍处在"合闸后"（CD）位置，SA1-3 和 SA19-17 接通，形成断路器与控制开关位置不对应，从而将 R_3 接入事故音响小母线 WFA 和信号小母线—WS 之间，启动事故音响，发出蜂鸣器告警信号。

由以上工作原理分析可知：在控制回路中，将断路器的动断辅助触点和动合辅助触点分别串入合闸回路和跳闸回路，由辅助触点快速断开操作回路，满足了跳合闸线圈短时通电的要求；将自动装置的合闸出口继电器触点与控制开关的合闸触点并联，将继电保护装置的跳闸出口继电器触点与控制开关的跳闸触点并联，以满足自动和手动合闸、跳闸的要求；由断路器的动断辅助触点和断路器的动合辅助触点分别控制跳闸指示灯（绿灯）回路和合闸指示灯（红灯）回路，以满足监视跳、合闸回路及操作电源的完好性要求；设置电气防跳回路实现了跳跃闭锁的要求。

第三节 信 号 回 路

在发电厂和变电站设置各种信号回路是为值班人员提供警示、说明、状态和命令等方面的信息，以便对运行情况及时判断并正确处理。

在信号系统中，起警示和说明作用的信号有事故信号和预告信号。当断路器事故跳闸时，启动事故信号发出音响告警信号，提醒值班员注意，同时断路器位置指示灯发闪光信号，指明故障位置和性质。当设备出现不正常工作状态时，继电保护启动预告信号发出音响召唤信号，同时点亮标有故障性质的光字牌。

表明状态的信号称为位置信号，用以显示开关设备的位置状态，如断路器控制回路中监视跳、合闸回路的灯光和隔离开关的位置指示器。

传递简单命令的信号有指挥信号和联系信号，指挥信号是发电厂主控制室向各控制室发出操作命令的信号，联系信号用于各控制室之间的联系。

一、中央信号及其基本要求

发电厂和变电站的各种信号中，事故信号和预告信号最重要，将其布置在中央控制屏上或综合自动化系统的控制主界面上，统称为中央信号。

中央信号应满足以下基本要求。

（1）事故信号装置应在任一断路器事故跳闸后，立即发出蜂鸣器音响信号和灯光指示信号。

（2）预告信号装置应在任一设备发生故障或异常工作状态时，按动作时限要求发出与事故音响不同的警铃音响信号和指示故障性质的灯光信号。

（3）音响信号应能重复动作，并能实现手动和自动复归，指示故障或异常状态性质的灯光信号应保留。

（4）应能对事故信号、预告信号及其光字牌进行完好性试验，并能监视信号回路的电源。

二、中央信号回路举例

中央信号回路按操作电源可分为交流和直流两类，按复归方法可分为就地复归和中央复归两种，按动作特点可分为重复动作和不重复动作两种。预告信号回路与事故信号回路的启动方式不同，灯光回路存在较大差异，但音响回路原理基本相同，下面以如图 8 - 3 所示的中央复归重复动作的事故信号回路为例，介绍中央音响信号回路的工作原理。

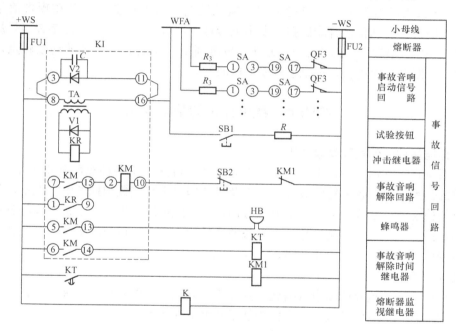

图 8 - 3　中央复归重复动作的事故信号回路

图 8 - 3 中，KI 为 ZC-23 型冲击继电器，其内部接线中的 TA 为脉冲变流器，其可将一次线圈变化的直流电流变换成二次尖峰脉冲电流；二极管 V2 和电容 C 起抗干扰作用；二极管 V1 用以旁路掉因一次电流减小而产生的反向脉冲，使干簧继电器线圈 KR 仅流过正向脉冲电流；出口继电器 KM 提供多对控制触点。SB1 为试验按钮，SB2 为音响解除按钮，KT 为时间继电器，K 为电源监视继电器，HB 为蜂鸣器。

（1）事故信号启动。设断路器 QF1 事故跳闸后，其控制回路的控制开关与断路器位置不对应，事故信号启动回路经电阻 R_3 接通（＋WS→KI8-16→WFA→R_3→1SA1-3→1SA19-17→QF3→－WS），脉冲变流器一次线圈电流突增，其二次线圈感生正向脉冲电流流过 KR 线圈，使其动作。KR 触点闭合，使继电器 KM 线圈励磁动作（＋WS→KI1-9→KM→SB2→KM1→－WS），通过 KM 触点接通 KI5-13，启动蜂鸣器 HB 发出事故音响信号。同时，

KI7-15 接通，继电器 KM 实现自保持 (＋WS→KI7-15→KM→SB2→KM1→－WS)，在脉冲电流消失、KR 返回后，蜂鸣器继续发出音响信号。

（2）事故音响信号的复归。在接通蜂鸣器回路的同时，KM 还接通 KI6-14，使时间继电器 KT 线圈励磁，其触点延时闭合，启动中间继电器 KM1。KM1 的动断触点断开 KM 的自保持回路，使 KM 返回，其各对动合触点断开，使蜂鸣器回路断开、KT 返回，实现事故音响延时自动复归。按下音响解除按钮 SB2，还可实现音响手动复归。

（3）事故音响信号的重复动作。若事故音响信号复归后，SA1 尚未复位，另一断路器 QF2 又事故跳闸，将电阻 R_3 并入 WFA 与－WS 之间，使事故信号启动回路电阻值减小，脉冲变流器一次线圈电流再次突增，实现事故音响的重复动作。

（4）事故音响回路的试验和监视。正常运行时，按下试验按钮 SB1，将电阻 R 接入事故信号启动回路，脉冲继电器 KI 动作，蜂鸣器响，说明事故音响回路完好。当信号小母线 WS 电压消失或熔断器 FU1、FU2 熔断时，监视继电器 K 线圈失压，其在预告信号回路中的动断触点闭合，启动预告音响回路，发出电铃音响信号。同时，点亮光字牌信号灯，发出"事故信号熔断器熔断"光字牌信号。另外，也可利用中间继电器 KM 的动断触点，在事故音响启动时，断开事故电钟，记录故障发生的时间。

第四节　继电保护的基本知识

一、继电保护的作用和基本原理

电力系统在正常运行中，由于环境和人为原因，可能发生各种故障和不正常工作状态。最为严重的是系统发生各种短路故障，若不及时处理会引起烧毁和损坏电气设备，甚至破坏系统运行的稳定性，造成大面积停电或人身伤亡，导致事故发生。不正常工作状态指运行参数超过额定值的情况，最常见的是电气设备的过负荷。出现过负荷若不及时处理会导致绝缘老化、减少使用寿命，甚至引发故障。

1. 继电保护的作用及任务

继电保护是一种重要的反事故措施，其作用是防止事故的发生和发展，保证电力系统的安全、稳定运行。继电保护包括继电保护技术和继电保护装置。

继电保护装置应能完成以下基本任务：

（1）当电力系统发生故障时，能自动地、迅速地、有选择地发出跳闸信号，由断路器将故障设备切除，保证非故障部分继续运行。

（2）当电力系统出现不正常工作状态时发出预告信号，通知值班人员及时处理。若无人值班可经一定延时动作于减负荷或跳闸。

电力系统故障时，会伴随某些物理量发生显著变化，继电保护就是通过测量相应的物理量并根据其变化特征实现故障辨识的。根据短路时电流突然增大的特征，可构成过电流保护；利用反应电压与电流之间的相位关系的变化，可实现功率方向保护；利用反应电压与电流的比值，可实现距离保护；利用反比较被保护元件各侧电流的大小和相位，可构成纵差动保护；利用反应不对称故障出现的序分量的原理，可构成负序电流、电压保护和零序电流、电压保护；利用故障的其他物理量的变化特征，可构成非电量保护，如气体保护、温度保护等。

2. 继电保护的基本结构

继电保护装置的结构有模拟式和数字式两类。模拟式继电保护是采用布线逻辑来实现保护功能的，保护的性能依赖于所用元件的特性和各元件间连接方式。数字式继电保护采用的是数字运算逻辑，其保护功能由程序（软件）决定，故可采用相同的元件和接线（硬件）构成不同的保护装置。

继电保护装置一般由测量部分、逻辑部分和执行部分组成，其原理结构框图如图 8-4 所示。测量部分将被保护设备输入的物理量经变换后与给定量进行比较，比较结果以输出信号方式供给逻辑部分判断使用。逻辑部分对测量

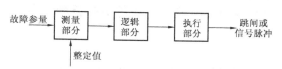

图 8-4 继电保护装置原理结构框图

部分输出的信号进行逻辑识别，如是否满足条件逻辑、顺序逻辑和预定延时等，满足条件则输出保护动作信号。执行部分将动作信号放大和分路后，发出跳闸命令和告警信号。

二、对继电保护的基本要求

电力系统对继电保护的基本要求可归纳为：可靠性、选择性、快速性和灵敏性 4 个方面。

1. 可靠性

可靠性是指继电保护装置在规定的保护范围内发生故障该其动作时，不应拒绝动作；不该其动作的其他情况下，不应误动作，即要求继电保护装置该动则动，不该动则不动。

可靠性是继电保护必须严格满足的要求，其与保护装置的特性、结构、工艺及调试、维护等多种因素有关。提高可靠性，要求采用元件及工艺质量优良的装置，并按技术规范精心调试、定期维护。为防止保护拒动，配置后备保护是一种常用且有效的方法。为防止误动应尽量简化装置接线，提高装置的抗干扰能力。

2. 选择性

选择性是指继电保护动作后仅将故障部分从电力系统中切除，保证未故障部分继续运行，使停电范围尽可能缩小。

在如图 8-5 所示的单电源供电网络中，当 k-1 点短路时，根据选择性要求应由离故障点最近的保护 1 和保护 2 动作分别跳开 QF1 和 QF2 切除故障，保证线路 2 继续向负荷供电。当 k-2 点短路时，应由保护 6 动作跳开 QF6 切除故障，保证 C 变电所不停电；当保护 6 或 QF6 拒动时，则由保护 5 的后备保护延时动作跳开 QF5 切除故障，虽然造成 C 变电所停电，但保护 5 的动作仍属有选择性，倘若保护 5 不动作，将会引起上级线路保护动作，停电范围会更大。

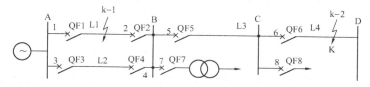

图 8-5 单电源供电网络故障选择性切除说明图

选择性是由保护装置动作值的正确整定和各保护间的时限合理配合得以实现的，动作于跳闸的继电保护必须严格满足选择性要求。

3. 快速性

快速性是指继电保护装置的动作时间应尽可能短，以减轻故障设备的损坏程度，提高自动重合闸成功率。

实现快速动作的前提是保证可靠性和选择性，为防止干扰引起保护误动作，以及保证各保护间的选择性配合，在保护中需人为设置适当的延时。电压等级高的设备，对保护的快速性要求高。电压等级较低的设备，可适当降低保护的动作速度，使保护装置简单可靠。

4. 灵敏性

灵敏性是指继电保护装置对故障和不正常工作状态的反应能力。一般用灵敏系数 K_{sen} 来衡量。不同的继电保护装置对其灵敏系数的要求也不相同，《继电保护和安全自动装置技术规程》对各类保护的灵敏系数的要求都作了具体规定。

三、继电保护常用的继电器

继电器是构成模拟式继电保护装置的基本元件，按结构原理继电器划分为电磁式、感应式、整流式、晶体管式和集成电路式等。用于保护测量的继电器通常按其反应的物理量划分为电流继电器、电压继电器、功率方向继电器、差动继电器以及反应非电量的气体继电器等，起辅助作用的继电器按其作用划分为时间继电器、中间继电器、信号继电器等。以下介绍电流保护常用的几种电磁式继电器。

1. 电磁式电流继电器

电磁式电流继电器的结构图如图 8-6（a）所示，其由铁芯、电流线圈、转动舌片、弹簧、动触点、静触点和止挡等基本部件组成。

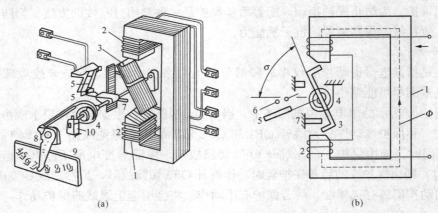

(a)　　　　　　　　　　(b)

图 8-6　电磁式电流继电器的结构及工作原理示意图
(a) 结构图；(b) 工作原理示意图
1—铁芯；2—电流线圈；3—转动舌片；4—弹簧；5—动触点；6—静触点；
7—止挡；8—调整手柄；9—标度盘；10—轴承

当继电器线圈中通入电流 I_k 时，在铁芯、气隙和转动舌片构成的磁路中产生与其成正比的磁通 Φ，如图 8-6（b）所示。被磁化的转动舌片与铁芯磁极间产生的电磁力 F_e 使转动舌片受到顺时针方向的电磁转矩 M_e 的作用。同时，转动舌片还受到弹簧力矩 M_S 和摩擦力矩 M_f 形成的反时针方向力矩的作用。

增大电流 I_k，使电磁转矩 M_e 随之增大到满足动作条件 $M_e \geqslant M_S + M_f$，转动舌片开始顺时针旋转，并带动触点接通，这一过程称为继电器的动作过程。使继电器能动作的最小电流称为继电器的动作电流，用 $I_{k.act}$ 表示。

继电器动作后，减小其电流 I_k，使电磁转矩 M_e 随之减小到满足返回条件 $M_e \leqslant M_S - M_f$，转动舌片反时针旋转，带动触点断开，该过程称为继电器的返回过程。使继电器能返回的最大电流称为继电器的返回电流，用 $I_{k.re}$ 表示。

继电器的返回电流与动作电流的比值称为返回系数，即

$$K_{re} = \frac{I_{k.re}}{I_{k.act}} \tag{8-1}$$

过电流继电器的返回系数恒小于 1，这是因为继电器动作过程中，随气隙磁阻减小而增大的剩余力矩 ΔM 和摩擦力矩 M_f 的存在，使返回电流减小所致。返回系数应调整为 0.85~0.95，其值太小会使电流保护的灵敏度过低，太大继电器动作可靠性不能满足要求。

电流继电器动作电流的调整方法有两种，一种是改变调整手柄的位置，即改变弹簧的拉力，可均匀调整动作电流的大小；另一种是改变两线圈的连接方式，并联连接的动作电流是串联连接的两倍。电流继电器线圈连接示意图如图 8-7 所示。

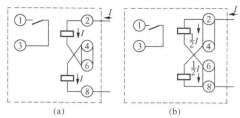

图 8-7　电流继电器线圈连接示意图
(a) 两线圈串联连接；(b) 两线圈并联连接

2. 电磁式时间继电器

时间继电器的作用是建立必需的延时，使保护装置实现选择性或逻辑配合。一般要求时间继电器具有延时动作、瞬时返回特性，即当继电器线圈维持通电的时间等于整定延时，继电器触点才开始接通，线圈断电，触点立刻返回。并要求继电器的延时精确、可调。

电磁式时间继电器有直流和交流两种形式，直流控制电源的保护装置，采用直流时间继电器。如图 8-8 所示为电磁式时间继电器结构图，其由电磁启动机构、钟表延时机构和触点组成。当线圈接入工作电压时，铁芯被吸入并释放杠杆，钟表机构在弹簧的作用下带动触点以一定速度转动，经过预定行程将静触点接通，实现延时动作。若线圈在触点未接通前断

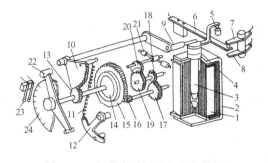

图 8-8　电磁式时间继电器结构图

1—线圈；2—磁导体；3—铁芯；4—返回系数；5—触头；6—瞬动的可动触点；7、8—静瞬动的触点；9—杠杆；10—扇形轮；11—拉力弹簧；12—调整弹簧的机件；13—齿轮；14—摩擦离合器；15—主传动轮；16、17—轴轮；18—中间轮；19—摆轮；20—摆卡；21—平衡锤；22—动触点；23—静触点；24—刻度盘

电，铁芯释放并顶起杠杆，传动部分借助离合器脱离钟表机构的限制，带动动触点快速返回到起始位置，实现瞬时返回。

通过改变静触点的位置，即改变动触点的行程来调整时间继电器的动作时限。

3. 电磁式中间继电器

中间继电器的作用是扩充触点数量、增大触点容量，还可实现短延时和自保持等特殊功能。电磁式中间继电器结构图如图8-9所示，其具有触点对数多，触点容量大，且耐弧能力强的特点。当线圈接入工作电压时，衔铁在电磁力的作用下被吸持，带动动触点与静触点接通或断开。线圈断电后，衔铁释放，带动动触点返回。

4. 电磁式信号继电器

信号继电器的作用是在继电保护动作后，启动灯光信号和发出就地掉牌信号，以便值班员了解保护动作情况，分析处理事故或异常。为保留保护动作信号，要求信号继电器动作后，必须人为手动复归。

电磁式信号继电器结构图如图8-10所示，当线圈通电后，吸持衔铁，信号牌被释放掉下，带动触点接通，启动中央信号回路发信号，信号牌发出就地掉牌信号。旋转复位旋钮，将信号牌顶起复位，实现信号继电器手动复归。

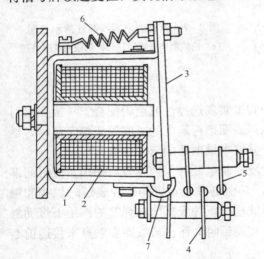

图8-9　电磁式中间继电器结构图

1—电磁铁；2—线圈；3—衔铁；4—静触点；
5—动触点；6—弹簧；7—衔铁

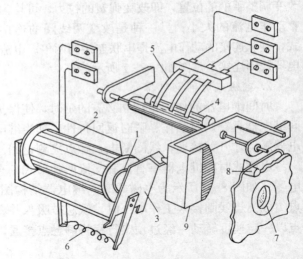

图8-10　电磁式信号继电器结构图

1—电磁铁；2—线圈；3—衔铁；4—接触片；5—触点；
6—弹簧；7—小窗；8—手动复归旋钮；9—信号牌

电磁式信号继电器有电流型和电压型两种，电流型信号继电器的电流线圈应串联接入出口中间继电器线圈回路，电压型信号继电器的电压线圈应并联接入出口中间继电器线圈两端。一般多采用电流型信号继电器。

四、微机继电保护的结构及特点

1. 微机继电保护的基本结构

微机型继电保护属数字式保护，其由硬件和软件两大部分组成。硬件除支持和实现软件的执行外，还担负测量数据的采集、模数转换、人机对话和出口控制等功能。软件由各功能程序组成，对测量数据进行运算及处理，实现继电保护、运行监控和调试等功能。

（1）微机保护的硬件结构。微机保护硬件系统框图如图 8-11 所示。其由模拟量输入系统、单片机系统、人机接口、开关量输入输出及电源 5 部分组成。

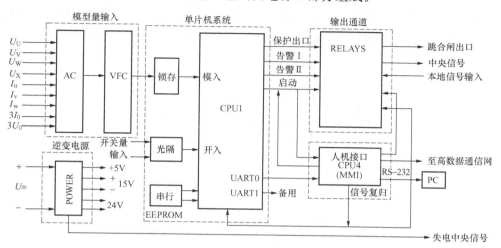

图 8-11 微机保护硬件系统框图

模拟量输入系统将互感器接入的电流和电压模拟量信号经过调理后，由 A/D 转换器变换成相应的数字信号送给单片机系统处理，实现微机保护的数据采集。

模拟量输入系统由变换器、模拟滤波器和 A/D 转换器构成，变换器将电压和电流成正比地变换成低电压信号，并对一、二次绕组进行电隔离，再由模拟滤波器滤除信号中的高次谐波，以降低模数转换过程中的采样周期。A/D 转换器构成原理有多种，微机保护多采用电压—频率式模数转换器，其原理图如图 8-12 所示。输入交流电压 u_i，经偏置电路调制成单极性信号，由电压频率转换器 VFC 将电压转换成与之成正比的脉冲频率信号，经快速光电隔离器除去干扰后，送至 CPU 插件板上的计数器，计数器对脉冲信号进行计数，即将采样点的模拟量变换成与其成正比的二进制数。

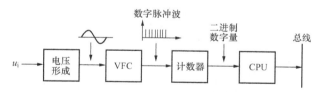

图 8-12 电压—频率式模数转换器原理图

单片机系统是微机保护装置的核心，其由 CPU、存储器、总线构成的单片机和扩展芯片以及储存在存储器中的软件组成。单片机系统的主要作用是完成数值测量、计算、逻辑运算、控制和记录等智能化任务。微机保护装置中的存储器有：随机存储器 RAM、可擦除只读存储器 EPROM 和电擦除只读存储器 EEPROM。RAM 用来存放采样数据、中间运算结果和标志字，EPROM 主要存放监控、继电保护功能程序等，EEPROM 主要存放整定值。

人机接口部分将外部设备与单片机系统联系，实现人机对话，如修改和显示定值、调试、通信等。

开关量输入部分将表达断路器、隔离开关等设备状态的开关量经电平变换和光电隔离后送至单片机系统，以实现保护对设备状态的检测，其电路图如图8-13（a）所示。

开关量输出部分是对控制对象（断路器、信号灯、音响）实现控制操作的保护出口通道。其具有将小功率信号转换成大功率输出的功能，为防止控制对象引入干扰，开关量输出也需经光电隔离与控制对象（保护出口中间继电器KOM）连接，其电路图如图8-13（b）所示。

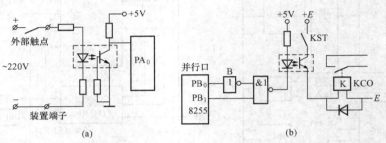

图8-13　开关量输入及开关量输出电路图
(a) 开关量输入电路图；(b) 开关量输出电路图

微机保护的电源采用逆变电源，其将直流逆变为交流，再把交流整流成微机系统所需要的直流电压。以此将变电站的强电系统的直流与微机的弱电系统的电源完全隔离开，经过逆变的直流具有极强的抗干扰能力。

（2）微机保护软件的基本结构。微机保护软件主要由调试监控程序、运行监控程序和继电保护功能程序组成，其框图如图8-14所示。当保护装置一经通电或复位，首先进入初始化I程序，对随机存储器、可编程I/O接口等进行初始化，然后识别装置面板上的"调试/运行"方式开关状态。

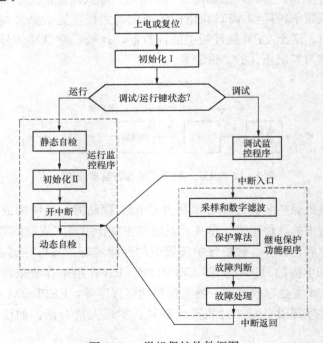

图8-14　微机保护软件框图

若方式开关拨在调试位置，装置进入调试监控程序运行。调试监控程序根据运行调试人员输入的指令对微机保护装置进行相应地检查、调试、监控和测试，并能实现定值调整、数据打印等功能。

若方式开关处在运行位置，则立即调用并运行监控程序，在监控程序运行过程中，即时响应中断服务程序的请求，周期性地进入并执行继电保护功能程序。

运行监控程序具有自动地对装置进行全面自检、在线监视以及打印机管理等功能。当保护装置进入运行监控程序后，首先进行静态自检，即在保护软件执行前对保护装置硬件进行全面、连续的检查。如果自检某一插件出错，则转向自检出错处理程序，对出错性质及对象进行判别、分类等处理，并发出警告信号，打印出错信息。必要时闭锁保护出口，防止保护误动。

静态自检通过后，立即进入初始化Ⅱ程序，对保护用存储器和I/O接口等进行初始化，做好执行保护功能程序的一切必要准备。然后开中断，转入继电保护功能程序，先对测量数据进行采样、A/D转换、数字滤波等信号处理。若保护启动元件动作，先将中断返回地址修改为故障处理程序入口，然后执行中断返回进入故障处理程序，按继电器算法计算出所需的电气量，再依据动作判据判断保护是否满足动作条件。满足动作条件，则驱动出口动作于跳闸或发信号，调打故障报告。最后关中断，返回到运行监控程序，执行动态自检。若保护启动元件未动作，则在信号处理后，直接中断返回，利用剩余时间对保护装置进行动态自检，动态自检与静态自检内容基本相同，只不过其检查是断续的，不至于影响下一采样周期保护中断申请的执行。

当动态自检通过后，若保护有跳闸出口或发信号，打印机将自动打印保护动作情况报告。随后根据设定要求对输入信号量、保护定值、A/D采样通道和有关保护的计算、判别结果等进行监视。如果动态自检中某一插件检查未通过，则转向自检出错处理程序。先关闭中断，停止保护程序的执行，并直接闭锁所有出口信号。然后发装置故障告警信号，打印出故障插件编号，提示继电保护人员进行详细检查。

2. 微机继电保护的特点

（1）维护调试方便。微机保护除了输入量的采集外，所有的计算、逻辑判断都是由软件完成，成熟的软件一次性设计测试完好后，投运前只需做一次静态和动态试验，不需进行逐项调试。保护的整定值固化后，是不会改变的。加之微机保护具有自检和人机对话功能，运行情况可随时调出查看和打印。因此，微机保护的维护工作量小，调试非常方便。

（2）可靠性高。对模拟保护来说，在改善保护特性以求更高可靠性的同时，使保护接线更为复杂，从而增加了保护装置本身出现故障的概率。微机保护特性的改善是由软件设计实现的，不需改变硬件结构，这样可以尽可能改善保护特性以求更高的可靠性。另外，微机保护装置的自检与巡检功能也大大提高了可靠性。

（3）保护性能容易得到改善。微机保护性能的改善主要通过编写新原理的保护软件来实现，常规保护难以实现的原理，在微机保护中很容易通过新原理的算法来实现。并且更新微机保护的软件极为方便。因此，微机保护的特性较常规保护有很大的改善。

（4）易于获得各种附加功能。由于计算机软件的特点，使得微机保护可以做到硬件和软件资源共享，在不增加任何硬件的情况下，只需增加一些软件就可以获得各种附加功能。例如在微机保护装置中，可以很方便地附加低频减载和自动重合闸、故障录波、故障测距等自动装置的功能。

（5）使用灵活、方便。目前微机保护装置的人机界面非常友好，操作简单，调试方便。

例如汉化界面、微机保护的查询、整定更改及运行方式变化等都十分灵活方便。

（6）具有远方监控特性。微机保护装置可利用串行口与变电站微机监控系统进行数字通信，实现远方监控和数据共享，微机保护已成为变电站综合自动化系统重要组成部分。

鉴于上述诸多优点，以及性价比的逐年提高，微机保护装置已普遍应用于新建和在建的发电厂和变电站，原有的常规保护装置，也逐渐被微机保护装置所取代。

第五节 输电线路的继电保护

一、供配电线路的电流保护

利用线路短路时，故障点与电源之间回路的电流急剧增大的特点而构成的保护称为过电流保护。

为满足对继电保护的 4 个基本要求，通常将线路保护的动作范围分为几段，各段保护的动作时限也不相同。由三个不同保护段的电流保护构成的保护装置称为三段式电流保护。

三段式电流保护由无时限电流速断保护、时限电流速断保护和定时限过电流保护组成，分别称为电流Ⅰ段、电流Ⅱ段和电流Ⅲ段。三段式电流保护配合和时限特性图如图 8 - 15 所示。

1. 三段式电流保护的工作原理

在如图 8 - 15（a）所示的单电源辐射电网中，设各条线路首端均装设了三段式电流保护。

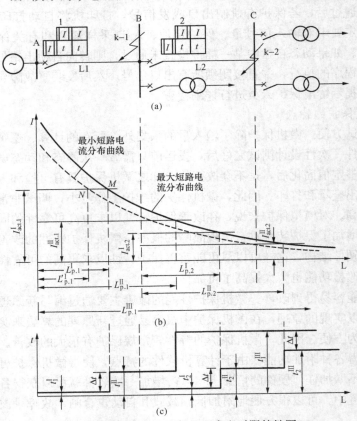

图 8 - 15 三段式电流保护配合和时限特性图

（a）单电源辐射电网；（b）动作电流及保护范围配合；（c）时限特性

（1）电流Ⅰ段。电流Ⅰ段作为线路的主保护，其动作不带延时，即动作时限 $t^{\mathrm{I}} = 0\mathrm{s}$。为防止线路 L1 的电流Ⅰ段在下级相邻线路 L2 短路时无选择动作，电流Ⅰ段的保护范围不能超出本线路 L1，即相邻线路短路时，电流Ⅰ段不应启动。因此，电流Ⅰ段的动作电流应按躲过本线路末端最大短路电流来整定，即

$$I_{\mathrm{act.1}}^{\mathrm{I}} = K_{\mathrm{rel}} I_{\mathrm{KB.max}}^{(3)} \qquad (8\text{-}2)$$

式中　$I_{\mathrm{act.1}}^{\mathrm{I}}$——线路 L1 的电流Ⅰ段保护动作电流；

　　　$I_{\mathrm{KB.max}}^{(3)}$——被保护线路末端短路时，流过保护安装处的最大短路电流；

　　　K_{rel}——可靠系数，电流Ⅰ段一般取 1.2～1.3。

由如图 8-15（b）所示的线路短路电流分布曲线可以看出，按式（8-2）计算的动作电流与最大短路电流分布曲线交于 M 点。线路 L1 在 M 点以内短路时，短路电流大于保护的动作电流，保护启动，故电流Ⅰ段的最大保护范围为 $L_{\mathrm{p.1}}^{\mathrm{I}}$，约为本线路全长的 80%。

由于短路电流受系统运行方式和短路形式的影响，在最小短路电流时，电流Ⅰ段的保护范围缩小到最小保护范围 $L_{\mathrm{p.1}}'^{\mathrm{I}}$。对于电流Ⅰ段的灵敏性，要求其最小保护范围不能小于本线路全长的 15%。

可见，电流Ⅰ段动作不带延时，切出故障速度快，故称为无时限电流速断保护。但其不能反应线路末端故障，且电流保护的保护范围受系统运行方式影响较大。

（2）电流Ⅱ段。电流Ⅱ段作为线路全长的主保护，主要用以较快速度切除线路末端（电流Ⅰ段保护范围以外部分）的故障。

电流Ⅱ段须保护线路全长，其保护范围会延伸至下级相邻线路。为满足选择性要求，电流Ⅱ段必须带一定延时动作。为使保护的其动作时限不至过长，电流Ⅱ段的动作电流一般按躲过下级相邻线路电流Ⅰ段保护范围末端最大短路电流来整定，即

$$I_{\mathrm{act.1}}^{\mathrm{II}} = K_{\mathrm{rel}} I_{\mathrm{act.2}}^{\mathrm{I}} \qquad (8\text{-}3)$$

式中　$I_{\mathrm{act.1}}^{\mathrm{II}}$——线路 L1 的电流Ⅱ段保护的动作电流；

　　　$I_{\mathrm{act.2}}^{\mathrm{I}}$——下级相邻线路 L2 的电流Ⅰ段保护的动作电流；

　　　K_{rel}——可靠系数，电流Ⅱ段一般取 1.1～1.2。

从如图 8-15（b）所示的线路短路电流分布曲线可以看出，电流Ⅱ段的最大保护范围为 $L_{\mathrm{p.1}}^{\mathrm{II}}$，在下级相邻线路电流Ⅰ段的保护范围内。电流Ⅱ段的动作时限仅与下级相邻线路电流Ⅰ段的动作时限相配合，即可满足选择性要求，即

$$t_1^{\mathrm{II}} = t_2^{\mathrm{I}} + \Delta t \qquad (8\text{-}4)$$

式中　t_1^{II}——线路 L1 的电流Ⅱ段的动作时限；

　　　t_2^{I}——下级相邻线路 L2 的电流Ⅰ段的动作时限，为 0s；

　　　Δt——时限级差，电磁型保护取 0.5s，微机型保护取 0.3s。

由如图 8-15（c）所示的保护时限特性可见，按上述整定的各级线路电流Ⅱ段的动作时限均为 0.5s，能以较快的速度切出故障，故称为时限电流速断保护。

为了保护线路全长，电流Ⅱ段必须在系统最小运行方式下，当线路末端两相短路时，具有足够的反应能力。在继电保护中通常是用灵敏系数 K_{sen} 来衡量保护的灵敏性，对于反应测量数据增大而动作的保护装置，灵敏系数定义为

$$\text{灵敏系数} = \frac{\text{保护范围末端发生金属性短路时故障参数的最小计算值}}{\text{保护装置的动作参数}}$$

根据上述定义，电流Ⅱ段的灵敏系数按下式计算

$$K_{sen} = \frac{I_{K.min}}{I_{act}^{Ⅱ}} \qquad (8-5)$$

式中　$I_{K.min}$——最小运行方式下被保护线路末端两相短路电流。

要求电流Ⅱ段的灵敏系数应不小于 1.25。

当灵敏系数不能满足要求时，可降低电流Ⅱ段保护的动作电流，其动作电流与下级相邻线路电流Ⅱ段保护相配合，动作时限也应与其配合，构成 1s 的电流Ⅱ段。

（3）电流Ⅲ段。电流Ⅲ段作为后备保护，既作为本线路主保护的后备，称为近后备保护，又作为下级线路的后备保护，称为远后备保护。

电流Ⅲ段的保护范围应包括本线路及相邻线路全长乃至更远。因此，要求电流Ⅲ段在线路正常运行和最大负荷情况下不应启动，即：$I_{act.1}^{Ⅲ} > I_{L.max}$，线路故障时应灵敏启动；并且在外部故障切除后，已启动的电流Ⅲ段应可靠返回。例如在如图 8-15（a）所示线路 k-2 点发生短路时，线路 L1 的电流Ⅲ段与线路 L2 的电流Ⅱ段和电流Ⅲ段保护会同时启动，此时电压降低导致负荷电动机的转速下降。当线路 L2 的电流保护有选择地动作切除故障后，母线电压恢复，线路 L1 流过电动机自启动过程的自启动电流大于正常负荷电流。此时，线路 L1 的电流Ⅲ段必须可靠返回，否则会无选择的切除线路 L1。为反映自启动电流的影响程度，将最大自启动电流 $I_{ast.max}$ 与最大负荷电流 $I_{L.max}$ 的比值定义为自启动系数 K_{ast}，即

$$K_{ast} = \frac{I_{ast.max}}{I_{L.max}} \qquad (8-6)$$

为满足上述要求，电流Ⅲ段的动作电流应按躲过最大负荷电流，并在最大自启动电流情况下可靠返回来整定，即

$$I_{re}^{Ⅲ} = K_{rel}I_{ast.max} \qquad (8-7)$$

式中　$I_{re}^{Ⅲ}$——电流Ⅲ段的返回电流；

K_{rel}——可靠系数，电流Ⅲ段一般取 1.15～1.25；

$I_{ast.max}$——最大自启动电流。

将式（8-1）和式（8-6）代入式（8-7），得到电流Ⅲ段的动作电流计算式为

$$I_{ast}^{Ⅲ} = \frac{K_{rel}K_{ast}}{K_{re}}I_{L.max} \qquad (8-8)$$

式中　K_{ast}——自启动系数，其值大于 1，一般取 1.5～3，具体应由负荷性质确定；

K_{re}——返回系数，一般取 0.85，以电流继电器的实际返回系数为准；

$I_{L.max}$——最大负荷电流。

电流Ⅲ段作为本线路近后备保护，其灵敏系数为

$$K_{sen} = \frac{I_{KB.min}}{I_{act}^{Ⅲ}} \qquad (8-9)$$

式中　$I_{KB.min}$——最小运行方式下被保护线路末端两相短路电流。

并要求灵敏系数不小于 1.5。

电流Ⅲ段作为下级相邻线路远后备保护，其灵敏系数为

$$K_{sen} = \frac{I_{KC.min}}{I_{act}^{Ⅲ}} \qquad (8-10)$$

式中　$I_{KC.min}$——最小运行方式下下级相邻线路末端两相短路电流。

并要求灵敏系数应不小于 1.25。

为满足选择性要求，电流Ⅲ段的动作时限应按阶梯时限特性与下级相邻线路电流Ⅲ段的时限相配合，即

$$t_1^{\text{Ⅲ}} = t_{\text{B max}}^{\text{Ⅲ}} + \Delta t \tag{8-11}$$

式中　$t_{\text{B max}}^{\text{Ⅲ}}$——下级相邻线路中，时限最长的电流Ⅲ段动作时限。

可见：定时限过电流保护的动作时限具有积累性，越靠近电源的保护动作时限越长。

三段式电流保护的时限特性如图 8-15（c）所示。

三段式电流保护具有主保护和后备保护功能，接线简单，广泛应用于配电线路。应用中，可根据线路的实际情况采用两段式电流保护。比如，运行方式变化较大的短线路，无时限电流时段保护灵敏度不满足要求时，可采用时限电流速断保护和定时限过电流保护构成的两段式电流保护。

2. 三段式电流保护接线

（1）电流保护的接线方式。电流保护的电流继电器线圈与电流互感器二次绕组的连接方式称为电流保护的接线方式。

常用电流保护接线方式有：三相完全星形接线、两相不完全星形接线和两相电流差接线，如图 8-16 所示。

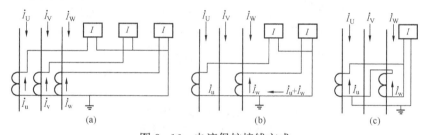

图 8-16　电流保护接线方式

（a）三相完全星形接线；（b）两相不完全星形接线；（c）两相电流差接线

三相完全星形接线能反应各种相间短路和接地短路，可靠性高，适用于大接地电流系统的电流保护接线和重要设备的电流保护。

两相不完全星形接线和两相电流差接线均取 U 相和 V 相电流，能反应各种相间短路，在并联线路上发生不同点两相接地短路时，有 2/3 的机会只切除一条线路，适用于小接地电流系统的电流保护。其中，两相不完全星形接线可靠性较高，常用于线路的电流保护；两相电流差接线的接线简单，常用于高压电动机的电流保护。

（2）三段式电流保护接线。三段式电流保护接线图如图 8-17 所示，图中保护接线采用两相不完全星形接线，KA1、KA2、KM 和 KS1 构成电流Ⅰ段，其动作不带时限。KA3、KA4、KT1 和 KS2 构成电流Ⅱ段，动作带 0.5～1.0s 时限。KA5、KA6、KT2 和 KS3 构成电流Ⅲ段，带较长时限动作。由于断路器的辅助触点的断流容量大，在跳闸回路中串入其动合辅助触点 QF1，用以切断跳闸线圈电流，防止长期由中间继电器或时间继电器的触点切断跳闸电流而烧伤。

若本线路首端发生 U、W 两相短路时，U 相二次电流流过电流继电器 KA1、KA3、KA5 线圈，三个继电器均启动，触点接通，将正电源加至中间继电器 KM 和时间继电器

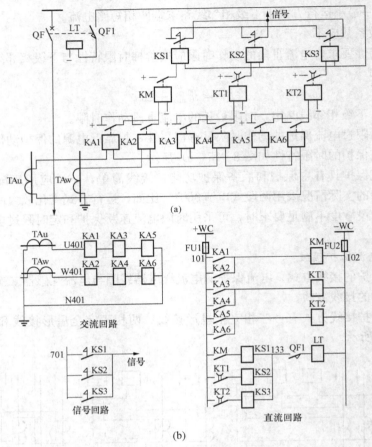

图 8 - 17　三段式电流保护接线图

(a) 原理接线图；(b) 展开接线图

KT1、KT2 线圈，KM 瞬时接通跳闸回路，使断路器的跳闸线圈 LT 励磁，跳开断路器。同时，启动信号继电器 KS1 发信号，指示电流Ⅰ段动作。断路器动作切除故障后，启动的电流继电器全部返回，两时间继电器随之失压返回，电流Ⅱ、Ⅲ段均不动作。

若本线路末端发生相间短路，则电流Ⅰ段的电流继电器不启动，电流Ⅱ、Ⅲ段电流继电器启动，电流Ⅱ段以 KT1 延时跳闸，KS2 发信号。切除故障后，KT2 返回。如果是下级相邻线路发生相间短路，仅有电流Ⅲ段的电流继电器启动，经 KT2 延时后，故障仍未切除，则跳开本线路断路器，作为远后备保护切除故障。

二、输电线路的距离保护

利用测量故障点至保护安装处之间的距离（阻抗），并按阻抗的大小确定动作时限的保护称为距离保护。

距离保护测量线路首端的电压 $\dot{U}_{\mathrm{m}}$ 和电流 $\dot{I}_{\mathrm{m}}$，其比值 $\dfrac{\dot{U}_{\mathrm{m}}}{\dot{I}_{\mathrm{m}}}$ 为距离保护的测量阻抗 Z_{m}。当如图 8 - 18（a）所示的输电线路在 K 点短路时，距离保护的测量阻抗为

$$Z_{\mathrm{m}} = \frac{\dot{U}_{\mathrm{m}}}{\dot{I}_{\mathrm{m}}} = \frac{\dot{I}_{\mathrm{m}} Z_1 L_{\mathrm{K}}}{\dot{I}_{\mathrm{m}}} = Z_1 L_{\mathrm{K}} \tag{8 - 12}$$

式中　$\dot{U}_\mathrm{m}$——距离保护的测量电压；

　　　　$\dot{I}_\mathrm{m}$——距离保护的测量电流；

　　　　Z_1——输电线路的单位正序阻抗；

　　　　L_K——故障点至保护安装处的距离。

保护1的测量阻抗为 $Z_{\mathrm{m}.1}=Z_1(L_{\mathrm{AB}}+L_{\mathrm{BK}})=Z_{\mathrm{AB}}+Z_{\mathrm{BK}}$，保护2的测量阻抗为 $Z_{\mathrm{m}.2}=Z_1L_{\mathrm{BK}}=Z_{\mathrm{BK}}$。

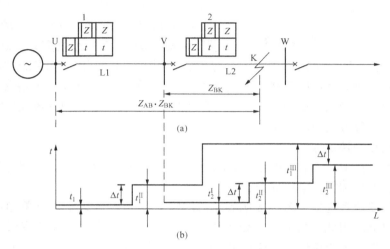

图 8-18　三段式距离保护的基本原理

(a) 网络图；(b) 时限特性

可见：测量阻抗与电源等值电抗无关，故距离保护的保护范围不受电源侧运行方式影响。35kV 及以上的输电线路负荷较重，电流保护已不能满足灵敏度要求，因而广泛采用三段式距离保护。

三段式距离保护各段的作用、保护范围和动作时限配合与三段式电流保护一样。距离Ⅰ段和距离Ⅱ段构成本线路的主保护，距离Ⅲ段作为本线路和相邻线路的后备保护，各段保护的范围由保护动作阻抗整定值决定。当保护测量阻抗小于整定阻抗时，阻抗测量元件动作。因此，距离保护属于低量保护。

在如图 8-18（a）所示的供电网络中，设各线路均装设了三段式距离保护，现以 AB 线路保护为例，说明三段式距离保护的整定与配合原理。

距离Ⅰ段的整定阻抗 $Z_{\mathrm{set}.1}^{\mathrm{I}}$ 按小于本线路全长阻抗 Z_{AB} 整定，即 $Z_{\mathrm{set}.1}^{\mathrm{I}}<Z_{\mathrm{AB}}$，通常取 $(0.80\sim0.85)Z_{\mathrm{AB}}$。其保护范围约为本线路全长的 80%～85%，动作延时 $t_1^{\mathrm{I}}=0\mathrm{s}$。

距离Ⅱ段的整定阻抗应与相邻线路距离Ⅰ段保护的动作阻抗相配合，即 $Z_{\mathrm{set}.1}^{\mathrm{II}}<Z_{\mathrm{AB}}+Z_{\mathrm{set}.2}^{\mathrm{I}}$，通常取 $0.8(Z_{\mathrm{AB}}+Z_{\mathrm{set}.2}^{\mathrm{I}})$。其保护范围约为本线路全长及相邻线路首端 40%～50%，动作延时应与相邻线路距离Ⅰ段保护的动作时限相配合，即 $t_1^{\mathrm{II}}=t_2^{\mathrm{I}}+\Delta t=0.5\mathrm{s}$。

距离Ⅲ段的整定阻抗应按小于正常运行时的最小负荷阻抗整定。其保护范围为本线路全长和相邻线路全长以及更远，动作时限按阶梯时限配合原则确定，即 $t_1^{\mathrm{III}}=t_{\mathrm{B.max}}^{\mathrm{III}}+\Delta t$。

三段式距离保护的时限特性如图 8-18（b）所示。

三段式距离保护主要由启动元件、测量元件、时间元件以及振荡闭锁和电压回路断线闭锁组

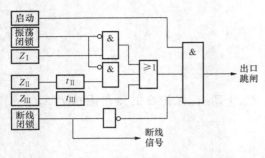

图 8-19　三段式距离保护原理框图

成, 其原理框图如图 8-19 所示。其中, 启动元件在发生故障时启动距离保护, 可由电流继电器或阻抗继电器构成; 测量元件用以测量故障点距离, 判断故障范围, 由阻抗继电器构成; 时间元件实现距离保护的延时, 满足各段保护的时限配合; 振荡闭锁在正常运行和系统振荡时, 闭锁距离Ⅰ段和Ⅱ段保护出口, 防止保护误动。一旦系统发生故障立即开放距离保护出口, 保证距离保护可靠动作跳闸。距离Ⅲ段一般可由延时躲过系统振荡的影响; 电压回路断线闭锁在电压互感器二次回路断线时, 闭锁距离保护出口, 并发出电压互感器二次断线信号。

距离保护除受电力系统振荡和电压互感器二次断线影响外, 还受到短路点过渡电阻和母线分支电流等因素的影响, 这些可通过选用合理的阻抗特性和在距离Ⅱ段动作阻抗的整定计算中引入分支系数等方法加以解决。

三、输电线路的接地保护

电力系统发生接地故障后, 电压、电流会出现零序分量, 利用这一特点可构成反应接地故障的零序电流保护和零序电压保护。

中性点直接接地系统中, 单相接地故障占故障总数的 80％ 以上, 且单相接地后, 会出现很大的零序电流。因此, 110kV 及以上线路应装设作用于跳闸的零序流保护。当中性点非直接接地系统发生单相接地后, 仅有很小的零序电容电流, 一般在 35kV 及以下的电网装设动作于信号的零序电压保护或接地选线装置。

1. 中性点直接接地系统的零序电流保护

中性点直接接地系统正常运行和发生相间短路时, 系统中无零序电压。若线路 K 点 U 相发生单相接地短路, 故障点 U 相电压 $\dot{U}_U = 0$, 该点零序电压 $3\dot{U}_{0.K} = (\dot{U}_U + \dot{U}_V + \dot{U}_W) = -\dot{E}_U$, 变压器接地中性点对地零序电压为零。显然, 故障点三相对地的零序电压最高, 在其作用下, 故障点至变压器接地中性点之间的三相电路中有零序电流流过, 零序电流分布如图 8-20 所示。利用测量线路首端的零序电流, 即可反应接地故障。

架空线路的零序电流保护可通过零序电流滤过器取得零序电流, 零序电流滤过器是将同型号、同变比的三相电流互感器二次绕组并联连接, 其输出为零序电流。零序电流滤过器接线如图 8-21 所示。

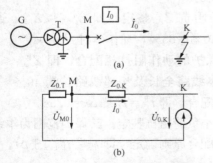

图 8-20　单相接地时零序分量

(a) 网络图；(b) 零序网络

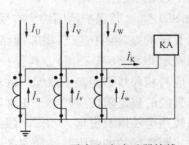

图 8-21　零序电流滤过器接线

　　线路为电缆出线的零序电流保护，采用如图 8-22 所示的零序电流互感器获取零序电流。零序电流互感器是由电缆中的三相电流在铁芯中产生零序磁通，从而在二次绕组回路中感应出零序电流的。电缆外皮接地线应回穿铁芯后再接地，以消除地中电流产生的不平衡电流，从而提高零序电流保护的灵敏度。

　　三段式零序电流保护由零序Ⅰ段、零序Ⅱ段构成本线路接地故障的主保护，零序Ⅲ段作为本线路及相邻线路接地故障的后备保护。保护装置原理接线如图 8-23 所示。其中，KA1、KM 和 KS1 构成零序Ⅰ段，KA2、KT1 和 KS2 构成零序Ⅱ段，KA3、KT2 和 KS3 构成零序Ⅲ段。

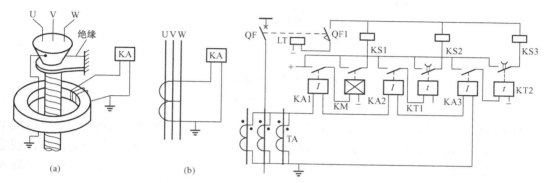

图 8-22　零序电流互感器　　　　　　　　图 8-23　三段式零序电流保护原理接线
（a）结构图；（b）接线图

　　零序Ⅰ段的动作电流按躲过本线路末端接地短路时流过本线路的最大零序电流和断路器三相触头不同时合闸时出现的最大零序电流整定，从而将其保护范围限制在本线路内，动作后有选择地无延时跳闸，并在断路器非同期合闸时不误动。

　　零序Ⅱ段的动作电流按躲过相邻线路零序Ⅰ段保护范围末端接地短路时流过本线路的最大零序电流整定。其动作时限与相邻线路零序Ⅰ段相配合，一般取 0.5s。

　　零序段Ⅲ的动作电流按躲过相邻线路首端相间短路时，本保护出现的最大不平衡电流整定。其动作时限与相邻线路零序Ⅲ段动作时限按阶梯时限特性配合，即 $t_{0.1}^{Ⅲ}=t_{0.B.max}^{Ⅲ}+\Delta t$。

　　零序电流保护反应接地故障与电流保护相比有以下显著优点。

　　（1）零序Ⅲ段灵敏度高。相邻线路首端相间短路时，本保护出现的最大不平衡电流较线路最大负荷电流小。

　　（2）零序Ⅲ段动作时限较相间Ⅲ段短。一般零序Ⅲ段的动作时限不需与变压器另一侧线路保护配合，而电流Ⅲ段须配合。

　　（3）保护范围受系统运行方式影响小。零序电流的大小与系统电源的阻抗无直接关系。

　　（4）受系统振荡或过负荷影响小。系统振荡和过负荷时，三相电流对称无零序电流分量，仅使不平衡电流有所增大。

　　此外，零序电流保护接线简单，反应接地故障可靠性高、正确动作率高。因此，广泛应用于大接地电流系统。

　　2. 中性点不接地系统的绝缘监视装置

　　在如图 8-24（a）所示的中性点不接地系统中发生单相接地后，接地相的电压为零，中性点电位偏移至相电势，未接地相的电压升高为线电压，故障点的零序电压为 $3\dot{U}_{0.K} = (\dot{U}_U + \dot{U}_V + \dot{U}_W) = -3\dot{E}_U$，电压相量图如图 8-24（b）所示。由于电源中性点不接地，单相接地后线路无短路电流，因此，系统各点零序电压基本相等。利用这一特点可构成测量母线零序电压的绝缘监视装置。

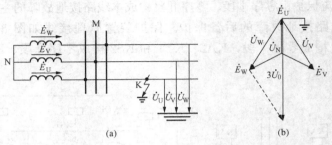

图 8-24 中性点不接地系统单相接地的电压
(a) 网络图；(b) 电压相量图

绝缘监视装置主要由接入母线上的三相五柱式电压互感器二次开口三角绕组的电压继电器构成，其原理接线如图 8-25 所示。当系统接地时，电压互感器开口三角绕组两端出现零序电压，启动电压继电器发"系统接地"信号。值班人员可根据三相电压表读数判别接地相。

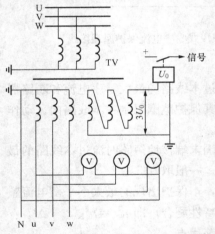

图 8-25 绝缘监视装置原理接线

显然，绝缘监视装置不能反映接地线路，其动作无选择性。为查找接地点，还需要值班人员依次断开线路断路器，再由自动重合闸快速合上。若线路断开瞬间，接地信号消失，则确定该线路为接地线路，通知检修人员寻线查找出接地点予以排除。

由于绝缘监视装置灵敏度高，接线简单，广泛应用于负荷允许短时停电的发电厂和变配电所。

需有选择地反应中性点非直接接地系统的接地，可采用测量母线零序电压和各线路零序电容电流的微机型接地选线装置。

第六节　变压器的继电保护

变压器是电力系统的重要组成元件，一旦发生故障将直接影响系统的安全运行及可靠供电。

一、变压器的故障、不正常工作状态及其保护方式

变压器的故障可分为油箱内部故障和油箱外部故障。油箱内部故障包括绕组的相间短路、匝间短路和中性点直接接地侧的接地短路。这些故障产生的电弧会烧坏变压器绕组绝缘和铁芯，并使绝缘材料和变压器油强烈汽化，引起油箱爆裂等严重后果。油箱外部故障主要有绝缘套管和引出线上发生的相间短路和中性点直接接地侧的接地短路。

变压器的不正常工作状态主要有：外部短路引起的过电流；电动机自启动或并联运行的

变压器被断开以及高峰负荷等原因引起的过负荷；外部接地短路引起中性点过电压；油箱漏油造成的油面降低；外加电压过高或频率降低引起的过励磁等。

为防御上述变压器的故障和异常运行状态对电力系统安全可靠运行带来严重影响，电力变压器一般应配置下列保护。

1. 瓦斯保护

瓦斯保护用来反应油箱内部短路故障及油面降低，其轻瓦斯保护动作于信号，重瓦斯保护动作于跳闸。对于 0.8MVA 及以上的油浸式变压器和 0.4MVA 及以上的户内油浸式变压器，均应装设瓦斯保护。

2. 纵差动保护或电流速断保护

纵差动保护或电流速断保护用来反应变压器绕组、套管和引出线的短路，保护动作于跳开各侧断路器。对于 6.3MVA 及以上的并列运行变压器、10MVA 及以上的单独运行变压器和发电厂厂用备用变压器，以及容量在 2MVA 及以上且采用电流速断保护灵敏度不满足要求的变压器，均应装设纵差动保护。

3. 相间短路的后备保护

相间短路的后备保护用来防御外部相间短路引起的变压器过电流，并作为内部故障的后备保护。其延时动作于跳闸。根据不同的变压器可选用过电流保护和复合电压启动的过电流保护。

4. 零序保护

零序保护作为中性点直接接地系统中的变压器接地故障的后备保护，延时动作于跳闸。对于中性点直接接地运行的变压器，应装设零序电流保护。对于中性点可能接地或不接地运行的变压器，应装设零序电流和零序电压保护。

5. 过负荷保护

过负荷保护用来反应变压器的过负荷，其经延时动作于信号。对于 0.4MVA 及以上的变压器，应装设过负荷保护。

二、变压器的瓦斯保护

油浸式变压器油箱内发生各种短路故障时，短路点的电弧使变压器油及其他绝缘材料分解、汽化形成油气流。反映这种油气流而动作的保护称为瓦斯保护。

1. 气体继电器结构及工作原理

气体继电器是气体保护的测量元件，它安装在油箱与油枕之间的连接管道上。为了便于油箱内的气体顺利通过气体继电器，变压器顶盖和连接管与水平面应具有一定坡度，其安装示意图如图 8-26 所示。

气体继电器有三种形式，即浮筒式、挡板式、复合式。运行经验表明，复合式气体继电器具有良好的抗震性能和运行稳定性。

FJ3-80 型复合式气体继电器结构图如图 8-27 所示，它是由开口杯和挡板复合而成。气体继电器内，上下各有一个带干簧触点的开口杯，向上开口的金属杯与平衡锤分别固定在转轴两侧。正常时，继电器充满了油，上开口杯在油内的重力产生的力矩比平衡锤产生的力矩小，开口杯上翘，固定在开口杯上的永久磁铁远离固定在支架上方的干簧触点，干簧触点断开。当油箱内发生轻微故障或漏油时，积聚的气体使继电器内油面下降，上开口杯随之下降带动永久磁铁靠近干簧触点，使其闭合，发出轻瓦斯保护动作信号。

当油箱内发生严重故障时，故障点的电弧使变压器油和绝缘物质分解汽化，产生的强油气流从左至右冲击位于通道中的挡板，挡板带动下开口杯上的永久磁铁顺时针转动，使下干簧触点闭合，发出重瓦斯保护跳闸脉冲。当变压器严重漏油，油面降至下开口杯面以下时，杯体及挡板转动，永久磁铁靠近下干簧触点，重瓦斯保护动作跳闸。

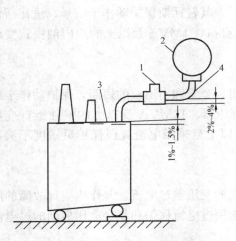

图 8-26　气体继电器安装示意图

1—气体继电器；2—油枕；3—油箱；4—导油管

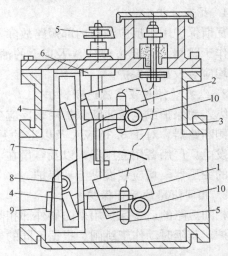

图 8-27　FJ3-80 型复合式气体继电器结构图

1—下开口杯；2—上开口杯；3—干簧触点；4—平衡锤；5—放气阀；6—探针；7—支架；8—挡板；9—进油挡板；10—永久磁铁

2. 瓦斯保护原理接线

瓦斯保护原理接线如图 8-28 所示。气体继电器 KG 的上触点为轻瓦斯保护触点，动作后延时发信号。气体继电器的下触点为重瓦斯保护触点，动作后经信号继电器 KS 启动出口中间继电器 KOM，跳开变压器各侧断路器。由于重瓦斯是反应油气流大小而动作的，且油气流在故障过程很不稳定，所以瓦斯保护出口中间继电器须经电流自保持跳闸，保证重瓦斯保护可靠动作。变压器换油后或进行瓦斯保护实验前，应将连接片 XB 暂时接至信号回路运行，以防止瓦斯保护误跳断路器。

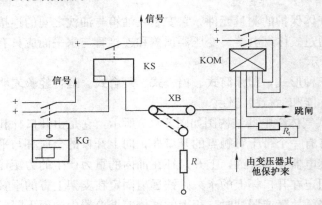

图 8-28　瓦斯保护原理接线图

轻瓦斯保护的动作值采用气体容积的大小表示。一般轻瓦斯保护气体容积的整定范围为 $250\sim300\mathrm{cm}$。气体容量的调整可通过改变气体继电器上平衡锤位置来实现。

重瓦斯保护的动作值采用连通管中油气流速度的大小来表示。一般整定范围为 $0.6\sim1.5\mathrm{m/s}$。

瓦斯保护灵敏度高、结构简单，能反映油箱内的各种故障和油位下降，并可根据从气体继电器的放气门收集的故障气体进行分析，判断故障的性质。但由于不能反应油箱外引出线和套管上的故障，因此，还需装设纵差动保护，与瓦斯保护共同构成变压器的主保护。

三、变压器纵差动保护

在容量较大的变压器上应装设纵差动保护，用以反应变压器绕组、套管及引出线的各种短路故障。

1. 变压器纵差动保护原理

变压器纵差动保护是通过比较变压器各侧电流大小和相位的原理构成，其单相原理接线如图 8-29 所示。

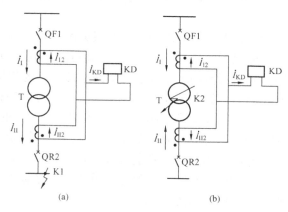

图 8-29　双绕组变压器纵差动保护单线原理接线图
(a) 正常运行或外部短路时电流分布；(b) 内部短路时电流分布

在变压器各侧装设电流互感器，其二次绕组同极性端相连，再并联接入差动继电器工作线圈，构成差动回路。两侧电流互感器变比满足 $\dfrac{n_{\mathrm{TA2}}}{n_{\mathrm{TA1}}}=n_{\mathrm{T}}$，即可将两侧二次电流归算至同一电压等级。

当正常运行或外部 K1 点短路时，变压器流过穿越电流，差动继电器电流为

$$I_{\mathrm{KD}}=|\dot I_{\mathrm{I2}}-\dot I_{\mathrm{II2}}|=I_{\mathrm{unb}} \tag{8-13}$$

式中　I_{KD}——差动继电器工作线圈电流；

　　$\dot I_{\mathrm{I2}}$、$\dot I_{\mathrm{II2}}$——电流互感二次电流；

　　I_{unb}——不平衡电流。

不平衡电流由两侧电流互感器的励磁特性不一致引起，正常运行时较小。当继电器的动作电流大于不平衡电流时，差动保护不动作。

当内部 K2 短路时，变压器两侧电流均流入变压器的短路点，差动继电器电流为

$$I_{KD} = |\dot{I}_{I2} + \dot{I}_{II2}| = I_{K.2} \tag{8-14}$$

式中　$I_{K.2}$——短路电流的二次值。

其大于差动继电器的动作电流，差动保护瞬时动作跳开变压器各侧断路器。

可见，纵差动保护的保护范围由差动保护各侧电流互感器安装位置所确定，其动作电流和动作时限不需要与相邻元件保护配合，从而构成无时限速断保护。

2. 变压器差动保护的特殊问题

因变压器的结构和运行特点，实施纵差动保护还存在以下特殊问题需加以考虑和解决。

（1）变压器励磁涌流的影响及防止措施。变压器励磁电流 I_e 流过变压器一侧绕组，其二次电流流过差动回路，影响差动保护的正确工作。正常运行时，励磁电流通常只有额定电流的 2%～5%，外部发生短路故障时的励磁电流更小，这两种情况对纵差动保护影响一般不预考虑。当变压器空载合闸或外部故障切除后电压恢复过程中，可能产生很大的励磁电流，其值可达额定电流的 5～10 倍。这种变压器暂态过程中出现的励磁电流通常称为励磁涌流，它对差动保护的影响最为严重，应采取有效措施防止差动保护的误动。

变压器正常稳态运行时，铁芯磁通与电源电压关系如图 8-30（a）所示，因变压器线圈阻抗可视为纯感性，励磁电流滞后电压 90°，故铁芯磁通也滞后电压 90°。

在变压器空载合闸时，励磁涌流的大小与合闸瞬间电源电压的相位角有关。若电路接通瞬间正好电源电压 $u=0(\varphi_u=0)$，铁芯中感应出滞后电压 90°的稳态磁通 Φ，其值为 $-\Phi_m$。为保持合闸瞬间铁芯总磁通为零，此刻铁芯中还产生出幅值为 Φ_m 的非周期分量磁通 Φ_{ap}。由于非周期分量磁通衰减较慢，经过半周期，铁芯中总磁通接近 $2\Phi_m$，如图 8-30（b）所示。这时因变压器铁芯深度饱和，相应的励磁电流大幅增加，产生幅值为 $I_{ex.m}$ 的励磁涌流，变压器铁芯的磁化曲线如图 8-30（c）所示。随着非周期分量磁通的衰减，励磁涌流幅值经几个周波逐渐减小到正常值，其波形如图 8-30（d）所示。

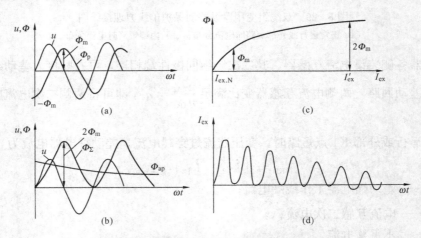

图 8-30　变压器励磁涌流的产生及变化曲线

(a) 稳态情况下，磁通与电压的关系；(b) 在 $u=0$ 瞬间空载合闸时，磁通与电压的关系；(c) 变压器铁芯的磁化曲线；(d) 励磁涌流波形

　　显然，当电压 $u=U_m$ 时合闸，不会出现励磁涌流。但三相变压器空载合闸时，至少有两相会产生励磁涌流。实际上，励磁涌流的大小、衰减速度除与电源电压的初相位有关外，还与铁芯剩磁大小和方向、电源和变压器的参数等有关。

　　通过波形分析，励磁涌流具有如下特点：

　　1) 波形偏于时间轴一侧，其含有很大的非周期分量；

　　2) 含有大量高次谐波分量，其中二次谐波比例较大；

　　3) 相邻波形间存在间断角，且波形的正半周与负半周不对称。

　　针对励磁涌流特点，变压器差动保护通常采取以下措施防止励磁涌流引起误动：

　　1) 采用具有速饱和铁芯的差动继电器；

　　2) 利用二次谐波制动或闭锁原理构成差动继电器；

　　3) 利用鉴别波形"间断角"原理构成差动继电器；

　　4) 利用波形对称原理构成差动保护。

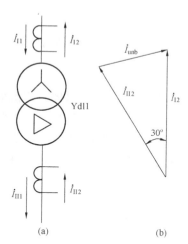

图 8-31　Yd11 接线变压器差动
回路电流相量图
(a) 接线图；(b) 相量图

　　(2) 变压器接线组别的影响及相位补偿。电力系统的大中型双绕组变压器通常采用 Yd11 接线。在正常三相对称情况下，变压器三角形侧线电流超前于同相星形侧线电流 30°，使两差动臂电流在差动回路中产生较大的不平衡电流 i_{unb}，如图 8-31 所示。

　　为了消除这种不平衡电流，通常采用如图 8-32 (a) 所示的相位补偿接线，即变压器星形侧的三相电流互感器的二次绕组采用三角形接线，而三角形侧的三相电流互感器的二次绕组采用星形接线，以此将变压器星形侧差动臂电流前移 30°，从而使两差动臂电流同相位。相位补偿的相量图如图 8-32 (b) 所示。

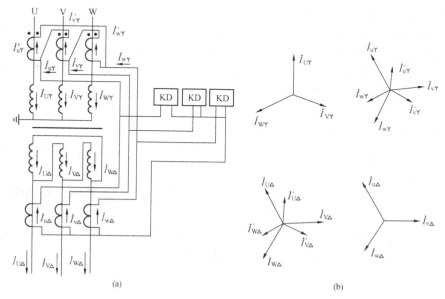

图 8-32　YNd11 接线变压器差动保护的接线图和相量图
(a) 相位补偿的接线图；(b) 相位补偿的相量图

采用相位补偿接线后，为使变压器通过穿越性电流时，每相两差动臂中的电流大小相当，两侧电流互感器变比应分别按下式计算。

变压器星形侧的电流互感器变比为

$$n_{\text{TAY}} = \frac{\sqrt{3} I_{\text{NY}}}{5}$$

变压器三角形侧的电流互感器变比为

$$n_{\text{TA}\triangle} = \frac{I_{\text{N}\triangle}}{5}$$

式中 I_{NY}——变压器星形侧额定电流;

$I_{\text{N}\triangle}$——变压器三角形侧额定电流。

在微机保护中，允许变压器各侧电流互感器均采用星形接线，由软件对变压器星形侧二次电流按式（8-15）进行计算，以实现相位补偿，也称为内转角。

$$\left. \begin{array}{l} \dot{I}'_{\text{uY}} = \dfrac{\dot{I}_{\text{uY}} - \dot{I}_{\text{vY}}}{\sqrt{3}} \\[3mm] \dot{I}'_{\text{vY}} = \dfrac{\dot{I}_{\text{vY}} - \dot{I}_{\text{wY}}}{\sqrt{3}} \\[3mm] \dot{I}'_{\text{wY}} = \dfrac{\dot{I}_{\text{wY}} - \dot{I}_{\text{uY}}}{\sqrt{3}} \end{array} \right\} \qquad (8\text{-}15)$$

（3）电流互感器标准化引起的平衡电流及数值补偿。定型产品的电流互感器变比已标准化，计算变比与标准变比不等时，应选用略大于计算值的标准变比作为电流互感器的变比（实际变比）。显然，各侧电流互感器的实际变比与计算变比的偏差值一般不相同。这样，在变压器运行时，各差动臂电流数值不等而在差动回路中产生不平衡电流。

为减小上述不平衡电流的影响，可采取以下补偿措施。

1）对采用具有速饱和变流器的差动继电器，可利用差动继电器的平衡线圈，通过磁势平衡原理对不平衡电流进行数值补偿。如图 8-33（a）所示，差动继电器铁芯上的差动线圈 N_{op} 接入差动回路；平衡线圈 N_{bal} 通常接入电流互感器二次电流较小的差动臂上。线圈的极性按图中连接，适当选择 N_{bal} 的匝数，使之满足

$$I_{2\triangle} N_{\text{bal}} = (I_{2\text{Y}} - I_{2\triangle}) N_{\text{op}} \qquad (8\text{-}16)$$

则差动继电器的铁芯中的磁势为零，从而消除不平衡电流的影响。

实际上，差动继电器只有整数匝可供选择，补偿后还存在残余不平衡电流，此电流应在动作值计算中予以考虑。

2）可在一侧差动臂中接入自耦变流器 UAS，如图 8-33（b）所示。利用改变 UAS 的变比，使 $I'_{\text{II}2} = I_{\text{I}2}$，从而消除变比标准化产生的不平衡电流。

3）在微机型变压器保护中是将计算出的电流平衡调整系数 K_{bl} 作为定值输入微机保护，由保护软件实现差动电流平衡调整。电流平衡调整系数为：

$$K_{\text{bl}} = \frac{I_{\text{n}}}{I_{2\text{c}}} \qquad (8\text{-}17)$$

式中 I_{n}——基准电流;

$I_{2\text{c}}$——本侧二次计算电流。

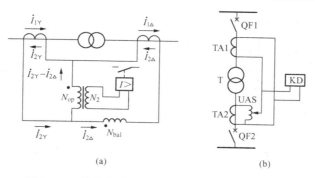

图 8-33　消除差动继电器不平衡电流影响原理图

(a) 利用平衡线圈消除不平衡电流影响；(b) 利用自耦变压器消除不平衡电流影响

（4）两侧电流互感器型号不同引起的不平衡电流。由于变压器各侧电流互感器型号不同，其励磁特性差异较大，在差动回路中引起较大的不平衡电流。为此，在不平衡电流计算时引入同型系数 K_{ss}，取较大值，并使保护动作电流大于最大不平衡电流，以躲过不平衡电流的影响。

（5）变压器调压产生的不平衡电流。在运行过程中，改变变压器调压分接头位置进行带负荷调压时，调压侧差动臂电流值也随之变化，在差动回路中产生新的不平衡电流。由于运行时不能随时调整差动继电器参数进行补偿，故此不平衡电流也应在不平衡电流计算中引入调压系数 ΔU 予以考虑。

考虑以上因素，变压器差动保护的最大不平衡电流为

$$I_{unb.\,max} = (K_{aaper}K_{SS}f_i + \Delta U + \Delta f_{za})\frac{I_{K.\,max}}{n_{TA}} \qquad (8-18)$$

式中　K_{aaper}——非周期分量系数，一般取 1.3～1.5；

$\quad\quad K_{SS}$——同型系数，两侧电流互感器同型时取 0.5，不同型时取 1.0；

$\quad\quad f_i$——电流互感器误差取 0.1；

$\quad\quad \Delta U$——调压系数，取调压范围的 1/2；

$\quad\quad \Delta f_{za}$——采用数值补偿产生的相对误差，初算时取 0.05；

$\quad\quad I_{K.\,max}$——外部最大短路电流。

3. DCD-2 型继电器结构及原理

DCD-2 型继电器是一种带加强型速饱和变流器的差动继电器，其结构图如图 8-34 所示。它由带短路线圈的速饱和变流器和电流继电器组成。速饱和变流器的中间柱截面积是边柱的两倍。中间柱上绕有工作线圈 N_{op} 和两个平衡线圈 $N_{bal.1}$、$N_{bal.2}$。短路线圈 N_K' 和 N_K'' 分别绕在中间柱 B 和左边柱 A 上，N_K' 和 N_{K2}'' 对左侧窗口顺向串联，二次线圈 N_{27} 绕在右边柱 C 上，并接入电流继电器 KA。

速饱和变流器的作用是在差动线圈 N_{op} 通过周期电流时，铁芯工作在线性段，变流器具有较好的传变能力。而当差动电流含有非周期分量时，铁芯进入饱和段，其传变能力显著降低，从而躲过励磁涌流和外部故障引起的暂态不平衡电流。

然而，内部故障暂态过程中的非周期分量电流，也将因变流器铁芯速饱和而导致继电器开始不动作，待非周期分量衰减后，才能动作，从而降低了差动保护切除内部故障的迅速性。

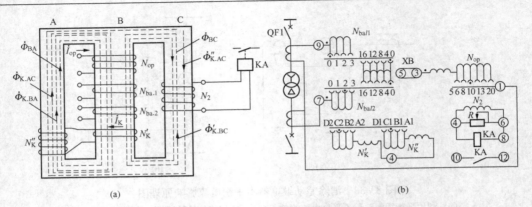

图 8 - 34 DCD-2 型继电器结构图

(a) 磁通分布图；(b) 内部接线图

短路线圈的作用是在铁芯未饱和时，由于两短路线圈 N_K' 与 N_K'' 的匝数比为 $1/2$，铁芯中间柱截面是左边柱截面的 2 倍，两短路线圈感应电流 $\dot{I}_K$ 产生的磁通在右边柱的分量 $\dot{\Phi}_{K.BC}'$ 和 $\dot{\Phi}_{K.AC}''$ 大小相等方向相反，相抵消。当铁芯饱和时，左右磁路磁阻比中右磁路磁阻增大较多，$\dot{\Phi}_{K.AC}''$ 小于 $\dot{\Phi}_{K.BC}'$，右边柱的总短路磁通对交链二次线圈的差动磁通 $\dot{\Phi}_{op.BC}$ 起去磁作用，从而进一步增强了差动继电器躲过励磁涌流和暂态不平衡电流的能力。这种将交流分量磁通削弱，使直流分量磁通变得显著的作用称为短路线圈的直流助磁作用。

由 DCD-2 型差动继电器构成的变压器差动保护内部接线如图 8 - 34（b）所示，差动继电器的两个平衡线圈 $N_{ba.1}$、$N_{ba.2}$ 分别接入两差动臂中，用以实现电流补偿，差动线圈 N_{op} 接入差动回路中。差动线圈和平衡线圈均设有抽头，可利用螺杆进行定值调整，调整时应注意防止线圈的短路和开路。

4. 变压器的差动保护原理接线

双绕组变压器的差动保护原理接线如图 8 - 35 所示。图中差动保护用电流互感器采用了相位补偿接线，三个差动继电器若为 DCD-2 型差动继电器，则其内部接线如图8 - 34（b）所示。当变压器内部短路时，差动保护动作瞬时跳开变压器两侧断路器，切除故障。

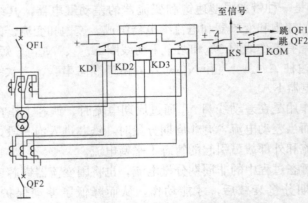

图 8 - 35 变压器的差动保护原理接线图

5. 微机型变压器差动保护

微机型继电保护是通过程序编制来实现保护特性的。因此，利用微机构成二次谐波制动的变压器差动保护能方便地获得更加理想的制动特性。

微机型二次谐波闭锁的变压器差动保护是在比率制动的差动保护中增设二次谐波识别元件而构成的，当差动电流二次谐波分量超过定值，二次谐波识别元件闭锁差动元件防止保护误动。

（1）比率制动原理。微机型比率制动的差动保护的比率制动原理可分为和差式比率制动和复式比率制动两类，以下介绍和差式比率制动原理及其特性。

1）和差式比率制动原理。为了便于表述，选择变压器各侧电流流入变压器为正，如图 8 - 36 所示为变压器差动保护电流参考方向。

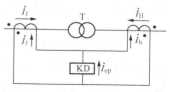

图 8 - 36　变压器差动保护
电流参考方向

差动保护的差动电流取变压器两侧二次电流之和的绝对值，即

$$I_{op} = |\dot{I}_h + \dot{I}_l| \qquad (8 - 19)$$

制动电流取变压器两侧二次电流之差的绝对值的一半，即

$$I_{brk} = \frac{|\dot{I}_h - \dot{I}_l|}{2} \qquad (8 - 20)$$

和差式比率制动差动保护的动作判据为

$$I_{op} > K_{rel} I_{brk} \qquad (8 - 21)$$

显然，这与整流型比率式差动保护相同。外部故障时，因 $\dot{I}_l$ 与 $\dot{I}_h$ 反相，差动电流为不平衡电流，而制动电流为短路电流二次值，有较强的制动作用。内部故障时，$\dot{I}_l$ 与 $\dot{I}_h$ 同相，差动电流为短路电流二次值，制动电流较小，一般情况下，保护能灵敏动作。

2）比率制动差动保护的动作特性。微机型比率制动差动保护的动作特性根据需要可构成二段式和多段式。

二段式比率制动差动保护的动作判据为

$$\left. \begin{array}{ll} I_{op} > I_{act.\,min} & I_{brk} \leqslant I_{brk.\,min} \\ I_{op} > K(I_{brk} - I_{brk.\,min}) + I_{act.\,min} & I_{brk} > I_{brk.\,min} \end{array} \right\} \qquad (8 - 22)$$

式中　$I_{act.\,min}$——差动保护的最小动作电流；

$\quad\quad I_{brk.\,min}$——差动保护的最小制动电流；

$\quad\quad K$——制动曲线的斜率，$K = \tan\alpha$。

$I_{act.\,min}$、$I_{brk.\,min}$、K 均为保护的整定值，$I_{act.\,min}$ 按躲过最大负荷情况下的不平衡电流整定，一般取 $(0.2 \sim 0.5)I_n$，I_n 为变压器高压侧额定电流二次值；$I_{brk.\,min}$ 一般取 I_n；K 由 $\dfrac{I_{unb.\,max}}{I_{K.\,max}}$ 计算得到，一般为 $0.2 \sim 0.8$。

比率制动差动保护的动作电流与制动电流的关系曲线称为比率制动特性，二段式比率制动特性如图 8 - 37 所示。

（2）二次谐波闭锁原理。微机保护是通过谐波分量滤过器算法，计算出差动电流中的二次谐波分量 I_{op2} 和基波分量

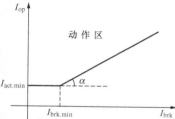

图 8 - 37　二段式比率制动特性

I_{op1}，取其比值 $\dfrac{I_{op2}}{I_{op1}}$ 与二次谐波制动系数 K_2 进行比较来鉴别励磁涌流。

二次谐波识别元件的动作判据为

$$I_{op2} < K_2 I_{op1} \tag{8-23}$$

式中　K_2——二次谐波分量制动系数，一般取 0.15。

当满足动作判据式（8-23）时，二次谐波识别元件动作，允许差动元件动作跳闸。否则，鉴为差动回路存在励磁涌流，二次谐波识别元件不动作，闭锁差动元件，防止差动保护误动作。

（3）差动速断保护。在变压器差动保护范围内发生严重故障时，由于暂态过程中电流互感器深度饱和，致使差动电流高次谐波含量增大，可能导致励磁涌流识别元件暂时拒动，待暂态分量衰减后，才能正确动作，这样就降低了差动保护的速动性。为此，变压器还应配置差动速断保护，以加快纵差保护对区内严重故障的动作速度。

差动速断保护是反应差动回路电流增大而瞬时动作的保护，当变压器内部故障，差动电流大于整定电流时，差动速断保护瞬时动作于跳闸。

为防止区外短路或励磁涌流情况下误动，差动速断保护的动作电流应按躲过外部三相短路时，差动回路最大不平衡电流和空载合闸时出现的最大励磁涌流来整定，其动作判据为

$$I_{op} > K_2 I_{sdt} \tag{8-24}$$

式中　I_{sdt}——差动速断保护的动作电流整定值。

（4）二次谐波制动原理差动保护的程序逻辑框图。程序逻辑框图用以表达故障处理程序中各程序段之间的逻辑判别关系，二次谐波制动原理差动保护的程序逻辑框图如图 8-38 所示。

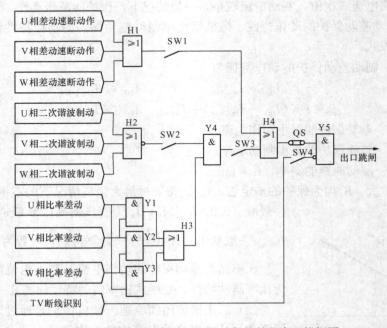

图 8-38　二次谐波制动原理差动保护的程序逻辑框图

图 8-38 中，三相比率差动元件按不同两相形成与逻辑（Y1、Y2、Y3），再经或门（H₃）输出构成两相及以上元件动作才有输出的"三取二"逻辑，采用该逻辑可防止一相比率差动元件误判，引起保护的误动作。并能保证任何一相发生区内故障时，差动保护可靠动作。这是因为采用相位补偿措施后，变压器星形侧一相短路会引起两相差动回路电流增大，致使两相比率差动元件同时动作。可见，采用"三取二"逻辑提高了差动保护动作的可靠性。

三相二次谐波制动元件构成或非逻辑，经与门（Y4）对比率差动元件出口进行闭锁，从而实现涌流超定值制动保护。

三相差动速断元件任一相动作即可瞬时出口跳闸，以加快变压器内部故障的切除速度。

当电流互感器二次回路断线引起差动电流增大时，由 TA 断线识别元件对整个差动保护实行闭锁，并发出断线闭锁信号。

图 8-38 中，SW1、SW2、SW3、SW4 表示由控制字设定的软件逻辑开关，俗称软压板。它们分别控制差动速断、二次谐波闭锁、二次谐波闭锁的差动保护和 TA 断线闭锁等功能的投入和退出。QS 为差动保护跳闸出口连接片，俗称硬压板，用以控制差动保护的投和退。

四、变压器保护配置框图

如图 8-39 所示为 110kV 双绕组升压变压器保护配置框图。该变压器配置的保护装置有纵差动保护、气体保护、零序电流零序电压保护、复合电压启动的过电流和过负荷保护。

图中纵差保护、重气体保护作为主保护，动作后瞬时跳开变压器两侧的断路器；零序电流零序电压保护和复合电压启动的过电流保护作为后备保护，动作后带相应延时跳开变压器两侧的断路器，断路器跳闸后同时发出事故告警信号；轻气体保护、过负荷保护及保护装置中的电压回路、电流回路断线闭锁均动作于信号。在变压器运行中加油、滤油等情况下，重气体保护应改为动作于信号。此时，纵差保护不允许退出工作。

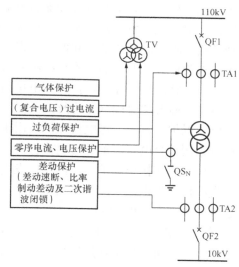

图 8-39　110kV 双绕组升压变压器
保护配置框图

零序电流保护取变压器中性点接地线上的电流互感器的二次电流，零序电压保护取 110kV 侧母线零序电压。当中性点接地隔离开关 QS_N 投入时，零序电流保护投入工作。当中性点接地隔离开关断开时，则由零序电压保护反应接地故障。

若选用微机型保护装置，差动保护可采用差动速断及比率制动特性以提高差动保护的动作速度及反应故障的灵敏性，利用二次谐波闭锁能可靠躲过励磁涌流的影响。

第七节　小型同步发电机保护

同步发电机是发电厂的重要设备，运行中的发电机定子回路和励磁回路可能出现各种故障和不正常运行状态，根据发电机容量和种类，针对其故障特征应装设完善的继电保护装置，保证发电机安全运行。农村电站的水轮发电机和企业余热发电厂的汽轮发电机，一般采用单机容量不超过 6MW 的小型同步发电机。小型发电机容量小，机端电压较低，以机压直配负荷为主，励磁系统较简单。

一、小型发电机保护的故障、不正常工作状态及其保护方式

发电机保护的故障分为定子回路故障和励磁回路故障。定子回路故障有：发电机定子绕组的相间短路、匝间短路、单相接地以及发电机引出线上的相间短路。励磁回路故障有：励磁回路一点接地、两点接地短路和励磁电压消失等。不正常工作状态主要有：外部短路引起的过电流，定子绕组和转子绕组的过负荷、突然甩负荷引起的过电压。

针对发电机的故障和不正常工作状态，并根据小型发电机容量小、机端电压较低、以机压直配负荷为主、励磁系统较简单的特点，小型发电机应配置以下保护。

(1) 相间短路的主保护，用以反应定子绕组和引出线的相间短路，作用于出口断路器及自动灭磁开关分闸，并停原动机（称为停机）。可选用过电流保护、电流速断保护或纵差保护作为相间短路的主保护。其中，过电流保护适用于 1MW 及以下单独运行的发电机，并取中性点侧电流；电流速断保护适用于 1MW 及以下并列运行的发电机；在 1MW 以上的发电机，若中性点有引出线时应采用纵差保护。

(2) 定子绕组匝间短路保护，用以反应定子绕组的匝间短路，作用于停机。对于定子绕组为双星形接线且中性点有分支引出端的发电机，应采用单继电器横差动保护，瞬时动作于停机。对于汽轮发电机在转子一点接地时，应将单继电器横差动保护切换为延时动作，防止转子绕组瞬时两点接地引起保护的误动作。对于不能采用单继电器横差动保护的小型发电机不要求装设其他原理的定子绕组匝间短路保护。

(3) 相间后备保护，作为发电机内、外部相间短路的后备，动作延时作用于出口断路器及自动灭磁开关分闸（称为解列灭磁）。相间后备保护可选用过电流保护或复合电压启动的过电流保护。其中，过电流保护适用于 1MW 及以下的小型发电机；1MW 以上的小型发电机宜采用复合电压启动的过电流保护，以提高电流保护的灵敏度。

(4) 单相接地保护，用以反应发电机定子绕组的单相接地故障。当单相接地电容电流大于发电机容许电流（6.3kV 发电机为 4A），会烧坏电子铁芯。因此，对于接地电容电流大于或等于 4A 的小型发电机，应装设作用于解列灭磁的零序电流保护；对于接地电容电流小于 4A 的小型发电机，应装设作用于信号的零序电压保护。

(5) 过负荷保护，用以反应发电机定子绕组的对称过负荷，通常装设在一相上，延时作用于信号。

(6) 过电压保护，用以反应水轮发电机突然甩负荷时定子绕组中引起的对称过电压，通常用一只过电压继电器装设在线电压上，作用于解列灭磁。

(7) 励磁回路一点接地保护及两点接地保护。励磁回路一点接地保护装设在 1MW 以上的小型发电机上，用以反应发电机转子绕组的一点接地，作用于信号通知值班员处理。对小型汽轮发电机与不大于 1MW 的小型水轮发电机宜采用励磁回路一点接地定期检测装置（即转子绝缘监视装置）。励磁回路两点接地保护用以反应发电机转子绕组的两点接地故障，作用于停机。

(8) 失磁保护用以反应发电机励磁电流消失或异常下降，作用于减负荷和出口断路器分闸（称为解列）。对于励磁方式为自并励半导体励磁，且不允许失磁运行的发电机应装设专用的失磁保护；对于采用直流励磁机励磁的小型发电机，一般采用灭磁开关联跳出口断路器的联动接线。

二、发电机纵差动保护

发电机纵差动保护原理与变压器纵差动保护相同，其原理接线图如图 8-40 所示。由于发电机纵差动保护两侧可选用同型号、同变比的电流互感器，因此其不平衡电流比变压器差动保护小。为防止外部短路暂态不平衡电流的影响，差动继电器 KD 采用具有短路线圈的 DCD-2 型继电器。在三相差动回路的中性线上接入断线监视继电器 KMN，在差动回路断线时动作于信号，通知值班人员将纵差动保护退出工作，防止外部故障引起保护的误动。

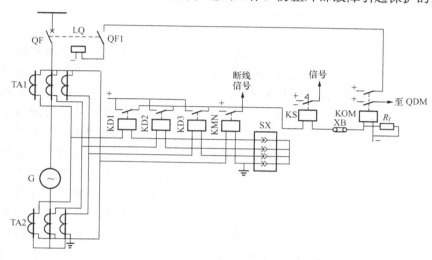

图 8-40　发电机纵差动保护原理接线图

三、发电机单相接地保护

1. 发电机零序电流保护

对于直接连于母线的发电机，当定子绕组单相接地后，发电机机端流过较大的电网对地零序电容电流；而定子绕组外部单相接地时，仅有较小的定子绕组对地电容电流流过发电机机端。利用这一特征可构成发电机零序电流保护，其原理接线图如图 8-41 所示。

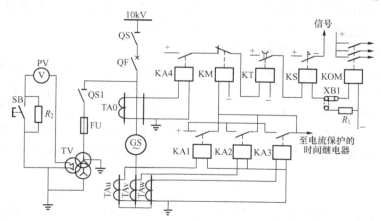

图 8-41　发电机零序电流保护原理接线图

　　保护从发电机出口端专用零序电流互感器取得零序电流。专用零序电流互感器采用优质高磁导率铁芯，对小电流具有较强的变换能力。为了降低保护动作电流，并防止外部相间短路产生的不平衡电流引起保护误动作，利用相间后备保护的过电流元件，在相间短路时启动中间继电器 KM 闭锁接地保护。接地保护带 1～2s 延时动作，用以躲过外部单相接地暂态电容电流对接地保护的影响。

　　由于接线中采取上述措施，保护动作电流可按躲过外部单相接地时的零序电流和正常情况下的不平衡电流整定，从而提高保护的灵敏度，减小保护死区。

　　应当指出，发电机孤立运行时，零序电流保护不能反应定子绕组接地。此时应通过接入机端零序电压的电压表 PV，检查定子绕组对地绝缘。

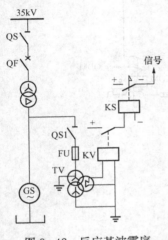

图 8-42　反应基波零序
电压定子接地
保护原理图

2. 发电机零序电压保护

　　对于与变压器单元接线的发电机，因接地零序电容电流较小，往往采用零序电压保护，一般作用于信号。发电机零序电压保护是利用定子绕组单相接地，在定子回路各点均会出现零序电压的特征构成。反应基波零序电压定子接地保护原理图如图 8-42 所示。零序电压保护可从发电机机端三相五柱式电压互感器二次开口三角绕组或中性点电压互感器二次绕组取得零序电压。保护动作电压应按躲过正常运行时的最大不平衡电压整定，即 $U_{set}=K_{rel}U_{unb.max}$，一般动作电压整定为 15V。由于零序电压大小与接地点至中性点的匝数成正比，接地点离中性点越近，零序电压越小，故上述整定的零序电压保护具有 15% 的死区，即零序电压保护只能保护定子绕组首端的 85% 左右。为提高保护的灵敏度，减小死区范围，采用具有三次谐波过滤器的专用接地电压继电器，则动作电压可整定为 5V，其保护区可以提高至 95% 左右。

四、发电机的过负荷保护

　　当大型电动机自启动，生产过程中出现的短时冲击性负荷，发电机强行励磁或失磁运行，以及非同期误合闸等均可引起发电机过负荷。由于发电机过负荷是三相对称的，发电机过负荷保护通常取中性点侧一相（U 相）电流互感器的二次电流，保护的动作电流按躲过发电机额定负荷电流整定。动作后，延时 5～9s 发信号。

五、发电机的励磁回路一点及两点接地保护

　　发电机励磁回路正常对地绝缘，励磁回路发生一点接地，并不构成电流通路，对发电机运行无直接危害。但由于一点接地引起励磁绕组对地电压的增高，可能导致另一点又接地而形成两点接地短路。两点接地短路减小了励磁回路电阻，引起励磁回路电流增加，可能烧坏转子绕组和铁芯。更为严重的是被短接部分的励磁绕组不能产生励磁磁通，使发电机气隙磁通不对称，从而引起机组振动。尤其对多对磁极的水轮发电机引起的振动更为强烈，严重地威胁着发电机的安全。

1. 励磁回路一点接地定期检测装置

　　1MW 及以下的小型发电机可采用两块电压表构成的励磁回路一点接地定期检测装置，其原理接线如图 8-43 所示。装置中用两块直流电压表 PV1 和 PV2 分别测量励磁绕组正、

负极对地（机轴）电压。发电机正常运行时，两电压表指示相
等；转子绕组一点接地后，两电压表指示不等，若正极对地电
压低于负极对地电压，说明接地点靠近正极，反之，接地点靠
近负极。

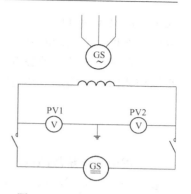

容量较大的小型发电机可采用直流电桥原理构成的转子绝
缘监视装置。该装置正常投入，转子绕组一点接地自动发信
号，值班人员通过转换开关用一块电压表分别测量正、负极对
地电压，实现转子绕组对地绝缘监测。

转子绕组一点接地后，对于小型水轮发电机应尽快安排停
机；对于小型汽轮发电机应投入转子绕组两点接地保护。

图 8 - 43　励磁回路一点接地
检测原理接线

2. 发电机转子绕组两点接地保护

小型发电机的转子绕组两点接地保护通常利用直流电桥原理构成，在发电机转子绕组一
点接地后才能投入。保护投入后，经接地点两侧转子绕组电阻构成平衡的直流电桥。当转子
绕组又发生另一点接地，电桥平衡遭到破坏，保护动作带延时停机。

六、小型发电机保护配置框图

如图 8 - 44 所示为容量小于 100MW 的小型发电机的继电保护配置图。该发电机配置的
保护装置了纵差动保护、过电压保护、定子接地保护、复合电压启动的过电流、过负荷保护
以及失磁保护和励磁回路一点接地保护。

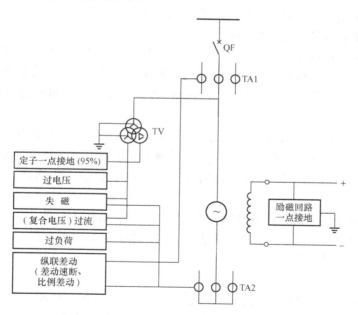

图 8 - 44　小型发电机的继电保护配置图

图 8 - 44 中纵差保护作为发电机定子回路的主保护，瞬时动作于停机。过电压保护反应
突然甩负荷引起定子绕组过电压，瞬时或经延时动作解列灭磁。复合电压启动的过电流作为
发电机定子回路的后备保护，延时动作于解列灭磁。定子接地保护反应发电机定子绕组单相
接地，延时动作于信号或解列灭磁。过负荷保护反应发电机定子绕组过负荷，动作于信号。

失磁保护反应发电机失磁引起机端测量阻抗的变化，延时动作于减负荷和解列。励磁回路一点接地保护反应励磁回路一点接地动作于信号。

若选用微机型保护装置，差动保护可采用比率制动特性，以提高差动保护的灵敏性，减小保护死区；并增加差动速断以提高严重故障时保护的动作速度。

第八节　自动重合闸装置

根据电力系统故障的统计，架空输电线路的故障大多数为暂时性故障，如雷电引起绝缘子表面闪络、大树和鸟类碰线引起的放电等形成的短路。暂时性故障的特点是：当切除故障后，短路点的绝缘会自行恢复。此时将跳闸后的断路器重新投入，线路仍可继续运行。自动重合闸装置就是将跳闸后的断路器重新合上的一种自动装置，简称 ARC。其与继电保护相配合能提高输电线路供电的可靠性，并能对人为误碰跳闸的断路器进行补救。根据运行资料的统计，线路重合闸重合成功率（重合成功次数与总动作次数之比）为 $60\%\sim90\%$。

对 1kV 及以上电压的架空线路和电缆与架空线混合线路具有断路器时，一般都应装设自动重合闸。在用高压熔断器保护的线路上，可采用自动重合熔断器。此外，在给地区负荷供电的电力变压器以及发电厂和变电站的母线上，必要时也可装设自动重合闸装置。

自动重合闸装置按合闸功能分为三相重合闸、单相重合闸和综合重合闸，按重合次数分为一次重合和多次重合，按应用场合分为单侧电源线路重合闸和双电源线路重合闸。在供配电线路中，通常采用适用于单侧电源线路的三相一次重合闸装置。

一、对自动重合闸装置的基本要求

要使重合闸装置正确工作，单侧电源线路的三相一次重合闸应满足以下基本要求。

（1）当断路器由继电保护动作或误碰断路器跳闸时，重合闸应可靠启动。

（2）启动后的重合闸，应待故障点电弧熄灭和断路器的操动机构复位后，才能重合断路器。

（3）自动重合闸的动作次数应为规定次数。如一次重合闸只允许动作一次。

（4）自动重合闸装置在动作以后，应能自动复归，准备好下一次再动作。

（5）手动和遥控断路器跳闸以及自动装置和母线保护动作跳闸时，自动重合闸不应动作。

（6）手动合闸于故障线路，继电保护跳闸时，自动重合闸不应重合。

（7）自动重合闸装置应能与继电保护配合，以加快切除永久性故障。

二、三相一次自动重合闸

1. 原理接线

如图 8-45 所示是单侧电源线路三相一次自动重合闸原理接线图。图中，SA 为断路器的控制开关，ST 为自动重合闸装置的选择开关，用于投入和解除 ARC。虚线框内为重合闸继电器 KAR，它是根据电容器充放电原理构成的。KAR 主要由电容器 C、充电电阻 R_4、放电电阻 R_6、时间继电器 KT 和带有电流自保持线圈的中间继电器 KM 等组成。其中，时间继电器线圈 KT 与 SA21-23 和跳闸位置继电器触点 KCT1 构成启动回路，回路接通后，启动重合闸装置。电容器 C 与充电电阻 R_4 及直流电源等构成充电回路，回路接通后直流电源经 R_4 向 C 充电。由于 R_4 阻值较大，电容器的充电时间为 $15\sim25$s，即电容器充电 15～

25s 才能充至额定电压。电容器 C 与放电电阻 R_6 等构成放电回路，因 R_6 阻值很小，回路接通后，电容器的电能在 0.01s 内放完。电容器 C 与中间继电器线圈 KM 及时间继电器延时触点 KT.2 构成动作放电回路，充满电的电容器向中间继电器线圈放电，中间继电器才能启动发出合闸脉冲。图中 KAT 是加速保护跳闸用的中间继电器，以实现重合闸与继电保护的配合。虚线框内 PROT 代表需要闭锁重合闸的保护装置的触点。

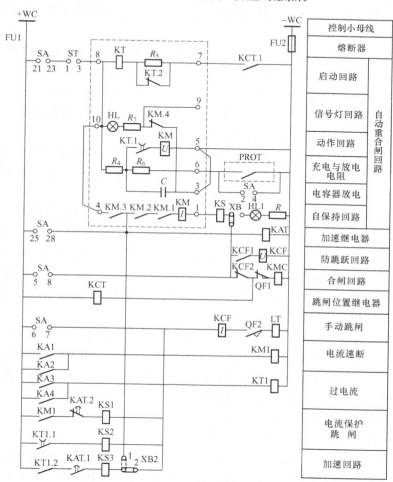

图 8-45　单侧电源线路三相一次自动重合闸原理接线图

2. 工作过程

（1）在正常运行情况下，SA21-23 和 ST1-3 接通，断路器在合闸位置，KCT1 断开。KAR 的电容器 C 经 R_4 完成充电（+WC→SA21-23→ST1-3→R_4→C→−WC），信号灯 HL 亮，表示母线电压正常，电容器已在充电状态。

（2）继电保护动作或误碰断路器跳闸时，断路器的动断辅助触点 QF1 闭合，跳闸位置继电器 KCT 动作，动合触点 KCT.1 闭合，时间继电器 KT 线圈带电（+WC→SA21-23→ST1-3→KT→KT.2→KCT.1→−WC），实现断路器位置与控制开关位置不对启动重合闸。为保证短路点电弧熄灭和断路器操动机构复位，KT.1 触点经 1.0～1.5s 延时后闭合，接通动作放电回路（C 正极→KT.1→KM-U→C 负极），中间继电器 KM 动作。中间继电器 KM

的动合触点闭合，接通合闸及电流自保持回路（＋WC→SA21-23→ST1-3→KM.3～1→KM-I→KS→XB→KCF2→QF1→KMC→－WC）。在 KM-I 电流自保持线圈的作用下，使得断路器在电容器放电电压降低后，仍能可靠合闸。同时，KM.4 断开，信号灯 HL 熄灭，表示重合闸动作。

若为瞬时故障，则重合闸成功，QF 与 AS 位置对应，KCT1 断开启动回路。时间继电器 KT 返回后，电容器 C 又开始经 R_1 充电，约 15～25s 后，电容器 C 的两端充至正常电压，电路自动复归，准备好再次动作。

如果是永久性故障，在断路器重合后，继电保护再次动作，使断路器跳闸，重合闸启动回路再次接通，经整定的延时，KT1 触点闭合，又接通动作放电回路。由于此时电容器 C 充电的时间远小于 15～25s，其端电压小于中间继电器 KM 的动作电压，由于 KM 电压线圈电阻与 R_4 的分压作用，电容 C 充电电压始终小于中间继电器 KM 的动作电压。重合闸继电器 KAR 不动作，从而满足只动作一次的要求。

（3）用控制开关手动跳闸时，SA21-23 断开重合闸正电源，同时，SA2-4 接通电容器放电回路（C 正极→R_6→SA2-4→C 负极），C 上的电压迅速降低至零，重合闸不可能动作，并保证手动合闸时，电容器 C 充电至额定电压须经 15～25s。

（4）用控制开关手动操作合闸于故障线路时，SA21-23 接通，SA2-4 断开，重合闸回路获得正电源，电容器 C 开始充电。此时投入故障的断路器，在继电保护的作用下又随即断开，重合闸启动，KT1 触点延时闭合接通动作放电回路，此时电容 C 充电的时间远小于 15～25s，因此不会自动重合。在实际操作中，应先用 SA 合闸，再合 ST 投入重合闸，以保证手动合闸于故障线路，自动重合闸不重合。前述过程只是防止操作顺序不正确所采取的技术措施。

三、自动重合闸与继电保护的配合

在输电线路上装设自动重合闸装置后，继电保护动作两次才能切除永久性故障，其中一次动作须按保护的整定时间延时动作，以实现选择性；另一次动作则不应带延时，以加快故障的切除。这就要求自动重合闸与继电保护配合，在线路故障时，加速保护跳闸。这样不但能加快故障切除，还可提高自动合闸的重合成功率。

自动重合闸与继电保护配合方式有以下两种。

1. 重合闸动作前加速保护动作方式（简称为前加速方式）

前加速方式是指线路故障重合闸启动前，加速保护第一次无选择地动作跳闸，而后由重合闸进行补救，若为永久性故障，保护再带延时有选择地动作跳闸的一种配合方式。

实现前加速配合方式只需在靠近电源的 L1 线路装设自动重合闸装置，如图 8-46 所示。图中每条线路上均装设定时限过电流保护，其动作时限按阶梯原则配合。并在自动重合闸安装处装设一套无选择性电流速断保护，其动作电流按躲过变压器后 K4 点的短路电流整定。

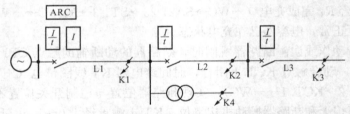

图 8-46　重合闸动作前加速保护配置

前加速保护接线如图 8-45 所示，连接片 XB2 与 1 端相连（虚线表示），当任何一段线路（如 K1 点）短路，首先都由保护 1 的无选择性电流速断保护动作，其中间继电器触点 KM1 经加速继电器动断触点 KAT.2 发出跳闸脉冲，瞬时跳开断路器 QF1。当 QF1 断开后，立刻启动重合闸，重合闸继电器发合闸脉冲的同时，启动加速继电器 KAT，其触点 KAT.2 断开电流速断出口回路，触点 KAT.1 接通保持回路。当重合至永久性故障时，过电流保护启动，其时间继电器 KT1 的瞬动触点 KT1.2 闭合，经触点 KAT.1 使加速继电器保持至故障有选择地切除。

采用前加速的优点是：能快速切除瞬时性故障，使其不致发展成为永久性故障，重合成功率高，只需装设一套 ARC，投资少。缺点是：在重合闸过程中所有客户都要暂时停电，对装有 ARC 的断路器，动作次数较多，一旦断路器重合不上，会扩大停电范围。

前加速方式主要用于 35kV 以下由发电厂和变电站引出的直配线上，以便快速切除故障，维持母线电压。

2. 重合闸动作后加速保护动作方式（简称为后加速方式）

后加速方式是指线路故障，继电保护第一次带延时有选择地动作跳闸，重合闸将断路器重新合上，若重合于永久性故障，重合闸加速保护瞬时跳闸的一种配合方式。

实现前后速配合方式须在所有线路上装设自动重合闸装置，如图 8-47 所示为重合闸动作后加速保护配置。

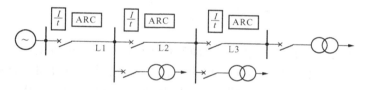

图 8-47　重合闸动作后加速保护配置

后加速保护接线如图 8-45 所示，连接片 XB2 与 2 端相连（实线表示），KAT.2 不接入（两端短接）。设某一线路末端短路，该线路过电流保护经时间继电器延时触点 KT1.1 延时后跳闸，随之该线路自动重合闸动作，在发合闸脉冲的同时，使加速继电器线圈励磁，其动合触点 KAT.1 接通瞬时跳闸回路。当重合至永久性故障时，过电流保护启动，其时间继电器 KT1 的瞬动触点 KT1.2 闭合，经触点 KAT.1 瞬时跳闸。

后加速的优点是：第一次为有选择性地切除故障，不会扩大停电范围，可靠性高，且应用范围不受任何条件的限制。其缺点是：在每个断路器上都需要装设一套重合闸装置，与前加速相比则较为复杂，而且第一次切除故障可能带有延时。

后加速方式主要用于 35kV 及以上的重要电力网中。

第九节　备用电源自动投入装置

备用电源自动投入装置是当工作电源或工作设备故障断开后，能自动将备用电源或备用设备投入工作，使客户不致停电的一种自动装置，简称 AAT。备用电源自动投入装置接线与备用电源的备用方式及一次系统接线有密切关系。

一、电源的备用方式

电源的备用方式可分为明备用和暗备用两种。明备用是指正常情况下有明显断开的备用电源或备用设备，如图 8-48 (a) 所示。正常运行时，图中 QF3、QF4、QF5 在断开状态，当故障情况下，在工作变压器 T1 (T2) 的断路器 QF2 (QF7) 断开后，立即将备用变压器 T0 的断路器 QF5 和 QF3 (QF4) 合上，由备用变压器 T0 向母线 Ⅰ (Ⅱ) 供电。

暗备用是指正常情况下多个作为备用的电源或备用设备均投入工作，各备用电源或备用设备之间由工作母线的分段断路器实现互为备用，如图 8-48 (b) 所示。正常运行时两台变压器开环运行，即分段断路器 QF5 处于断开状态。当任一母线因故障停电，在跳开供电变压器后，将分段断路器 QF3 自动合闸，由另一台变压器向停电母线上的负荷供电。

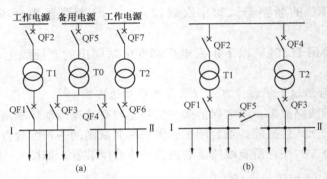

图 8-48　应用 AAT 装置的典型一次接线图

(a) 明备用；(b) 暗备用

显然，只有应用 AAT 装置，才能在电源开环运行情况下实现备用。

由于采用 AAT 装置具有提高供电可靠性、节省建设投资、简化继电保护、限制短路电流、提高母线残余电压等优点，AAT 装置在供配电网络中得到广泛应用。

二、对 AAT 的基本要求

备用电源自动投入装置应满足下列基本要求。

(1) 无论任何原因工作母线电压消失时，AAT 均应动作。在图 8-48 (a) 中，造成失压的原因有：工作变压器 T1 (或 T2) 故障；母线 Ⅰ (或 Ⅱ) 段故障；母线 Ⅰ (或 Ⅱ) 段出线故障，该出线断路器未断开；断路器 QF1、QF2 (或 QF6、QF7) 误跳闸；电力系统内部故障，使工作电源失压等。所有这些情况，AAT 都应动作。但是若电力系统内部故障，使工作电源和备用电源同时消失时，AAT 不应动作，以免系统故障消失后恢复供电时，所有工作母线段上的负荷均由备用电源或设备供电，引起备用电源过负荷，降低工作可靠性。

(2) 保证在工作电源或工作设备断开后，AAT 才能动作。以防止将备用电源或备用设备投入到故障元件上，造成 AAT 动作失败，甚至扩大事故，加重设备损坏程度。

(3) AAT 只能动作一次。当工作母线或出线上发生未被出线断路器断开的永久性故障时，工作电源断开后，AAT 第一次动作，将备用电源带故障点投入，继电保护随之动作断开备用电源，此时不允许 AAT 再次动作，以免备用电源多次投入到故障元件上，对系统造成再次冲击而扩大事故。

(4) 电压互感器二次回路断线，AAT 不应误动作。

(5) 备用电源无电压时，AAT 不应动作。

（6）AAT 的动作时间应使负荷停电时间尽可能短。从工作母线失去电压至备用电源投入，工作母线上的客户有一段停电时间，停电时间越短越有利客户电动机的自启动。但停电时间太短，电动机残压可能较高，备用电源投入时将产生冲击电流造成电动机的损坏。

三、AAT 接线及工作原理

图 8-49 是暗备用方式的 AAT 展开接线图。其中，低电压继电器 KV1、KV2 和 KV3、KV4 分别取母线 Ⅰ 和母线 Ⅱ 上电压互感器二次电压，构成母线 Ⅰ 和母线 Ⅱ 的低压启动回路，闭锁继电器 KL 和断路器 QF1、QF3 的动断辅助触点 QF1.2、QF3.2 构成分段断路器 QF5 的自动合闸回路。

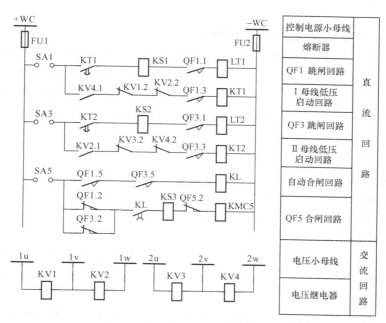

图 8-49　暗备用方式的 AAT 展开接线图

正常运行时，变压器 T1 和 T2 分别向母线 Ⅰ 和 Ⅱ 负荷供电，分段断路器 QF5 断开。SA1、SA3 和 SA5 触点闭合，KL 线圈通电励磁，其延时返回的动合触点闭合，做好合闸准备。

当母线 Ⅰ 失压，KV1.2 和 KV2.2 闭合接通低压启动回路（＋WC→SA1→KV4.1→KV1.2→KV2.2→QF1.3→KT1→—WC），经 KT1 延时跳开 QF1。QF1 跳开后，QF1.5 断开，KL 线圈断电失磁。同时，QF1.2 闭合，在 KL 返回延时内接通 QF5 的合闸回路（＋WC→SA5→QF1.2→KL→KS3→QF5.2→KMC5→—WC），使分段断路器合上，实现备用电源自动投入。

母线 Ⅱ 失压，AAT 动作过程与上述过程相似，不再赘述。

若将分段断路器合于故障母线，分段支路的电流速断保护瞬时跳开分段断路器。此时，闭锁继电器 KL 触点已断开，将自动合闸回路闭锁，AAT 不再合闸。

在图 8-49 所示接线中，采用两只接入不同线电压的低电压继电器，其触点串联构成低电压启动回路是为防止电压回路断线引起 AAT 误动作；利用 KV4 的动合触点串入启动回路，满足了备用电源无电压 AAT 不启动的要求；设置独立的低电压启动回路，以实现各种原因引起工作母线电压消失时可靠启动 AAT；利用工作电源断路器辅助动合触点启动合闸回路，以保证工作电源断开后 AAT 才能动作。正确选择闭锁继电器的返回延时，以控制 AAT 发出合闸脉冲的时间，来保证 AAT 只能合闸一次。该装置合闸过程的中间环节少，能满足 AAT 快速动作的要求。

第十节　发电厂的自动解列装置

自动解列装置是配置在解列点处的自动装置。当电力网络或工矿企业自备热电厂（站）或地方电厂，各自内部发生事故影响到对方安全运行时，能及时解列运行以保障各自的安全运行。

一、自动解列装置的配置原则及构成原理

主解列点应尽可能配置在功率平衡点上，后备解列点应配置在主解列点至自发电电源间的适当位置处。所谓适当处是指安全、经济两项指标易于实现，并且能利用原有元件的保护装置来实现，必要时略加改善或添置。解列点的保护的动作时限均应比电力系统的重合闸时间小一个时限级差，保证先解列再重合闸，以提高电力系统重合闸的成功率。

解列装置的可按以下原理构成。

（1）反应功率方向的变化。

（2）反应电压或频率的下降。

（3）反应发电厂和联络线过负荷。

（4）反应两侧电源电势相位差达到极限值。

（5）反应失步时电气参数的变化。

工矿企业自备热电厂（站）或地方电厂的解列装置多采用（1）和（2）两项原理构成。

二、自动解列装置

1. 功率方向解列装置

为了防止向电力系统的故障线路或停电检修线路上倒送电，工矿企业及地方电厂（站）应在解列点处设置功率方向解列装置。当允许向电网送出电量时，可设置小电流闭锁的功率方向解列装置。功率方向解列装置是利用功率方向继电器测量解列点的线电压与相电流的相位角来判别功率方向的。

采用方向元件的主要缺点是动作存在电压死区，即解列点附近（死区内）发生相间短路时，电压下降接近于零，方向元件失去判别相位的依据，从而不能动作。为减小死区的影响，方向元件采用三相三继电器的 90°接线方式，其可消除两相短路的死区，使三相短路的死区达最小。为彻底消除电压死区的影响，可加装低电压解列作为辅助解列装置。低电压解列的低电压继电器接线有两继电器接线和三继电器接线两种，客户自备电厂采用两继电器接线。

2. 低频解列装置

当电力系统因事故发生功率缺额或因某种原因电网电源断开，造成工矿企业或地方电厂自发电向电网负荷倒送电，都将使自发电低频率运行。由于自发电功率的限制，无法完成电网的调频任务，甚至危害自发电设备的安全。此时，自发电应及时解列孤立运行，保证向厂用电和自供负荷继续供电。

低频解列装置就是利用反应频率降低的原理实现自动解列的。低频解列装置原理接线如图 8-50 所示。

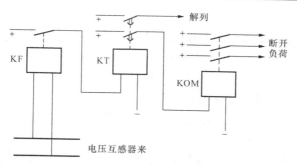

图 8-50　低频解列装置原理接线

　　低频解列装置配置在主解列点和后备解列点。低频解列可设两段时限，动作后，以较短时限（延时过渡动合触点）跳开主解列点或后备解列点断路器，以较长时限（延时动合触点）减负荷。这种接线同样可用作低频减负荷装置。

　　当所接电压低于 50% 额定电压时，低频继电器可能因动作力矩不足而拒动。为此，可加装低电压解列作为其辅助解列装置。

<h1 style="text-align:center">复 习 思 考 题</h1>

　　(1) 变电站有哪些二次设备？二次设备和二次接线的作用是什么？

　　(2) 二次接线图分哪几类？原理接线图和展开图各有何特点？

　　(3) 断路器控制回路应满足哪些要求？

　　(4) 在灯光控制的断路器回路中，红绿灯的作用是什么？

　　(5) 闪光电源的原理是什么？

　　(6) 事故信号回路如何实现中央复归重复动作？

　　(7) 变电站操作电源有几种形式？

　　(8) 在断路器的跳、合闸回路中为何要引入其辅助触点？为什么要采取电气防跳回路？试说明电气防跳回路的工作原理。

　　(9) 如何判断断路器是事故跳闸？

　　(10) 继电保护装置的作用是什么？

　　(11) 对继电保护的基本要求是什么？

　　(12) 什么叫电流继电器的动作电流、返回电流和返回系数？

　　(13) 什么是动合触点和动断触点？

　　(14) 电流继电器的返回系数 K_{re} 为什么小于 1？试说明 K_{re} 数值的大小对过电流保护的灵敏度有何影响。

　　(15) 常用辅助继电器有哪些？其作用如何？

　　(16) 简述微机保护的硬件结构，各部分有何作用。

　　(17) 微机保护的软件主要由哪几部分组成？简述其工作流程。

　　(18) 微机保护较常规保护有何特点？

　　(19) 三段式电流保护由哪些保护组成？其有何优点？

　　(20) 试比较三段式电流保护各段之间的区别（从动作电流、动作时限、保护范围和选择性配合等方面比较）。

（21）在整定定时限过电流保护的动作电流时，为什么必须考虑返回系数？在整定瞬时电流速断和限时电流速断保护的动作电流时是否需要考虑返回系数，为什么？

（22）试说明完全星形、不完全星形和两相电流差接线的应用范围。

（23）何谓距离保护？其有何优点？

（24）距离保护主要由哪几部分组成？各部分的作用是什么？

（25）三段式距离保护的整定原则是什么？

（26）在中性点直接接地和非直接接地电网中，发生接地短路时对接地保护要求如何？为什么？

（27）输电线路零序电流保护获取零序电流的方法有哪几种？各适用于什么场合？

（28）零序电流保护与电流保护相比有何优点？为什么？

（29）继电绝缘监视装置构成原理是什么？其有何优缺点？适用于什么场合？

（30）变压器有哪些故障和不正常运行状态？应装设哪些保护？

（31）为什么说瓦斯保护是反应变压器油箱内部故障的一种有效保护方式？在安装气体继电器时应该注意哪些问题？

（32）差动保护原理是什么？不平衡电流是如何产生的？如何消除其影响？

（33）变压器气体保护和差动保护能相互取代吗？为什么？

（34）Yd11接线的变压器构成差动保护时，如何进行相位补偿？变压器两侧电流互感器的变比如何选择？

（35）试说明DCD-2型差动继电器平衡绕组的作用。在实际使用中平衡绕组应如何接入？

（36）发电机可能发生哪些故障和不正常工作状态？应配置的相应保护有哪些？

（37）发电机励磁回路两点接地有什么危害？其保护如何实现？

（38）如图8-45所示的重合闸接线中，如果电容器 C 绝缘电阻降低较为严重，以至降到 R_4 的数值以下，运行中有何现象发生？为什么？

（39）什么是自动重合闸装置的前加速和后加速？各有什么特点？

（40）如图8-45所示的三相一次自动重合闸装置是如何保证只重合一次的？

（41）什么叫备用电源自动投入装置？它有何作用？

（42）何谓明备用？何谓暗备用？试绘图说明。

（43）对AAT有哪些基本要求？相应采取哪些措施？

（44）AAT由哪两部分构成？各有什么作用？

（45）试述自动解列装置的配置原则及构成原理，并说明有哪些自动解列装置。

附录一　相关法律法规

1. 中华人民共和国电力法

第一章　总　　则

第一条　为了保障和促进电力事业的发展，维护电力投资者、经营者和使用者的合法权益，保障电力安全运行，制定本法。

第二条　本法适用于中华人民共和国境内的电力建设、生产、供应和使用活动。

第三条　电力事业应当适应国民经济和社会发展的需要，适当超前发展。国家鼓励、引导国内外的经济组织和个人依法投资开发电源，兴办电力生产企业。

电力事业投资，实行谁投资、谁收益的原则。

第四条　电力设施受国家保护。

禁止任何单位和个人危害电力设施安全或者非法侵占、使用电能。

第五条　电力建设、生产、供应和使用应当依法保护环境，采用新技术，减少有害物质排放，防治污染和其他公害。

国家鼓励和支持利用可再生能源和清洁能源发电。

第六条　国务院电力管理部门负责全国电力事业的监督管理。国务院有关部门在各自的职责范围内负责电力事业的监督管理。

县级以上地方人民政府经济综合主管部门是本行政区域内的电力管理部门，负责电力事业的监督管理。县级以上地方人民政府有关部门在各自的职责范围内负责电力事业的监督管理。

第七条　电力建设企业、电力生产企业、电网经营企业依法实行自主经营、自负盈亏，并接受电力管理部门的监督。

第八条　国家帮助和扶持少数民族地区、边远地区和贫困地区发展电力事业。

第九条　国家鼓励在电力建设、生产、供应和使用过程中，采用先进的科学技术和管理方法，对在研究、开发、采用先进的科学技术和管理方法等方面作出显著成绩的单位和个人给予奖励。

第二章　电　力　建　设

第十条　电力发展规划应当根据国民经济和社会发展的需要制定，并纳入国民经济和社会发展计划。

电力发展规划，应当体现合理利用能源、电源与电网配套发展、提高经济效益和有利于环境保护的原则。

第十一条　城市电网的建设与改造规划，应当纳入城市总体规划。城市人民政府应当按照规划，安排变电设施用地、输电线路走廊和电缆通道。

任何单位和个人不得非法占用变电设施用地、输电线路走廊和电缆通道。

第十二条　国家通过制定有关政策，支持、促进电力建设。

地方人民政府应当根据电力发展规划，因地制宜，采取多种措施开发电源，发展电力建设。

第十三条　电力投资者对其投资形成的电力，享有法定权益。并网运行的，电力投资者有优先使用权；未并网的自备电厂，电力投资者自行支配使用。

第十四条　电力建设项目应当符合电力发展规划，符合国家电力产业政策。

电力建设项目不得使用国家明令淘汰的电力设备和技术。

第十五条　输变电工程、调度通信自动化工程等电网配套工程和环境保护工程，应当与发电工程项目同时设计、同时建设、同时验收、同时投入使用。

第十六条　电力建设项目使用土地，应当依照有关法律、行政法规的规定办理；依法征用土地的，应当依法支付土地补偿费和安置补偿费，做好迁移居民的安置工作。

电力建设应当贯彻切实保护耕地、节约利用土地的原则。

地方人民政府对电力事业依法使用土地和迁移居民，应当予以支持和协助。

第十七条　地方人民政府应当支持电力企业为发电工程建设勘探水源和依法取水、用水。电力企业应当节约用水。

第三章　电力生产与电网管理

第十八条　电力生产与电网运行应当遵循安全、优质、经济的原则。

电网运行应当连续、稳定，保证供电可靠性。

第十九条　电力企业应当加强安全生产管理，坚持安全第一、预防为主的方针，建立、健全安全生产责任制度。

电力企业应当对电力设施定期进行检修和维护，保证其正常运行。

第二十条　发电燃料供应企业、运输企业和电力生产企业应当依照国务院有关规定或者合同约定供应、运输和接卸燃料。

第二十一条　电网运行实行统一调度、分级管理。任何单位和个人不得非法干预电网调度。

第二十二条　国家提倡电力生产企业与电网、电网与电网并网运行。具有独立法人资格的电力生产企业要求将生产的电力并网运行的，电网经营企业应当接受。

并网运行必须符合国家标准或者电力行业标准。

并网双方应当按照统一调度、分级管理和平等互利、协商一致的原则，签订并网协议，确定双方的权利和义务；并网双方达不成协议的，由省级以上电力管理部门协调决定。

第二十三条　电网调度管理方法，由国务院依照本法的规定制定。

第四章　电力供应与使用

第二十四条　国家对电力供应和使用，实行安全用电、节约用电、计划用电的管理原则。

电力供应与使用办法由国务院依照本法的规定制定。

第二十五条　供电企业在批准的供电营业区内向客户供电。

供电营业区的划分，应当考虑电网的结构和供电合理性等因素。一个供电营业区内只设立一个供电营业机构。

省、自治区、直辖市范围内的供电营业区的设立、变更，由供电企业提出申请，经省、自治区、直辖市人民政府电力管理部门会同同级有关部门审查批准后，由省、自治区、直辖市人民政府电力管理部门发给《供电营业许可证》。跨省、自治区、直辖市的供电营业区的设立、变更，由国务院电力管理部门审查批准并发给《供电营业许可证》。供电营业机构持《供电营业许可证》向工商行政管理部门申请领取营业执照，方可营业。

第二十六条 供电营业区内的供电营业机构，对本营业区内的客户有按照国家规定供电的义务；不得违反国家规定对其营业区内申请用电的单位和个人拒绝供电。

申请新装用电、临时用电、增加用电容量、变更用电和终止用电，应当依照规定的程序办理手续。

供电企业应当在其营业场所公告用电的程序、制度和收费标准，并提供客户须知资料。

第二十七条 电力供应与使用双方应当根据平等自愿、协商一致的原则，按照国务院制定的电力供应与使用办法签订供用电合同，确定双方的权利和义务。

第二十八条 供电企业应当保证供给客户的供电质量符合国家标准。对公用供电设施引起的供电质量问题，应当及时处理。

客户对供电质量有特殊要求的，供电企业应当根据其必要性和电网的可能，提供相应的电力。

第二十九条 供电企业在发电、供电系统正常的情况下，应当连续向客户供电，不得中断。因供电设施检修、依法限电或者客户违法用电等原因，需要中断供电时，供电企业应当按照国家有关规定事先通知客户。

客户对供电企业中断供电有异议的，可以向电力部门投诉；受理投诉的电力管理部门应当依法处理。

第三十条 因抢险救灾需要紧急供电时，供电企业必须尽速安排供电，所需供电工程费用和应付电费依照国家有关规定执行。

第三十一条 客户应当安装用电计量装置。客户使用的电力电量，以计量检定的记录为准。

客户受电装置的设计、施工安装和运行管理，应当符合国家标准或电力行业标准。

第三十二条 客户用电不得危害供电、用电安全和扰乱供电、用电秩序。

对危害供电、用电安全和扰乱供电、用电秩序的，供电企业有权制止。

第三十三条 供电企业应当按照国家核准的电价和用电计量装置的记录，向客户计收电费。

供电企业查电人员和抄表收费人员进入客户，进行用电安全检查或者抄表收费时，应当出示有关证件。

客户应当按照国家核准的电价和用电计量装置的记录，按时交纳电费；对供电企业查电人员和抄表收费人员依法履行职责，应当提供方便。

第三十四条 供电企业和客户应当遵守国家有关规定，采取有效措施，做好安全用电、节约用电和计划用电工作。

第五章　电　价　与　电　费

第三十五条　本法所称电价，是指电力生产企业的上网电价、电网间的互供电价、电网销售电价。

电价实行统一政策，统一定价原则，分级管理。

第三十六条　制定电价，应当合理补偿成本，合理确定收益，依法计入税金，坚持公平负担，促进电力建设。

第三十七条　上网电价实行同网同质同价。具体办法和实施步骤由国务院规定。

电力生产企业有特殊情况需另行制定上网电价的，具体办法由国务院规定。

第三十八条　跨省、自治区、直辖市电网和省级电网内的上网电价，由电力生产企业和电网经营企业协商提出方案，报国务院物价行政主管部门核准。

独立电网内的上网电价，由电力生产企业和电网经营企业协商提出方案，报有管理权的物价行政主管部门核准。

地方投资的电力生产企业所生产的电力，属于在省内各地区形成独立电网的或者自发自用的，其电价可以由省、自治区、直辖市人民政府管理。

第三十九条　跨省、自治区、直辖市电网和独立电网之间、省级电网和独立电网之间的互供电价，由双方协商提出方案，报国务院物价行政主管部门或者其授权的部门核准。

独立电网与独立电网之间的互供电价，由双方协商提出方案，报有管理权的物价行政主管部门核准。

第四十条　跨省、自治区、直辖市电网和省级电网的销售电价，由电网经营企业提出方案，报国务院物价行政主管部门或者其授权的部门核准。

独立电网的销售电价，由电网经营企业提出方案，报有管理权的物价行政主管部门核准。

第四十一条　国家实行分类电价和分时电价。分类标准和分时办法由国务院确定。

对同一电网内的同一电压等级、同一用电类别的客户，执行相同的电价标准。

第四十二条　客户用电增容收费标准，由国务院物价行政主管部门会同国务院电力管理部门制定。

第四十三条　任何单位不得超越电价管理权限制定电价。供电企业不得擅自变更电价。

第四十四条　禁止任何单位和个人在电费中加收其他费用；但是，法律、行政法规另有规定的，按照规定执行。

地方集资办电在电费中加收费用的，由省、自治区、直辖市人民政府依照国务院有关规定制定办法。

禁止供电企业在收取电费时，代收其他费用。

第四十五条　电价的管理办法，由国务院依照本法的规定制定。

第六章　农村电力建设和农业用电

第四十六条　省、自治区、直辖市人民政府应当制定农村电气化发展规划，并将其纳入当地电力发展规划及国民经济和社会发展计划。

第四十七条　国家对农村电气化实行优惠政策，对少数民族地区、边远地区和贫困地区的农村电力建设给予重点扶持。

第四十八条 国家提倡农村开发水能资源，建设中、小型水电站，促进农村电气化。

国家鼓励和支持农村利用太阳能、风能、地热能、生物质能和其他能源进行农村电源建设，增加农村电力供应。

第四十九条 县级以上地方人民政府及其经济综合主管部门在安排用电指标时，应当保证农业和农村的适当比例，优先保证农村排涝、抗旱和农村季节生产用电。

电力企业应当执行前款的用电安排，不得减少农业和农村用电指标。

第五十条 农业用电价格按照保本、微利的原则确定。

农民生活用电与当地城镇居民生活用电应当逐步实行相同的电价。

第五十一条 农业和农村用电管理办法，由国务院依照本办法的规定制定。

第七章 电力设施保护

第五十二条 任何单位和个人不得危害发电设备、变电设施和电力线路设施及有关辅助设备。

在电力设施周围进行爆破及其可能危及电力设施安全的作业，应当按照国务院有关电力设施保护的规定，经批准并采取确保电力设施安全的措施后，方可进行作业。

第五十三条 电力管理部门应当按照国务院有关电力设施保护的规定，对电力设施保护区设立标志。

任何单位和个人不得在依法划定的电力设施保护区内修建可能危及电力设施安全的建筑物、构筑物，不得种植可能危及电力设施安全的植物，不得堆放可能危及电力设施安全的物品。

在依法划定电力设施保护区前已经种植的植物妨碍电力设施安全的，应当修剪或者砍伐。

第五十四条 任何单位和个人需要在依法划定的电力设施保护区内进行可能危及电力设施安全的作业时，应当经电力管理部门批准并采取安全措施后方可进行作业。

第五十五条 电力设施与公用工程、绿化工程和其他工程在新建、改造或者扩建中相互妨碍时，有关单位应当按照国家有关规定协商，达成协议后方可施工。

第八章 监督检查

第五十六条 电力管理部门依法对电力企业和客户执行电力法律、行政法规的情况进行监督检查。

第五十七条 电力管理部门根据工作需要，可以配备电力监督检查人员。

电力监督检查人员应当公正廉洁，秉公执法，熟悉电力法律、法规，掌握有关电力专业技术。

第五十八条 电力监督检查人员进行监督检查时，有权向电力企业或者客户了解有关执行电力法律、行政法规的情况，查阅有关资料，并有权进入现场进行检查。

电力企业和客户对执行监督检查任务的电力监督检查人员应当提供方便。

电力监督检查人员进行监督检查时，应当出示证件。

第九章　法 律 责 任

第五十九条　电力企业或者客户违反供用电合同，给对方造成损失的，应当依法承担赔偿责任。

电力企业违反本法第二十八条、第二十九条第一款的规定，未保证供电质量或者未事先通知客户中断供电，给客户造成损失的，应当依法承担赔偿责任。

第六十条　因电力运行事故给客户或者第三人造成损害的，电力企业应当依法承担赔偿责任。

电力运行事故由下列原因之一造成的，电力企业不承担赔偿责任：

（一）不可抗力；

（二）客户自身的过错。

因客户或者第三人的过错给电力企业或者其他客户造成损害的，该客户或者第三人应当依法承担赔偿责任。

第六十一条　违反本法第十一条第二款的规定，非法占用变电设施用地、输电线路走廊或者电缆通道的，由县级以上地方人民政府责令限期改正；逾期不改正的，强制清除障碍。

第六十二条　违反本法第十四条规定，电力建设项目不符合电力发展规划、产业政策的，由电力管理部门责令停止建设。

违反本法第十四条规定，电力建设项目使用国家明令淘汰的电力设备和技术的，由电力管理部门责令停止使用，没收国家明令淘汰的电力设备，并处五万元以下的罚款。

第六十三条　违反本法第二十五条规定，未经许可，从事供电或者变更供电营业区的，由电力管理部门责令改正，没收违法所得，可以并处违法所得五倍以下的罚款。

第六十四条　违反本法第二十六条、第二十九条规定，拒绝供电或者中断供电的，由电力管理部门责令改正，给予警告；情节严重的，对有关主管人员和直接责任人员给予行政处分。

第六十五条　违反本法第三十二条规定，危害供电、用电安全或者扰乱供电、用电秩序的，由电力管理部门责令改正，给予警告；情节严重或者拒绝改正的，可以中止供电，可以并处五万元以下的罚款。

第六十六条　违反本法第三十三条、第四十三条、第四十四条规定，未按照国家核准的电价和用电计量装置的记录向客户计收电费、超越权限制定电价或者在电费中加收其他费用的，由物价行政主管部门给予警告，责令返还违法收取的费用，可以并处违法收取费用五倍以下的罚款；情节严重的，对有关主管人员和直接责任人员给予行政处分。

第六十七条　违反本法第四十九条第二款规定，减少农业和农村用电指标的，由电力管理部门责令改正；情节严重的，对有关主管人员和直接责任人员给予行政处分；造成损失的，责令赔偿损失。

第六十八条　违反本法第五十二条第二款和第五十四条规定，未经批准或者未采取措施在电力设施周围或者在依法划定的电力设施保护区内进行作业，危及电力设施安全的，由电力管理部门责令停止作业、恢复原状并赔偿损失。

第六十九条　违反本法第五十三条规定，在依法划定的电力设施保护区内修建建筑物、构筑物或者种植植物、堆放物品，危及电力设施安全的，由当地人民政府责令强制拆除、砍伐或者清除。

第七十条　有下列行为之一，应当给予治安管理处罚的，由公安机关依照治安管理处罚条例的有关规定予以处罚；构成犯罪的，依法追究刑事责任。

（一）阻碍电力建设或者电力设施抢修，致使电力建设或者电力设施抢修不能正常进行的；

（二）扰乱电力生产企业、变电所、电力调度机构和供电企业的秩序，致使生产、工作和营业不能正常进行的；

（三）殴打、公然侮辱履行职务的查电人员或者抄表收费人员的；

（四）拒绝、阻碍电力监督检查人员依法执行职务的。

第七十一条　盗窃电能的，由电力管理部门责令停止违法行为，追缴电费并处应交电费五倍以下的罚款；构成犯罪的，依照刑法第一百五十一条或者第一百五十二条的规定追究刑事责任。

第七十二条　盗窃电力设施或者以其他方法破坏电力设施，危害公共安全的，依照刑法第一百零九条或者第一百一十条的规定追究刑事责任。

第七十三条　电力管理部门的工作人员滥用职权、玩忽职守、徇私舞弊，构成犯罪的，依法追究刑事责任；尚不构成犯罪的，依法给予行政处分。

第七十四条　电力企业职工违反规章制度、违章调度或者不服从调度指令，造成重大事故的，比照刑法第一百一十四条的规定追究刑事责任。

电力企业职工故意延误电力设施抢修或者抢险救灾供电，造成严重后果的，比照刑法第一百一十四条的规定追究刑事责任。

电力企业的管理人员和查电人员、抄表收费人员勒索客户、以电谋私，构成犯罪的，依法追究刑事责任；尚不构成犯罪的，依法给予行政处分。

第十章　附　　则

第七十五条　本法自 1996 年 4 月 1 日起施行。

2. 电力供应与使用条例

第一章　总　　则

第一条　为了加强电力供应与使用的管理，保障供电、用电双方的合法权益，维护供电、用电秩序，安全、经济、合理地供电和用电，根据《中华人民共和国电力法》制定本条例。

第二条　在中华人民共和国境内，电力供应企业（以下称供电企业）和电力使用者（以下称客户）以及与电力供应、使用有关的单位和个人，必须遵守本条例。

第三条　国务院电力管理部门负责全国电力供应与使用的监督管理工作。

县级以上地方人民政府电力管理部门负责本行政区域内电力供应与使用的监督管理工作。

第四条　电网经营企业依法负责本供区内的电力供应与使用的业务工作，并接受电力管理部门的监督。

第五条 国家对电力供应和使用实行安全用电、节约用电、计划用电的管理原则。

供电企业和客户应当遵守国家有关规定，采取有效措施，做好安全用电、节约用电、计划用电工作。

第六条 供电企业和客户应当根据平等自愿、协商一致的原则签订供用电合同。

第七条 电力管理部门应当加强对供用电的监督管理，协调供用电各方关系，禁止危害供用电安全和非法侵占电能的行为。

第二章 供 电 营 业 区

第八条 供电企业在批准的供电营业区内向客户供电。

供电营业区的划分，应当考虑电网的结构和供电合理性等因素。一个供电营业区内只设立一个供电营业机构。

第九条 省、自治区、直辖市范围内的供电营业区的设立、变更，由供电企业提出申请，经省、自治区、直辖市人民政府电力管理部门会同同级有关部门审查批准后，由省、自治区、直辖市人民政府电力管理部门发给《供电营业许可证》。跨省、自治区、直辖市的供电营业区的设立、变更，由国务院电力管理部门审查批准并发给《供电营业许可证》。供电营业机构持《供电营业许可证》向工商行政管理部门申请领取营业执照，方可营业。

电网经营企业应当根据电网结构和供电合理性的原则协助电力管理部门划分供电营业区。

供电营业区的划分和管理办法，由国务院电力管理部门制定。

第十条 并网运行的电力生产企业按照并网协议运行后，送入电网的电力、电量由供电营业机构统一经销。

第十一条 客户用电容量超过其所在的供电营业区内供电企业供电能力的，由省级以上电力管理部门指定的其他供电企业供电。

第三章 供 电 设 施

第十二条 县级以上各级人民政府应当将城乡电网的建设与改造规划，纳入城市建设和乡村建设的总体规划。各级电力管理部门应当会同有关行政主管部门和电网经营企业做好城乡电网建设和改造的规划。供电企业应当按照规划做好供电设施建设和运行管理工作。

第十三条 地方各级人民政府应当按照城市建设和乡村建设的总体规划统筹安排城乡供电线路走廊、电缆、通道、区域变电所、区域配电所和营业网点的用地。

供电企业可以按照国家有关规定在规划的线路走廊、电缆通道、区域变电所、区域配电所和营业网点的用地上，架线、敷设电缆和建设公用供电设施。

第十四条 公用路灯由乡、民族乡、镇人民政府或者县级以上地方人民政府有关部门负责建设，并负责运行维护和交付电费，也可以委托供电企业代为有偿设计、施工和维护管理。

第十五条 供电设施、受电设施的设计、施工、试验和运行，应当符合国家标准或者电力行业标准。

第十六条 供电企业和客户对供电设施、受电设施进行建设和维护时，作业区域内的有关单位和个人应当给予协助，提供方便；因作业对建筑物或者农作物造成损坏的，应当依照有关法律、行政法规的规定负责修复或者给予合理的补偿。

第十七条　公用供电设施建成投产后，由供电单位统一维护管理。经电力管理部门批准，供电企业可以使用、改造扩建该供电设施。

共用供电设施的维护管理，由产权单位协商确定，产权单位可自行维护管理，也可以委托供电企业维护管理。

客户专用的供电设施建成投产后，由客户维护管理或者委托供电企业维护管理。

第十八条　因建设需要，必须对已建成的供电设施进行迁移、改造或者采取防护措施时，建设单位应当事先与该供电设施管理单位协商，所需工程费用由建设单位负担。

第四章　电　力　供　应

第十九条　客户受电端的供电质量应当符合国家标准或者电力行业标准。

第二十条　供电方式应当按照安全、可靠、经济、合理和便于管理的原则，由电力供应与使用双方根据国家有关规定以及电网规划、用电需求和当地供电条件等因素协商确定。

在公用供电设施未到达的地区，供电企业可以委托有供电能力的单位就近供电。非经供电企业委托，任何单位不得擅自向外供电。

第二十一条　因抢险救灾需要紧急性供电时，供电企业必须尽速安排队供电。所需工程费用和应付电费由有关地方人民政府有关部门从抢险救灾经费中支出，但是抗旱用电应当由客户交付电费。

第二十二条　客户对供电质量有特殊要求的，供电企业应当根据其必要性和电网的可能，提供相应的电力。

第二十三条　申请新装用电、临时用电、增加用电容量、变更用电和终止用电，均应当到当地供电企业办理手续，并按照国家有关规定交付费用；供电企业没有不予供电的合理理由的，应当供电。供电企业应当在其营业场所公告用电的程序、制度和收费标准。

第二十四条　供电企业应当按照国家标准或者电力行业标准参与客户受送电装置设计图纸的审核，对客户受送电装置隐蔽工程的施工过程实施监督，并在该受送电装置工程竣工后进行检验；检验合格的，方可投入使用。

第二十五条　供电企业应当按照国家有关规定实行分类电价、分时电价。

第二十六条　客户应当安装用电计量装置。客户使用的电力、电量，以计量装置检定机构依法认可的用电计量装置的记录为准。用电计量装置，应当安装在供电设施与受电设施的产权分界处。

安装在客户处的用电计量装置，由客户负责保护。

第二十七条　供电企业应当按照国家核准的电价和用电计量装置的记录，向客户计收电费。

客户应当按照国家批准的电价，并按照规定的期限、方式或者合同约定的办法，交付电费。

第二十八条　除本条例另有规定外，在发电、供电系统正常运行的情况下，供电企业应当按照下列要求事先通知客户或者进行公告：

（一）因供电投放计划检修需要停电时，供电企业应当提前7天通知客户或者进行公告；

（二）因供电设施临时检修需要停止供电时，供电企业应当提前24小时通知重要客户；

（三）因发电系统发生故障需要停电、限电时，供电企业应当按照事先确定的限电序位进行停电或者限电。引起停电或者限电的原因消除后，供电企业应当尽快恢复供电。

第五章　电　力　使　用

第二十九条　县级以上人民政府电力管理部门应当遵照国家产业政策，按照统筹兼顾、保证重点、择优供应的原则，做好计划用电工作。

供电企业和客户应当制订节约用电计划，推广和采用节约用电的新技术、新材料、新工艺、新设备、降低电能消耗。

供电企业和客户应当采用先进技术、采取科学管理措施，安全供电、用电，避免发生事故，维护公共安全。

第三十条　客户不得有下列危害供电、用电安全，扰乱正常供电、用电秩序的行为：

（一）擅自改变用电类别；

（二）擅自超过合同约定的容量用电；

（三）擅自超过计划分配的用电指标；

（四）擅自使用已经在供电企业办理暂停使用手续的电力设备，或者擅自启用已经被供电企业查封的电力设备；

（五）擅自迁移、更动或者擅自操作供电企业的用电计量装置、电力负荷控制装置、供电设施以及约定由供电企业调度的客户受电设备；

（六）未经供电企业许可，擅自引入、供出电源或者将自备电源擅自并网。

第三十一条　禁止窃电行为。窃电行为包括：

（一）在供电企业的供电设施上，擅自接线用电；

（二）绕越供电企业的用电计量装置用电；

（三）伪造或者开启法定的或者授权的计量检定机构加封的用电计量装置封印用电；

（四）故意损坏供电企业用电计量装置；

（五）故意使供电企业的用电计量装置计量不准或者失效；

（六）采用其他方法窃电。

第六章　供　用　电　合　同

第三十二条　供电企业和客户应当在供电前根据客户需要和供电企业的供电能力签订供用电合同。

第三十三条　供用电合同应当具备以下条款：

（一）供电方式、供电质量和供电时间；

（二）用电容量和用电地址、用电性质；

（三）计量方式和电价、电费结算方式；

（四）供用电设施维护责任的划分；

（五）合同的有效期限；

（六）违约责任；

（七）双方共同认为应当约定的其他条款。

第三十四条　供电企业应当按照合同约定的数量、质量、时间、方式，合理调度和安全供电。

客户应当按照合同约定的数量、条件用电，交付电费和国家规定其他费用。

第三十五条 供用电合同的变更或者解除，应当依照有关法律、行政法规和本条例的规定办理。

第七章 监 督 与 管 理

第三十六条 电力管理部门应当加强对供电、用电的监督和管理。供电、用电监督检查工作人员必须具备相应的条件。供电、用电监督检查工作人员执行公务时，应当出示证件。

供电、用电监督检查管理的具体办法，由国务院电力管理部门另行制定。

第三十七条 在客户受送电装置上作业的电工，必须经电力管理部门考核合格，取得电力管理部门颁发的《电工进网作业许可证》，方可上岗作业。

承装、承修、承试供电设施和受电设施的单位，必须经电力管理部门审核合格，取得电力管理部门颁发的《承装（修）电力设施许可证》后，方可向工商行政管理部门申请领取营业执照。

第八章 法 律 责 任

第三十八条 违反本条例规定，有下列行为之一的，由电力管理部门责令改正，没收违法所得，可以并处违法所得5倍以下的罚款：

（一）未按照规定取得《供电营业许可证》，从事电力供应业务的；

（二）擅自伸入或者跨越供电营业区供电的；

（三）擅自向外转供电的。

第三十九条 违反本条例第二十七条规定，逾期未交付电费的，供电企业可以从逾期之日起，每日按照电费总额的千分之一至千分之三加收违约金，具体比例由供用电双方在供用电合同中约定；自逾期之日起计算超过30日，经催交仍未交付电费的，供电企业可以按照国家规定的程序停止供电。

第四十条 违反本条例第三十条规定，违章用电的，供电企业可以根据违章事实和造成的后果追缴电费，并按照国务院电力管理部门的规定加收电费和国家规定的其他费用；情节严重的，可以按照国家规定的程序停止供电。

第四十一条 违反本条例第三十一条规定，盗窃电能的，由电力管理部门责令停止违法行为，追缴电费并处应交电费5倍以下的罚款；构成犯罪的，依法追究刑事责任。

第四十二条 供电企业或者客户违反供用电合同，给对方造成损失的，应当依法承担赔偿责任。

第四十三条 因电力运行事故给客户或者第三人造成损害的，供电企业应当依法承担赔偿责任。

因客户或者第三人的过错给供电企业或者其他客户造成损害的，该客户或者第三人应当依法承担赔偿责任。

第四十四条 供电企业职工违反规章制度造成供电事故的，或者滥用职权、利用职务之便谋取私利的，依法给予行政处分；构成犯罪的，依法追究刑事责任。

第九章 附 则

第四十五条 本条例自 1996 年 9 月 1 日起施行。

3. 用电检查管理办法

第一章 总 则

第一条 为规范供电企业的用电检查行为，保障正常供电秩序和公共安全，根据《电力法》、《电力供应与使用条例》和国家有关规定，制定本办法。

第二条 电网经营企业、供电企业及其用电检查人员和被检查的用电户，必须遵守本办法。

第三条 用电检查工作必须以事实为依据，以国家有关电力供应与使用的法规、方针、政策，以及国家和电力行业的标准为准则，对客户的电力使用进行检查。

第二章 检查内容与范围

第四条 供电企业应按照规定对本供电营业区内的客户进行用电检查，客户应当接受检查并为供电企业的用电检查提供方便。用电检查的内容是：

一、客户执行国家有关电力供应与使用的法规、方针、政策、标准、规章制度情况；

二、客户受（送）电装置工程施工质量检验；

三、客户受（送）电装置中电气设备运行安全状况；

四、客户保安电源和非电性质的保安措施；

五、客户反事故措施；

六、客户进网作业电工的资格、进网作业安全状况及作业安全保障措施；

七、客户执行计划用电、节约用电情况；

八、用电计量装置、电力负荷控制装置、继电保护和自动装置、调度通信等安全运行状况；

九、供用电合同及有关协议履行的情况；

十、受电端电能质量状况；

十一、违章用电和窃电行为；

十二、并网电源、自备电源并网安全状况。

第五条 用电检查的主要范围是客户受电装置，但被检查的客户有下列情况之一者，检查的范围可延伸到相应目标所在处：

一、有多类电价的；

二、有自备电源设备（包括自备发电厂）的；

三、有二次变压配电的；

四、有违章现象需延伸检查的；

五、有影响电能质量的用电设备的；

六、发生影响电力系统事故需作调查的；

七、客户要求帮助检查的；

八、法律规定的其他用电检查。

第六条 客户对其设备的安全负责。用电检查人员不承担因被检查设备不安全引起的任何直接损坏或损害的赔偿责任。

第三章 组织机构及人员资格

第七条 用电检查实行按省电网统一组织实施，分级管理的原则，并接受电力管理部门的监督管理。

第八条 各跨省电网、省级电网和独立电网的电网经营企业，在其用电管理部门应配备专职人员，负责网内用电检查工作。其职责是：

一、负责受理网内供电企业用电检查人员的资格申请、业务培训、资格考核和发证工作；

二、依据国家有关规定，制订并颁发网内用电检查管理的规章制度；

三、督促检查供电企业依法开展用电检查工作；

四、负责网内用电检查的日常管理和协调工作。

第九条 供电企业在用电管理部门配备合格的用电检查人员和必要的装备，依照本办法规定开展用电检查工作。其职责是：

一、宣传贯彻国家有关电力供应与使用的法律、法规、方针、政策以及国家和电力行业标准、管理制度。

二、负责并组织实施下列工作：

1. 负责客户受（送）电装置工程电气图纸和有关资料的审查；

2. 负责客户进网作业电工培训、考核并统一报送电力管理部门审核、发证等事宜；

3. 负责对承接、承修、承试电力工程单位的资质考核，并统一报送电力管理部门审核、发证；

4. 负责节约用电措施的推广应用；

5. 负责安全用电知识宣传和普及教育工作；

6. 参与对客户重大电气事故的调查；

7. 组织并网电源的并网安全检查和并网许可工作。

三、根据实际需要，按本办法第四条规定的内容定期或不定期客户的安全用电、节约用电、计划用电状况进行监督检查。

第十条 根据用电检查工作需要，用电检查职务序列为一级用电检查员、二级用电检查员、三级用电检查员。

第十一条 对用电检查人员的资格实行考核认定。用电检查资格分为：一级用电检查资格、二级用电检查资格、三级用电检查资格三类。

第十二条 申请一级用电检查资格者，应已取得电气专业高级工程师或工程师、高级技师资格；或者具有电气专业大专以上文化程度，并在用电岗位上连续工作5年以上；或者取得二级用电检查资格后，在用电检查岗位工作5年以上者。

申请二级用电检查资格者，应已取得电气专业工程师、助理工程师、技师资格；或者具有电气专业中专以上文化程度，并在用电岗位连续工作3年以上；或者取得三级用电检查资格后，在用电检查岗位工作3年以上者。

申请三级用电检查资格者，应已取得电气专业助理工程师、技术员资格；或者具有电气专业中专以上文化程度，并在用电岗位工作 1 年以上；或者已在用电检查岗位连续工作 5 年以上者。

第十三条 用电检查资格由跨省电网经营企业或省级电网经营企业组织统一考试，合格后发给相应的《用电检查资格证书》。

《用电检查资格证书》由国务院电力管理部门统一监制。

第十四条 聘任为用电检查职务的人员，应具备下列条件：

一、作风正派，办事公道，廉洁奉公。

二、已取得相应的用电检查资格。聘为一级用电检查员者，应具有一级用电检查资格；聘为二级用电检查员者，应具有二级及以上用电检查资格；聘为三级用电检查员者，应具有三级以上用电检查资格。

三、经过法律知识培训，熟悉与供用电业务有关的法律、法规、方针、政策、技术标准以及供用电管理规章制度。

第十五条 三级用电检查员仅能担任 0.4kV 及以下电压受电的客户的用电检查工作。二级用电检查员能担任 10kV 及以下电压供电客户的用电检查工作。一级用电检查员能担任 220kV 及以下电压供电客户的用电检查工作。

第四章 检 查 程 序

第十六条 供电企业用电检查人员实施现场检查时，用电检查员的人数不得少于两人。

第十七条 执行用电检查任务前，用电检查人员应按规定填写《用电检查工作单》，经审核批准后，方能赴客户执行查电任务。查电工作终结后，用电检查人员应将《用电检查工作单》交回存档。

《用电检查工作单》内容应包括：客户单位名称、用电检查人员姓名、检查项目及内容、检查日期、检查结果，以及客户代表签字等栏目。

第十八条 用电检查人员在执行查电任务时，应向被检查客户出示《用电检查证》，客户不得拒绝检查，并应派员随同配合检查。

第十九条 经现场检查确认客户的设备状况、电工作业行为、运行管理等方面有不符合安全规定的，或者在电力使用上有明显违反国家有关规定的，用电检查人员应开具有《用电检查结果通知书》或《违章用电、窃电通知书》一式两份，一份送达客户并由客户代表签收，一份存档备查。

第二十条 现场检查确认有危害供用电安全或扰乱供用电秩序行为的，用电检查人员应按下列规定，在现场予以制止。拒绝接受供电企业按规定处理的，可按国家规定的程序停止供电，并请求电力管理部门依法处理，或向司法机关起诉，依法追究其法律责任。

一、在电价低的供电线路上，擅自接用电价高的用电设备或擅自改变用电类别用电的，应责成客户拆除擅自接用的用电设备或改正其用电类别，停止侵害，并按规定追收其差额电费和加收电费；

二、擅自超过注册或合同约定的容量用电的，应责成客户拆除或封存私增电力设备，停止侵害，并按规定追收基本电费和加收电费；

三、超过计划分配的电力、电量指标用电的，应责成其停止超用，按国家有关规定限制

其所用电力并扣还其超用电量或按规定加收电费;

四、擅自使用已在供电企业办理暂停使用手续的电力设备或启用已被供电企业封存的电力设备的,应再次封存该电力设备,制止其使用,并按规定追收基本电费和加收电费;

五、擅自迁移、更动或操作供电企业用电计量装置、电力负荷控制装置、供电设施以及合同(协议)约定由供电企业调度范围的客户受电设备的,应责成其改正,并按规定加收电费;

六、未经供电企业许可,擅自引入(或供出)电源或者将自备电源擅自并网的,应责成客户当即拆除接线,停止侵害,并按规定加收电费。

第二十一条 现场检查确认有窃电行为的,用电检查人员应当场予以中止供电,制止其侵害,并按规定追补电费和加收电费。拒绝接受处理的,应报请电力管理部门依法给予行政处罚;情节严重,违反治安管理处罚规定的,由公安机关依法予以治安处罚;构成犯罪的,由司法机关依法追究刑事责任。

第五章 检 查 纪 律

第二十二条 用电检查人员应认真履行用电检查职责,赴客户执行用电检查任务时,应随身携带《用电检查证》,并按《用电检查工作单》规定项目和内容进行检查。

第二十三条 用电检查人员在执行用电检查任务时,应遵守客户的保卫保密规定,不得在检查现场替代客户进行电工作业。

第二十四条 用电检查人员必须遵纪守法,依法检查,廉洁奉公,不徇私舞弊,不以电谋私。违反本条规定者,依据有关规定给予经济的、行政的处分;构成犯罪的,依法追究其刑事责任。

第六章 附 则

第二十五条 本办法自 1996 年 9 月 1 日起施行。

4. 居民客户家用电器损坏处理办法

第一条 为保护供用电双方的合法权益,规范因电力运行事故引起的居民家用电器损坏的理赔处理,公正、合理地调解纠纷,根据《电力法》、《电力供应与使用条例》和国家有关规定,制定本办法。

第二条 本办法适用于由供电企业以 220/380V 电压供电的居民客户,因发生电力运行事故导致电能质量劣化,引起居民客户家用电器损坏时的索赔处理。

第三条 本办法所称的电力运行事故,是指在供电企业负责运行维护的 220/380V 供电线路或设备上因供电企业的责任发生的下列事件:

1. 在 220/380V 供电线路上,发生相线与零线接错或三相相序接反;

2. 在 220/380V 供电线路上,发生零线断线;

3. 在 220/380V 供电线路上,发生相线与零线互碰;

4. 同杆架设或交叉跨越时,供电企业的高电压线路导线掉落到 220/380V 线路上或供电企业高电压线路对 220/380V 线路放电。

第四条　由于第三条列举的原因出现若干户家用电器同时损坏时，居民客户应及时向当地供电企业投诉，并保持家用电器损坏原状。供电企业在接到居民客户家用电器损坏投诉后，应在 24 小时内派员赴现场进行调查、核实。

第五条　属于本办法第三条所列事件引起家用电器损坏的，供电企业应会同居委会（村委会）或其他有关部门，共同对受害居民客户损坏的家用电器名称、型号、数量、使用年月、损坏现象等进行登记和取证。登记笔录材料应由受害居民客户签字确认，作为理赔处理的依据。

第六条　供电企业如能提供证明，居民客户家用电器的损坏是不可抗力、第三人责任、受害者自身过错或产品质量事故等原因引起，并经县级以上电力管理部门核实无误，供电企业不承担赔偿责任。

第七条　从家用电器损坏之日起 7 日内，受害居民客户未向供电企业投诉并提出索赔要求的，即视为受害者已自动放弃索赔权。超过 7 日的，供电企业不再负责其赔偿。

第八条　损坏的家用电器经供电企业指定的或双方认可的检修单位检定，认为可以修复的，按本办法第十条规定处理；认为不可修复的，按本办法第十条规定处理。

第九条　对损坏家用电器的修复，供电企业承担被损坏元件的修复责任。修复时应尽可能以原型号、规格的新元件修复；无原型号、规格的新元件可供修复时，可采用相同功能的新元件替代。

修复所发生的元件购置费、检测费、修理费均由供电企业负担。

不属于责任损坏或未损坏的元件，受害居民客户也要求更换时，所发生的元件购置费与修理费应由提出要求者负担。

第十条　对不可修复的家用电器，其购买时间在 6 个月及以内的，按原购货发票价，供电企业全额予以赔偿；购置时间在 6 个月以上的，按原购货发票价，并按本规定第十二条规定的使用寿命折旧后的余额，予以赔偿。使用年限已超过本规定第十二条规定仍在使用的，或者折旧后的差额低于原价 10% 的，按原价的 10% 予以赔偿。使用时间以发货票开具的日期为准开始计算。

对无法提出供购货发票的，应由受害居民客户负责举证，经供电企业核查无误后，以证明出具的购置日期时的国家定价为准，按前款规定清偿。

以外币购置的家用电器，按购置时国家外汇牌价折人民币计算其购置价，以人民币进行清偿。

清偿后，损坏的家用电器归属供电企业所有。

第十一条　在理赔处理中，供电企业与受害居民客户因赔偿问题达不成协议的，由县级以上电力管理部门调解，调解不成的，可向司法机关申请裁定。

第十二条　各类家用电器的平均使用年限为：

电子类：如电视机、音响、录像机、充电器等，使用寿命为 10 年。

电动机类：如电冰箱、空调器、洗衣机、电风扇、吸尘器等，使用寿命为 12 年。

电阻电热类：如电饭煲、电热水器、电茶壶、电炒锅等，使用寿命为 5 年。

电光源类：白炽灯、气体放电灯、调光灯等，使用寿命为 2 年。

第十三条　供电企业对居民客户家用电器损坏所支付的修理费用或赔偿费，由供电生产成本中列支。

第十四条　第三人责任致使居民客户家用电器损坏的，供电企业应协助受害居民客户向第三人索赔，并可比照本办法进行处理。

第十五条　本办法自 1996 年 9 月 1 日起施行。

5. 供 电 营 业 规 则

第一章　总　　则

第一条　为加强供电营业管理，建立正常的供电营业秩序，保障供用双方的合法权益，根据《电力供应与使用条例》和国家有关规定，制定本规则。

第二条　供电企业和客户在进行电力供应与使用活动中，应遵守本规则的规定。

第三条　供电企业和客户应当遵守国家有关规定，服从电网统一调度，严格按指标供电和用电。

第四条　本规则应放置在供电企业的用电营业场所，供客户查阅。

第二章　供　电　方　式

第五条　供电企业供电的额定频率为交流 50Hz。

第六条　供电企业供电的额定电压：

1. 低压供电：单相为 220V，三相为 380V；

2. 高压供电：为 10、35（63）、110、220kV。

除发电厂直配电压可采用 3kV 或 6kV 外，其他等级的电压应逐步过渡到上列额定电压。

客户需要的电压等级不在上列范围时，应自行采取变压措施解决。

客户需要的电压等级在 110kV 及以上时，其受电装置应作为终端变电站设计，方案需经省电网经营企业审批。

第七条　供电企业对申请用电的客户提供的供电方式，应从供用电的安全、经济、合理和便于管理出发，依据国家的有关政策和规定、电网的规划、用电需求以及当地供电条件等因素进行技术经济比较，与客户协商确定。

第八条　客户单相用电设备总容量不足 10kW 的可采用低压 220V 供电。但有单台设备容量超过 1kW 的单相电焊机、换流设备时，客户必须采取有效的技术措施以消除对电能质量的影响，否则应改为其他方式供电。

第九条　客户用电设备容量在 100kW 及以下或需用变压器容量在 50kVA 及以下者，可采用低压三相四线制供电，特殊情况也可采用高压供电。

用电负荷密度较高的地区，经过技术经济比较，采用低压供电的技术经济明显优于高压供电时，低压供电的容量界限可适当提高。具体容量界限由省电网经营企业作出规定。

第十条　供电企业可以对距离发电厂较近的客户，采用发电厂直配供电方式，但不得以发电厂的厂用电源或变电站（所）的站用电源对客户供电。

第十一条　客户需要备用、保安电源时，供电企业应按其负荷重要性，用电容量和供电的可能性，与客户协商确定。

客户重要负荷的保安电源，可由供电企业提供，也可由客户自备。遇有下列情况之一者，保安电源应由客户自备：

1. 在电力系统瓦解或不可抗力造成供电中断时，仍需保证供电的；

2. 客户自备电源比从电力系统供给更为经济合理的。

供电企业向有重要负荷的客户提供的保安电源，应符合独立电源的条件。有重要负荷的客户在取得供电企业供给的保安电源的同时，还应有非电性质的应急措施以满足安全的需要。

第十二条　对基建工地、农田水利、市政建设等非永久性用电，可供给临时电源。临时用电期限除经供电企业准许外，一般不得超过六个月，逾期不办理延期或永久性正式用电手续的，供电企业应终止供电。

使用临时电源的客户不得向外转供电，也不得转让给其他客户，供电企业也不受理其变更事宜。如需改为正式用电，应按新装用电办理。

因抢险救灾需要紧急供电时，供电站企业应迅速组织力量，架设临时电源所需的工程费用和应付的电费，由地方人民政府有关部门负责从救灾经费中拨付。

第十三条　供电企业一般不采用趸售方式供电，以减少中间环节。特殊情况需开放趸售供电时，应由省级电网经营企业报国务院电力管理部门批准。

趸购转售电单位应服从电网的统一调度，按国家规定的电价向客户售电，不得再向乡、村层层趸售。

电网经营企业与趸购转售电单位应就趸购转售事宜签订供用电合同，明确双方的权利和义务。

趸购转售电单位需新装或增加趸购容量时，应按本规则的规定办理新装增容手续。

第十四条　客户不得自行转供电。在公用供电设施尚未到达的地区，供电企业征得该地区有供电能力的直供客户同意，可采用委托重要的国防军工客户转供电。

委托转供电应遵守下列规定：

1. 供电企业与委托转供户（以下简称转供户）应就转供范围、转供容量、转供期限、转供费用、转供用电指标、计量方式、电费计算、转供电设施建设、产权划分、运行维护、调度通信、违约责任等事项签订协议。

2. 转供区域内的客户（以下简称被转供户），视同供电企业的直供户，与直供户享有同样的用电权利，其一切用电事宜按直供户的规定办理。

3. 向被转供户供电的公用线路与变压器的损耗电量应由供电企业负担，不得摊入被转供户用电量中。

4. 在计算转供户用电量、最大需量及功率因数调整电费时，应扣除被转供户、公用线路与变压器消耗的有功、无功电量。最大需量按下列规定折算：

（1）照明及一班制：每月用电量 180kW·h，折合为 1kW；

（2）二班制：每月用电量 360kW·h，折合为 1kW；

（3）三班制：每月用电量 540kW·h，折合为 1kW；

（4）农业用电：每月用电量 270kW·h，折合为 1kW。

5. 委托的费用，按委托的业务项目的多少，由双方协商确定。

第十五条　为保障用电安全，便于管理，客户应将重要负荷与非重要负荷、生产用电与生活区用电分开配电。

新装或增加用电的客户应按上述规定确定内部的配电方式，对目前尚未达到上述要求的客户应逐步进行改造。

第三章　新装、增容与变更用电

第十六条　任何单位或个人需新装用电或增加用电容量、变更用电都必须按本规则规定，事先到供电企业用电营业场所提出申请，办理手续。

供电企业应在用电营业场所公告办理各项用电业务的程序、制度和收费标准。

第十七条　供电企业的用电营业机构统一归口办理客户的用电申请和报装接电工作，包括用电申请书的发放及审核、供电条件勘查、供电方案确定及批复、有关费用收取、受电工程设计的审核、施工中间检查、竣工检验、供用电合同（协议）签约、装表接电等项业务。

第十八条　客户申请新装或增加用电时，应向供电企业提供用电工程项目批准的文件及有关的用电资料，包括用电地点、电力用途、用电性质、用电设备清单、用电负荷、保安电力、用电规划等，并依照供电企业规定的格式如实填写用电申请书及办理所需手续。

新建受电工程项目在立项阶段，客户应与供电企业联系，就工程供电的可能性、用电容量和供电条件等达成意向性协议，方可定址，确定项目。

未按前款规定办理的，供电企业界有权拒绝受理其用电申请。

如因供电企业供电能力不足或政府规定限制的用电项目，供电企业可通知客户暂缓办理。

第十九条　供电企业对已受理的用电申请，应尽速确定供电方案，在下列期限内正式书面通知客户：

居民客户最长不超过五天；低压电力客户最长不超过十天；高压单电源的客户最长不超过一个月；高压双电源客户最长不超过两个月。若不能如期确定供电方案时，供电企业应向客户说明原因。客户对供电企业答复的供电方案有不同意见时，应在一个月内提出意见，双方可再行协商确定。客户应根据确定的供电方案进行受电工程设计。

第二十条　客户新装或增加用电，在供电方案确定后，应按国家的有关规定向供电企业交纳新装增容供电工程贴费（以下简称供电贴费）。（注：2002 年 1 月 1 日，停止收取贴费。）

第二十一条　供电方案的有效期，是指从供电方案正式通知书发出之日起至交纳供电贴费并受电工程开工日为止。高压供电方案的有效期为一年，低压供电方案的有效期为三个月，逾期注销。

客户遇有特殊情况，需延长供电方案有效期限的，应在有效期限到期限前十天向供电企业提出申请，供电企业应视情况予以办理延长手续。但延长时间不得超过前款规定期限。

第二十二条　有下列情况之一者，为变更用电。客户需变更用电时，应事先提出申请，并携带有关证明文件，到供电营业场所办理手续，变更供用电合同：

1. 减少合同约定的用电容量（简称减容）；
2. 暂时停止全部或部分受电设备的用电（简称暂停）；
3. 临时更换大容量变压器（简称暂换）；
4. 迁移受电装置用电地址（简称迁址）；
5. 移动用电计量装置安装位置（简称移表）；
6. 暂时停止用电并拆表（简称暂拆）；

7. 改变客户的名称（简称更名或过户）；

8. 一户分列为两户及以上的客户（简称分户）；

9. 两户及以上客户合并为一户（简称并户）；

10. 合同到期终止用电（简称销户）；

11. 改变供电电压等级（简称改压）；

12. 改变用电类别（简称改类）。

第二十三条　客户减容，须在五天前向供电企业提出申请。供电企业应按下列规定办理：

1. 减容必须是整台或整组变压器的停止或更换小容量变压器用电。供电企业在受理之日后，根据客户申请减容的日期对设备进行加封。从加封之日起，按原计费方式减收其相应容量的基本电费。但客户申明为永久性减容的或从加封之日起期满二年又不办理恢复用电手续的，其减容量已达不到实施两部制电价规定容量标准时，应改为单一制电价计费。

2. 减少用电容量的期限，应根据客户所提出的申请确定，但最短期限不得少于六个月，最长期限不得超过两年。

3. 在减容期限内，供电企业应保留客户减少容量的使用权。客户要求恢复用电，不再交付供电贴费；超过减容期限要求恢复用电时，应按新装或增容手续办理。

4. 在减容期限内要求恢复用电时，应在五天前向供电企业办理恢复用电手续，基本电费从启封之日起计收。

5. 减容期满后的客户以及新装、增容客户，两年内不得申办减容或暂停。如确需继续办理减容或暂停的，减少或暂停部分容量的基本电费应按百分之五十计算收取。

第二十四条　客户暂停，须在五天前向供电企业提出申请。供电企业应按下列规定办理：

1. 客户在每一日历年内，可申请全部（含不通过受电变压器的高压电动机）或部分用电容量的暂时停止用电两次，每次不得少于十五天，一年累计暂停时间不得超过六个月。季节性用电或国家另有规定的客户，累计暂停时间可以另议。

2. 按变压器容量计收基本电费的客户，暂停用电必须是整台或整组变压器停止运行。供电企业在受理申请后，根据客户申请暂停的日期对暂停设备加封。从加封之日起，按原计费方式减收其相应容量的基本电费。

3. 暂停期满或每一日历年内累计暂停用电时间超过六个月者，不论客户是否申请恢复用电，供电企业须从期满之日起，按合同约定的容量计收其基本电费。

4. 在暂停期限内，客户申请恢复暂停用电容量用电时，须在预定恢复前五天向供电企业界提出申请。暂停时间少于十五天者，暂停期间基本电费照收。

5. 按最大需量计收基本电费的客户，申请暂停用电必须是全部容量（含不通过受电变压器的高压电动机）的暂停，并遵守本条1～4项的有关规定。

第二十五条　客户暂换（因受电变压器故障而无相同容量变压器替代，需要临时更换大容量变压器），须在更换前向供电企业提出申请。供电企业应按下列规定办理：

1. 必须在原受电地点内整台的暂换受电变压器。

2. 暂换变压器的使用时间，10kV 及以下的不得超过两个月，35kV 及以上不得超过三个月。逾期不办理手续的，供电企业可中止供电。

3. 暂换的变压器经检验合格后才能投入运行。

4. 暂换变压器增加的容量不收取供电贴费，但对两部制电价客户须在暂换之日起，按替换后的变压器容量计收基本电费。

第二十六条　客户迁址，须在五天前向供电企业提出申请。供电企业应按下列规定办理：

1. 原址按终止用电办理，供电企业予以销户。新址用电优先受理。

2. 迁移后的新址不在原供电点供电的，新址用电按新装用电办理。

3. 迁移后的新址在原供电点供电的，且新址用电容量不超过原址容量，新址用电不再收取供电贴费。新址用电引起的工程费由客户负担。

4. 迁移后的新址仍在原供电点，但新址用电容量超过原址用电容量的，超过原址用电容量的，超过部分按增容办理。

5. 私自迁移用电地址而用电者，除按本规则第一百条第 5 项处理外，自迁新址不论是否引起供电点变动，一律按新装用电办理。

第二十七条　客户移表（因修缮房屋或其他原因需要移动用电计量装置安装置）须向供电企业提出申请。供电企业应按下列规定办理：

1. 在用电地址、用电容量、用电类别、供电点等不变情况下，可办理移表手续；

2. 移表所需的费用由客户负担；

3. 客户不论何种原因，不得自行移动表位，否则，可按本规则第一百条第 5 项处理。

第二十八条　客户暂拆（因修缮房屋等原因需要暂时停止用电并拆表），应持有关证明向供电企业提出申请。供电企业应按下列规定办理：

1. 客户办理暂拆手续后，供电企业应在五天内执行暂拆。

2. 暂拆时间最长不得超过六个月。暂拆期间，供电企业保留客户原容量的使用权。

3. 暂拆原因消除，客户要求复装接电时，须向供电企业办理复装接电手续并按规定交付费用。上述手续完后，供电企业应在五天内为该客户复装接电。

4. 超过暂拆规定时间要求复装接电者，按新装手续办理。

第二十九条　客户更名或过户（依法变更客户名称或居民客户房屋变更户主），应持有关证明向供电企业界提出申请。供电企业应按下列规定办理：

1. 在用电地址、用电容量、用电类别不变条件下，允许办理更名或过户。

2. 原客户应与供电企业结清债务，才能解除原供电关系。

3. 不申请办理过户手续而私自过户者，新客户应承担原客户所负债务。经供电企业检查发现客户私自过户时，供电企业应通知该户补办手续，必要时可中止供电。

第三十条　客户分户，应持有关证明向供电企业提出申请。供电企业应按下列规定办理：

1. 在用电地址、供电点、用电容量不变，且其受电装置具备分装的条件时，允许办理分户；

2. 在原客户与供电企业结清债务的情况下，再办理分户手续；

3. 分立后的新客户应与供电企业重新建立供用电关系；

4. 原客户的用电容量由分户者自行协商分割，需要增容者，分户后另行向供电企业办理增容手续；

5. 分户引起的工程费用由分户者负担；

6. 分户后受电装置应经供电企业检验合格，由供电企业分别装表计费。

第三十一条 客户并户，应持有关证明向供电企业提出申请，供电企业应按下列规定办理：

1. 在同一供电点，同一用电地址的相邻两个及以上客户允许办理并户；

2. 原客户应在并户前向供电企业结清债务；

3. 新客户电容量不得超过并户前各户容量之总和；

4. 并户引起的工程费用由并户者负担；

5. 并户的受电装置应经检验合格，由供电企业重新装表计费。

第三十二条 客户销户，须向供电企业提出申请。供电企业应按下列规定办理：

1. 销户必须停止全部用电容量的使用；

2. 客户已向供电企业结清电费；

3. 查验用电计量装置完好性后，拆除接户线和用电计量装置；

4. 客户持供电企业出具的凭证，领还电能表保证金与电费保证金。

办完上述事宜，即解除供用电关系。

第三十三条 客户连续六个月不用电，也不申请办理暂停用电手续者，供电企业须以销户终止其用电。客户需再用电时，按新装用电办理。

第三十四条 客户改压（因客户原因需要在原址改变供电电压等级），应向供电企业提出申请。供电企业应按下列规定办理：

1. 改为高一等级电压供电，且容量不变者，免收其供电贴切费。超过原容量者，超过部分按增容手续办理。

2. 改为低一等级电压供电时，改压后的容量不大于原容量者，应收取两级电压供电贴费标准差额的供电贴费。超过原容量者，超过部分按增容手续办理。

3. 改压引起的工程费用由客户负担。

由于供电企业的原因引起客户供电电压等级变化的，改压引起的客户外部工程费用由供电企业负担。

第三十五条 客户改类，须向供电企业提出申请，供电企业应按下列规定办理：

1. 在同一受电装置内，电力用途发生变化而引起用电电价类别改变时，允许办理改类手续；

2. 擅自改变用电类别，应按本规则第一百条第 1 项处理。

第三十六条 客户依法破产时，供电企业应按下列规定办理：

1. 供电企业应予销户，终止供电；

2. 在破产客户原址上用电的，按新装用电办理；

3. 从破产客户分离出去的新客户，必须在偿清原破产客户电费和其他债务后，方可办理变更用电手续，否则，供电企业可按违约用电处理。

第四章　受电设施建设与维护管理

第三十七条 客户受电设施的建设与改造应当符合城乡电网建设与改造规划。对规划中安排的线路走廊和变电站建设用地，应当优先满足公用供电设施建设的需要，确保土地和空间资源得到有效利用。

第三十八条 客户新装、增装或改装受电工程的设计安装、试验与运行应符合国家有关标准；国家尚未制定标准的，应符合电力行业标准；国家和电力行业尚未制定标准的，应符合省（自治区，直辖市）电力管理部门的规定和规程。

第三十九条 客户受电工程设计文件和有关资料应一式两份送交供电企业审核。高压供电的客户应提供：

1. 受电工程设计及说明书；
2. 用电负荷分布图；
3. 负荷组成、性质及保安负荷；
4. 影响电能质量的用电设备清单；
5. 主要电气设备一览表；
6. 节能篇及主要生产设备、生产工艺耗电以及允许中断供电时间；
7. 高压受电装置一、二次接线图与平面布置图；
8. 用电功率因数计算及无功补偿方式；
9. 继电保护、过电压保护及电能计量装置的方式；
10. 隐蔽工程设计资料；
11. 配电网络布置图；
12. 自备电源及接线方式；
13. 供电企业认为必须提供的其他资料。

低压供电的客户应提供负荷组成和用电设备清单。

第四十条 供电企业对客户送审的受电工程设计文件和有关资料，应根据本规则的有关规定进行审核的时间，对高压供电的客户最长不超过一个月；对低压供电的客户最长不超过十天。供电企业对客户的受电工程设计文件和有关资料的审核意见应以书面形式连同审核过的一份受电工程设计文件和有关资料一并退还客户，以便客户据以施工。客户若更改审核后的设计文件时，应将变更后的设计再送供电企业复核。

客户受电工程的设计文件，未经供电企业审核同意，客户不得据以施工，否则，供电企业将不予检验和接电。

第四十一条 无功电力应就地平衡。客户应在提高用电自然功率因数的基础上，按有关标准设计和安装无功补偿设备，并做到随其负荷和电压变动及时投入或者切除，防止无功电力倒送。除电网有特殊要求的客户外，客户在当地供电企业规定的电网高峰负荷时的功率因数，应达到下列规定：

100kVA 及以上高压供电的客户功率因数为 0.9 以上。

其他电力客户和大、中型电力排灌站、趸购转售电企业，功率因数为 0.85 以上。

农业用电，功率因数为 0.80。

凡功率因数不能达到上述规定的新客户，供电企业可拒绝接电。对已送电的客户，供电企业应督促和帮助客户采取措施，提高功率因数。对在规定期限内仍未采取措施达到上述要求的客户，供电企业可中止或限制供电。

功率因数调整电费办法按国家规定执行。

第四十二条 客户受电工程在施工期间，供电企业应根据审核同意的设计和有关施工标准，对客户受电工程中的隐蔽工程进行中间检查。如有不符合规定的，应以书面形式向客户提出意见，客户应按设计和施工标准的规定予以改正。

第四十三条 客户受电工程施工、试验完工后应向供电企业提出工程竣工报告，报告应包括：

1. 工程竣工图及说明；
2. 电气试验及保护整定调试记录；
3. 安全用具的试验报告；
4. 隐蔽工程的施工及试验记录；
5. 运行管理的有关规定和制度；
6. 值班人员名单及资格；
7. 供电企业认为必要的其他资料或记录。

供电企业接到客户的受电装置竣工报告及检验申请后，应及时组织检验。对检验不合格的，供电企业应以书面形式一次性通知客户改正，改正后方予以再次检验，直至合格。但自第二次检验起，每次检验前客户须按规定交纳重复检验费。检验合格后的十天内，供电企业应派员装表接电。

重复检验收费标准，由省电网经营企业提出，报经省有关部门批准后执行。

第四十四条 公用路灯、交通信号灯是公用设施，应由当地人民政府及有关管理部门投资建设，并负责维护管理和交纳电费等事项。供电企业可接受地方有关部门的委托，代为设计、施工与维护管理公用路灯，并照章收取费用，具体事项由双方协商确定。

第四十五条 客户建设临时性受电设施，需要供电企业施工的，其施工费用应由客户负担。

第四十六条 客户独资、合资或集资建设的输电、变电、配电等供电设施建成后，其运行维护管理按以下规定确定：

1. 属于公用性质或占用公用线路规划走廊的由供电企业统一管理。供电企业应在交接前，与客户协商，就供电设施运行维护管理的公用供电设施，供电企业应保留原所有者在上述协议中确认的容量。

2. 属于客户专用性质，但不在公用变电站内的供电设施，由客户运行维护管理。如客户运行维护管理确有困难，可与供电企业协商，就委托供电企业代为运行维护管理有关事项签订协议。

3. 属于客户共用性质的供电设施，由拥有产权的客户共同运行维护管理。如客户共同运行维护管理确有困难，可与供电企业协商，就委托供电企业代为运行维护管理有关事项签订协议。

4. 在公用变电站内客户投资建设的供电设备，如变压器、通信设备、开关、刀闸等，由供电企业统一经营管理。建成投运前，双方应就运行维护、检修、备品备件等项事宜签订交接协议。

5. 属于临时用电等其他性质的供电设施，原则上由产权所有者运行维护管理，或由双方协商确定，并签订协议。

第四十七条 供电设施的运行维护管理范围，按产权归属确定。责任分界点按下列各项确定：

1. 公用低压线路供电的，以供电接户线客户端最后支持物为分界点，支持物属供电企业。

2. 10kV 及以下公用高压线路供电的，以客户厂界外或配电室前的第一断路器或第一支持物为分界点，第一断路器或第一支持物属供电企业。

3. 35kV 及以上公用高压线路供电的，以客户厂界外或客户变电站外第一基电杆为分界点。第一基电杆属供电企业。

4. 采用电缆供电的，本着便于维护管理的原则，分界点由供电企业与客户协商确定。

5. 产权属于客户且由客户运行维护的线路，以公用线路分支杆或专用线路接引的公用变电站外第一基杆分界点，专用线路第一基电杆属客户。

在电气上的具体分界点，由供用双方协商确定。

第四十八条 供电企业和客户分工维护管理的供电和受电设备，除另有约定者外，未经管辖单位同意，对方不得操作或更动；如因紧急事故必须操作或更动者，事后应迅速通知管辖单位。

第四十九条 由于工程施工或线路维护上的需要，供电企业须在客户处进行凿墙、挖沟、掘坑、巡线等作业时，客户应给予方便，供电企业工作人员应遵守客户的有关安全保卫制度。客户到供电企业维护的设备区作业时，应征得供电企业同意，并在供电企业人员监护下进行工作。作业完工后，双方均应及时予以修复。

第五十条 因建设引起建筑物、构筑物与供电设施相互妨碍，需要迁移供电设施或采取防护措施时，应按建设先后的原则，确定其担负的责任。如供电设施建设在先，建筑物、构筑物建设在后，由后续建设单位负担供电设施迁移、防护所需的费用；如建筑物、构筑物的建设在先，供电设施建设在后，由供电设施建设单位负担建筑物、构筑物的迁移所需的费用；不能确定建设的先后者，由双方协商解决。

供电企业需要迁移客户或其他供电企业的设施时，也按上述原则办理。

城乡建设与改造需迁移供电设施时，供电企业和客户都应积极配合，迁移所需的材料和费用，应在城乡建设与改造投资中解决。

第五十一条 在供电设施上发生事故引起的法律责任，按供电设施产权归属确定。产权归属于谁，谁就承担其拥有的供电设施上发生事故引起的法律责任。但产权所有者不承担受害者因违反安全或其他规章制度，擅自进入供电设施非安全区域内而发生事故引起的法律责任，以及在委托维护的供电设施上，因代理方维护不当所发生事故引起的法律责任。

第五章 供电质量与安全供用电

第五十二条 供电企业和客户都应加强供电和用电的运行管理，切实执行国家和电力行业制订的有关安全供电的规程制度。客户执行其上级主管机关颁发的电气规程制度，除特殊专用的设备外，如与电力行业标准或规定有矛盾时，应以国家和电力行业标准或规定为准。

供电企业的客户在必要时应制订本单位的现场规程。

第五十三条 在电力系统正常状况下，供电频率的允许偏差为：

1. 电网装机容量在 300 万 kW 以上的，为 ±0.2Hz；

2. 电网装机容量在 300 万 kW 以下的，为 ±0.5Hz。

在电力系统非正常状况下，供电频率允许偏差不应超过 ±1.0Hz。

第五十四条　在电力系统正常状况下，供电企业供到客户受电端的供电电压允许偏差为：

1. 35kV 及以上电压供电的，电压正、负偏差的绝对值之和不超过额定值的 10%；
2. 10kV 及以下三相供电的，为额定值的±7%；
3. 220V 单相供电的，为额定值的+7%、−10%。

在电力系统非正常状况下，客户受电端的电压最大允许偏差不应超过额定值的±10%。

客户用电功率因数达不到本规则第四十一条规定的，其受电端的电压偏差不受此限制。

第五十五条　电网公共连接点电压正弦波畸变率和客户注入电网的谐波电流不得超过国家标准 GB/T 14549—1993 规定。

客户的非性阻抗特性的用电设备接入电网运行所注入电网的谐波电流和引起公共连接点电压正弦波畸变率超过标准时，客户必须采取措施予以消除。否则，供电企业可中止对其供电。

第五十六条　客户的冲击负荷、波动负荷、非对称负荷对供电质量产生影响或对安全运行构成干扰和妨碍时，客户必须采取措施予以消除。如不采取措施或采取措施不力达不到国家标准 GB 12316—1990 或 GB/T 15543—1995 规定的要求时，供电企业可中止对其供电。

第五十七条　供电企业应不断改善供电可靠性，减少设备检修和电力系统事故对客户的停电次数及每次停电持续时间。供用电设备计划检修应做到统一安排。供电计划检修时，对 35kV 及以上电压供电的客户的停电次数，每年不应超过一次；对 10kV 供电的客户，每年不应超过三次。

第五十八条　供电企业和客户应共同加强对电能质量的管理。因电能质量某项指标不合格而引起责任纠纷时，不合格的质量责任由电力管理部门认定的电能质量技术检测机构负责技术仲裁。

第五十九条　供电企业和客户的供用电设备计划检修应相互配合，尽量做到统一检修。用电负荷较大，开停对电网有影响的设备，其停开时间，客户应提前与供电企业联系。遇有紧急检修需停电时，供电企业应按规定提前通知重要客户，客户应予以配合；事故断电，应尽速修复。

第六十条　供电企业应根据电力系统情况和电力负荷的重要性，编制事故限电序位方案，并报电力管理部门审批或备案后执行。

第六十一条　客户应定期进行电气设备和保护装置的检查、检修和试验，消除设备隐患，预防电气设备事故和误动作发生。

客户电气设备危及人身和运行安全时，应立即检修。

多路电源供电的客户应加装连锁装置，或按照供用双方签订的协议进行调度操作。

第六十二条　客户发生下列用电事故，应及时向供电企业报告：①人身触电死亡；②导致电力系统停电；③专线掉闸或全厂停电；④电气火灾；⑤重要或大型电气设备损坏；⑥停电期间向电力系统倒送电。

供电企业接到客户上述事故报告后，应派员赴现场调查，在七天内协助客户提出事故调查报告。

第六十三条　客户受电装置应当与电力系统的继电保护方式相互配合，并按照电力行业有关标准或规程进行整定和检验。由供电企业整定、加封的继电保护装置及其二次回路和供电企业规定的继电保护整定值，客户不得擅自变动。

第六十四条 承装、承修、承试受电工程式的单位，必须经电力管理部门审核合格，并取得电力管理部门颁发的《承装（修）电力设施许可证》。

在客户受电装置上作业的电工，应经过电工专业技能的培训，必须取得电力管理部门颁发的《电工进网作业许可证》，方准上岗作业。

第六十五条 供电企业和客户都应经常开展安全供用电宣传教育，普及安全用电常识。

第六十六条 在发供电系统正常情况下，供电企业应连续向客户供应电力。但是，有下列情形之一的，须经批准方可中止供电：

1. 对危害供用电安全，扰乱供用电秩序，拒绝检查者；
2. 拖欠电费经通知催交仍不交者；
3. 受电装置经检验不合格，在指定期间未改善者；
4. 客户注入电网的谐波电流超过标准，以及冲击负荷、非对称负荷等对电能质量产生干扰与妨碍，在规定限期内不采取措施者；
5. 拒不在限期内拆除私增用电容量者；
6. 不在限期内交付违约用电引起的费用者；
7. 违反安全用电、计划用电有关规定，拒不改正者；
8. 私自向外转供电力者。

有下列情形之一的，不经批准即可中止供电，但事后应报告本单位负责人：

1. 不可抗力和紧急避险；
2. 确有窃电行为。

第六十七条 除因故中止供电外，供电企业需对客户停止供电时，应按下列程序办理停电手续：

1. 应将停电的客户、原因、时间报本单位负责人批准。批准权限和程序由省电网经营企业制定；
2. 在停电前三至七天内，将停电通知书送达客户，对重要客户的停电，应将停电通知书送同级电力管理部门；
3. 在停电前 30min，将停电时间再通知客户一次，方可在通知规定时间实施停电。

第六十八条 因故需要中止供电时，供电企业应按下列要求事先通知客户或进行公告：

1. 因供电设施计划检修需要停电时，应提前七天通知客户或进行公告。
2. 因供电设施临时检修需要停止供电时，应当提前 24h，通知重要客户或进行公告。
3. 发供电系统发生故障需要停电、限电或者计划限、停电时，供电企业应按确定的限电序位进行停电或限电。但限电序位应事前公告客户。

第六十九条 引起停电或限电的原因消除后，供电企业应在三日内恢复供电。不能在三日内恢复供电的，供电企业应向客户说明原因。

第六章 用电计量与电费

第七十条 供电企业应在客户每一个受电点内按不同电价类别，分别安装用电计量装置，每个受电点作为客户的一个计费单位。

客户为满足内部核算的需要，可自行在其内部装设考核能耗用的电能表，但该表所示读数不得作为供电企业计费依据。

第七十一条　在客户受电点内难以按电价类别分装设用电计量装置时，可装设总的用电计量装置，然后按其不同电价类别的用电设备容量的比例或实际可能的用电量，确定不同电价类别用电量的比例或定量进行分算，分别计价。供电企业每年至少对上述比例或定量核定一次，客户不得拒绝。

第七十二条　用电计量装置包括计费电能表（有功、无功电能表及最大需量表）和电压、电流互感器及二次连接导线。计费电能表及附件的购置、安装、移动、更换、校验、拆除、加封、启封及表计接线等，均由供电企业负责办理，客户应提供工作上的方便。

高压客户的成套设备中装有自备电能表及附件时，经供电企业检验合格、加封并移交供电企业维护管理的，可作为计费电能表。客户销户时，供电企业应将该设备交还客户。

供电企业在新装、换装及现场校验后应对用电计量装置加封，并请客户在工作凭证上签章。

第七十三条　对 10kV 及以下电压供电的客户，应配置专用的电能计量柜（箱）；对 35kV 及以上电压供电的客户应有专用的电流互感器二次线圈和专用的电压互感器二次连接线，并不得与保护、测量回路共用。电压互感器专用回路的电压降不得超过允许值。超过允许值时，应予以改造或采取必要的技术措施予以更正。

第七十四条　用电计量装置原则上应装在供电设施的产权分界处。如产权分界处不适宜装表的，对专线供电的高压客户，可在供电变压器出口装表计量；对公用线路供电的高压客户，可在客户受电装置的低压侧计量。当用电计量装置不安装在产权分界处时，线路与变压器损耗的有功与无功电量均须由产权所有者负担。在计算客户基本电费（按最大需量计收时），电度电费及功率因数调整电费时，应将上述损耗电量计算在内。

第七十五条　城镇居民用电一般应实行一户一表。因特殊原因不能实行一户一表计费时，供电企业可根据其容量按公安门牌或楼门单元、楼层安装共用的计费电能表，居民客户不得拒绝合用。共用计费电能表内的各客户，可自行装设分户电能表，自行分算电费，供电企业在技术上予以指导。

第七十六条　临时用电的客户，应安装用电计量装置。对不具备安装条件的，可按其用电容量、使用时间、规定的电价计收电费。

第七十七条　计费电能表装设后，客户应妥为保护，不应在表前堆放影响抄表准确及安全的物品。如发生计费电能表丢失、损坏或协定负荷烧坏等情况，客户应即时告知供电企业，以便供电企业采取措施。如因供电企业责任或不抗力致使计费电能表出现或发生故障的，供电企业应负责换表，不收费用；其他原因引起的，客户应负担赔偿费或修理费。

第七十八条　客户应按国家有关规定，向供电企业存出电能表保证金。供电企业对存入保证金的客户出具保证金凭证，客户应妥为保存。

第七十九条　供电企业必须按规定的周期校验、轮换计费电能表，并对计费电能表进行不定期检查。发现计量失常时，应查明原因。客户认为供电企业装设的计费电能表不准时，有权向供电企业提出校验申请，在客户交付验表费后，供电企业应在七天内检验，并将检验结果通知客户。如计费电能表的误差在允许范围内，验表费不退；如计费电能表的误码差超出允许范围时，除退还验表费外，并应按本规则第八十条规定退补电费。客户对检验结果有异议时，可向供电企业上级计量检定机构申请检定。客户在申请验表期间，其电费仍应按期交纳，验表结果确认后，再行退补电费。

第八十条　由于计费计量的互感器、电能表的误差及其连接线电压降超出允许范围或其他非人为原因致使计量记录不准时，供电企业应按下列规定退补相应电量的电费：

1. 互感器或电能表误差超出允许范围时，以"0"误差为基准，按验证后的误差值退补电量。退补时间从上次校验或换装后投入之日起至误差更正之日止的二分之一时间计算。

2. 连接线的电压降超出允许范围时，以允许电压降为基准，按验证后实际值与允许值之差补收电量。补收时间从连接线投入或负荷增加之日起至电压降更正之日止。

3. 其他非人为原因致使计量记录不准时，以客户正常月份的用电量为基准，退补电量，退补时间按抄表记录确定。

退补期间，客户先按抄表电量如期交纳电费，误差确定后，再行退补。

第八十一条　用电计量装置接线错误、保险熔断、倍率不符等原因，使电能计量或计算出现差错时，供电企业应按下列规定退补相应电量的电费：

1. 计费计量装置接线错误的，以其实际记录的电量为基数，按正确与错误接线的差额率退补电量，退补时间从上次校验或换装投入之日起至接线错误更正之日止。

2. 电压互感器保险熔断的，按规定计算方法计算补收相应电量的电费；无法计算的，以客户正常月份用电量为基准，按正常月与故障月的差额补收相应电量的电费，补收时间按抄表记录或按失压自动记录仪记录确定。

3. 计算电量的倍率或铭牌倍率与实际不符的，以实际倍率为基准，按正确与错误倍率的差值退补电量，退补时间以抄表记录为准确定。

退补电量未正式确定前，客户应先按正常月用电量交付电费。

第八十二条　供电企业应当按国家批准的电价，依据用电计量装置的记录计算电费，按期向客户收取或通知客户按期交纳电费。供电企业可根据具体情况，确定向客户收取电费的方式。

客户应按供电企业规定的期限和交费方式交清电费，不得拖延或拒交电费。

客户应按国家规定向供电企业存出电费保证金。

第八十三条　供电企业应在规定的日期抄录计费电能表读数。

由于客户的原因未能如期抄录计费电能表读数时，可通知客户待期补抄或暂按前次用电量计收电费，待下次抄表时一并结清。因客户原因连续六个月不能如期抄到计费电能表读数时，供电企业应通知该客户得终止供电。

第八十四条　基本电费以月计算，但新装、增容、变更与终止用电当月的基本电费，可按实用天数（日用电不足 24h 的，按一天计算）每日按全月基本电费三十分之一计算。事故停电、检修停电、计划限电不扣减基本电费。

第八十五条　以变压器容量计算基本电费的客户，其备用的变压器（含高压电动机），属冷备用状态的不收基本电费；属热备用状态的或未经加封的，不论使用与否都计收基本电费。客户专门为调整用电功率因数的设备，如电容器、调相机等不计收基本电费。

在受电装置一次侧装有连锁装置互为备用的变压器（含高压电动机），按可能同时使用的变压器（含高压电动机）容量之和的最大值计算其基本电费。

第八十六条　对月用电量较大的客户，供电企业可按客户月电费确定每月分若干次收费，于抄表后结清当月电费。收费次数由供电企业与客户协商确定，一般每月不少于三次。对于银行划拨电费的，供电企业、客户、银行三方应签订电费划拨和结清的协议书。

供用双方改变开户银行或账号时，应及时通知对方。

第八十七条　临时用电客户未装用电计量装置的，供电企业应根据其用电容量，按双方约定的每日使用时数和使用期限预收全部电费。用电终止时，如实际使用时不足约定期限二分之一的，可退还预收电费的二分之一；超过约定期限二分之一的预收电费不退；到约定期限时，得终止供电。

第八十八条　供电企业依法对客户终止供电时，客户必须结清全部电费和与供电企业相关的其他债务。否则，供电企业有权依法追缴。

第七章　并　网　电　厂

第八十九条　在供电营业区内建设的各类发电厂，未经许可，不得从事电力供应与电能经销业务。

并网运行的发电厂，应在发电厂建设项目立项前，与并网的电网经营企业联系，就并网容量、发电时间、上网电价、上网电量等达成电量购销意向性协议。

第九十条　电网经营企业与并网发电厂应根据国家法律、行政法规和有关规定，签订并网协议，并在并网发电前签订并网电量购销合同。合同应当具备下列条款：

1. 并网方式、电能质量和发电时间；
2. 并网发电容量、年发电利用小时和年上网电量；
3. 计量方式和上网电价、电费结算方式；
4. 电网提供的备用容量及计费标准；
5. 合同的有效期限；
6. 违约责任；
7. 双方认为必须规定的其他事宜。

第九十一条　客户自备电厂应自发自供厂区内的用电，不得将自备电厂的电力向厂区外供电。自发自用有余的电量可与供电企业签订电量购销合同。

自备电厂如需伸入或跨越供电企业所属的供电营业区供电的，应经省电网经营企业同意。

第八章　供用电合同与违约责任

第九十二条　供电企业和客户应当在正式供电前，根据客户用电需求和供电企业的供电能力以及办理用电申请时双方已认可或协商一致的下列文件，签订供用电合同：

1. 客户的用电申请报告或用电申请书；
2. 新建项目立项前双方签订的供电意向性协议；
3. 供电企业批复的供电方案；
4. 客户受电装置施工竣工检验报告；
5. 用电计量装置安装完工报告；
6. 供电设施运行维护管理协议；
7. 其他双方事先约定的有关文件。

对用电量大的客户或供电有特殊要求的客户在签订供用电合同时，可单独签订电费结算协议和电力调度协议等。

第九十三条 供用电合同应采用书面形式。经双方协商同意的有关修改合同的文书、电报电传和图表也是合同的组成部分。

供用电合同书面形式可分为标准格式和非标准格式两类。标准格式合同适用于供电方式简单、一般性用电需求的客户；非标准格式合同适用于供用电方式特殊的客户。

省电网经营企业可根据用电类别、用电容量、电压等级的不同，分类制定出适应不同类型客户需要的标准格式的供用电合同。

第九十四条 供用电合同的变更或者解除，必须依法进行。有下列情形之一的，允许变更或解除供用电合同：

1. 当事人双方经过协商同意，并且不因此损害国家利益和扰乱供用电秩序；

2. 由于供电能力的变化或国家对电力供应与使用管理的政策调整，使订立供用电合同时的依据被修改或取消；

3. 当事人一方依照法律程序确定无法履行合同；

4. 由于不可抗力或一方当事人虽无过失，但无法防止的外因，致使合同无法履行。

第九十五条 供用双方在合同中订有电力运行事故责任条款的，按下列规定办理：

1. 由于供电企业电力、运行事故造成客户停电时，供电企业应按客户在停电时间内可能用电量的电度电费的五倍（单一制电价为四倍）给予赔偿。客户在停电时间内可能用电量，按照停电前客户正常用电月份或正常用电一定天数内的每小时平均用电量乘以停电小时求得。

2. 由于客户的责任造成供电企业对外停电，客户应按供电企业对外停电时间少供电量，乘以上月份供电企业平均售电单价给予赔偿。

因客户过错造成其他客户损害的，受害客户要求赔偿时，该客户应当依法承担赔偿责任。

虽因客户过错，但由于供电企业责任而使事故扩大造成其他客户损害的，该客户不承担事故扩大部分的赔偿责任。

3. 对停电责任的分析和停电时间及少供电量的计算，均按供电企业的事故记录及《电力生产事故调查规程》办理。停电时间不足 1h 按 1h 计算，超过 1h 按实际时间计算。

4. 本条所指的电度电费按国家规定的目录电价计算。

第九十六条 供用电双方在合同中订有电压质量责任条款的，按下列规定办理：

1. 客户用电功率因数达到规定标准，而供电电压超出本规则规定的变动幅度，给客户造成损失的，供电企业应按客户每月在电压不合格的累计时间内所用的电量，乘以客户当月用电的平均电价的百分之二十给予赔偿。

2. 客户用电的功率因数未达到规定标准或其他客户原因引起的电压质量不合格的，供电企业不负赔偿责任。

3. 电压变动超出允许变动幅度的时间，以客户自备并经供电企业认可的电压自动记录仪表的记录为准，如客户未装此项仪表，则以供电企业的电压记录为准。

第九十七条 供用电双方在合同中订有频率质量责任条款的，按下列规定办理：

1. 供电频率超出允许偏差，给客户造成损失的，供电企业应按客户每月在频率不合格的累计时间内所用的电量，乘以当月用电的平均电价的百分之二十给予赔偿。

2. 频率变动超出允许偏差的时间，以客户自备并经供电企业认可的频率自动记录仪表的记录为准，如客户未装此项仪表，则以供电企业的频率记录为准。

第九十八条　客户在供电企业规定的期限内未交清电费时，应承担电费滞纳的违约责任。电费违约金从逾期之日起计算至交纳日止。每日电费违约金按下列规定计算：

1. 居民客户每日欠费总额的千分之一计算。

2. 其他客户：

（1）当年欠费部分，每日按欠费总额的千分之二计算；

（2）跨年度欠费部分，每日按欠费总额的千分之三计算。

电费违约金收取总额按日累加计收，总额不足 1 元者按 1 元收取。

第九十九条　因电力运行事故引起城乡居民客户家用电器损坏的，供电企业应按《居民客户家用电器损坏处理办法》进行处理。

第一百条　危害供用电安全、扰乱正常供用电秩序的行为，属于违约用电行为。供电企业对查获的违约用电行为及时予以制止。有下列违约用电行为者，应承担其相应的违约责任：

1. 在电价低的供电线路上，擅自接用电价高的用电设备或私自改变用电类别的，应按实际使用日期补交其差额电费，承担两倍差额电费的违约使用电费。使用起迄日期难以确定的，实际使用时间按三个月计算。

2. 私自超过合同约定的容量用电的，除应拆除私增设备外，属于两部制电价的客户，应补交私增设备容量使用月数的基本电费，并承担三倍私增容量基本电费的违约使用电费；其他客户应承担私增容量每千瓦（千伏安）50 元的违约使用电费。如客户要求继续使用者，按新装增容办理手续。

3. 擅自超过计划分配的用电指标的，应承担高峰超用电力每次每千瓦 1 元和超用电量与现行电价电费五倍的违约使用电费。

4. 擅自使用已在供电企业办理暂停手续的电力设备或启用供电企业封存的电力设备的，应停用违约使用的设备。属于两部制电价的客户应补交擅自使用或启用封存设备容量和使用月数的基本电费，并承担两倍补交基本电费的违约使用费；其他客户应承担擅自使用或启用封存设备容量每次每千瓦（千伏安）30 元的违约使用电费。启用属于私增容被封存的设备的，违约使用者还应承担本条第 2 项规定的违约责任。

5. 私自迁移、更动和擅自操作供电企业的用电计量装置、电力负荷管理装置、供电设施以及约定由供电企业调度的客户受电设备者，属于居民客户的，应承担每次 500 元的违约使用电费；属于其他客户的，应承担每次 5000 元的违约使用电费。

6. 未经供电企业同意，擅自引入（供电）电源或将备用电源和其他电源私自并网的，除当即拆除接线外，应承担其引入（供出）或并网电源容量每千瓦（千伏安）500 元的违约使用电费。

第九章　窃电的制止与处理

第一百零一条　禁止窃电行为。窃电行为包括：

1. 在供电企业的供电设施上，擅自接线用电；

2. 绕越供电企业用电计量装置用电；

3. 伪造或者开启供电企业加封的用电计量装置封印用电；

4. 故意损坏供电企业用电计量装置；

5. 故意使供电企业用电计量装置不准或者失效；

6. 采用其他方法窃电。

第一百零二条　供电企业对查获的窃电者，应予制止，并可当场中止供电。窃电者应按所窃电量补交电费，并承担补交电费三倍的违约使用电费。拒绝承担窃电责任的，供电企业应报请电力管理部门依法处理。窃电数额较大或情节严重的，供电企业应提请司法机关依法追究刑事责任。

第一百零三条　窃电量按下列方法确定：

1. 在供电企业的供电设施上，擅自接线用电的，所窃电量按私接设备额定容量（千伏安视同千瓦）乘以实际使用时间计算确定。

2. 以其他行为窃电的，所窃电量按计费电能表标定电流值（对装有限流器整定电流值）所指的容量（千伏安视同千瓦）乘以实际窃用的时间计算确定。

窃电时间无法查明时，窃电日数至少以一百八十天计算，每日窃电时间：电力客户按 12h 计算；照明客户按 6h 计算。

第一百零四条　因违约用电或窃电造成供电企业的供电设施损坏的，责任者必须承担供电设施的修复费用或进行赔偿。

因违约用电或窃电导致他人财产、人身安全受到侵害的，受害人有权要求违约用电者停止侵害，赔偿损失。供电企业应予协助。

第一百零五条　供电企业对检举、查获窃电或违约用电的有关人员应给予奖励。奖励办法由省电网经营企业规定。

第十章　附　　则

第一百零六条　跨省电网经营企业、省电网经营企业可根据本规则，在业务上作出补充规定。

第一百零七条　本规则自发布之日起施行。

附录二 _____供电（电力）公司

继 电 保 护 工 作 单

户号：　　　　　　　　　　　　　　　　　　　　　　　　　　　　　××用营检查－××

户名：	进线电压等级：		年　月　日		

开关编号	保护名称	变比	整定值	整定时间	备注

继电保护装置存在问题：

1. 上述保护经校验二次回路、信号回路，开关传动跳闸正确，上述保护相应的跳掉闸压板已投入运行位置。
2. 不得拆动与保护有关的一次、二次设备和变更操作电源及压板运行位置。
3. 当一、二次设备及回路有变更时，应事先经_____供电（电力）公司有电管理部门同意并作详细记录。
4. 本工作单一式两份，供电、用电各单位各存一份备查。

客户电气负责人签字：

继电保护现场负责人签字：　　　　　　　　　　　　　　　　　　　　　　　试验单位公章

附录三 ＿＿＿＿＿供电（电力）公司

高压（高供高计）客户用电检查工作单

户号： NO：

检查人员		检查时间		批准人	
户　　名		地址		电工总数	
电气负责人		职务		电话	

安全检查项目，执行情况：正常打√，不正常写具体内容

变压器		架空及电缆线路	
断路器		隔离开关、母线及避雷器	
计量装置		设备周期校验	
操作电源		通信、负控、调度装置	
防反送电		安全、消防用具	
规章制度		安防及反事故措施	
工作票		工作记录	
电工资格		其他情况	

主供、备用电源名称及使用情况：

报装容量、变压器容量及使用负荷情况：

自备电源、保安电源使用情况（设备名称、规格和健康水平）：

转供电情况：

营业参数检查	计量方式		TV变比		TA变比			电价类别		
	力率标准		基本电费		容量/需量		变压器暂停启用情况			
		表号	倍率	总指	峰指	谷指	定期审核	定比提：□光　□力		%
	有功							定量提：□光　□力		
	无功							居民生活占光比例		%
	照明							加变损　　　/月	加线损	/月
	核实情况									

要求客户消除缺陷内容、时间以及需要说明的其他问题：

客户签字：　　　　　　　　　检查结果审核签字：　　　　　××用营检查－××

附录四 _____供电（电力）公司

_____千瓦（千伏安）及以上客户用电检查工作单（不含高供高计）

户号：　　　　　　　　　　　　　　　　　　　　　　　　　　NO：

检查人员		检查时间		批准人	
户　　名		地址		电工总数	
电气负责人		职务		电话	

安全检查项目，执行情况：正常打√，不正常写具体内容

变压器		架空及电缆线路	
配电箱柜		计量装置	
防反送电		安全、消防用具	
规章制度		安防及反事故措施	
电工资格		工作记录	
其他情况			

主供、备用电源名称及使用情况：

报装容量、变压器容量及使用负荷情况：

自备电源、保安电源使用情况（设备名称、规格和健康水平）：

转供电情况：

营业参数检查	计量方式		TA 变比			电价类别			力率标准		
		表号	倍率	总指	峰指	谷指	定期审核	定比提：□光 □力		%	
	有功							定量提：□光 □力			
	无功							居民生活占光比例		%	
	照明							加变损　　/月	加线损		/月
	核实情况										

要求客户消除缺陷内容、时间以及需要说明的其他问题：

客户签字：　　　　　　　　　　　检查结果审核签字：　　　　　　　　××用营检查－××

附录五　_____千瓦（千伏安）以下客户用电检查工作单

单位：千伏安、千瓦

序号	户号	户名	地址	检查日期	报装容量	实接容量	电价类别	TA比	电能表号	电表指示数			检查结果	客户签字
										总指	峰值	谷值		
								5/	力					
									光					
								5/	力					
									光					
								5/	力					
									光					
								5/	力					
									光					
								5/	力					
									光					
								5/	力					
									光					
								5/	力					
									光					

用电检查员：　　　　　　　　　　　　　批准人：　　　　　　　　　　　　　××用营检查－××

附录六　用电检查结果通知书

编号：

客户 名称			用电 地址	

经我单位用电检查人员现场检查，确认贵单位在电力使用上存在以下问题，请按要求在规定期限内整改完毕，并将处理结果书面报我公司用电检查部门，否则由此造成的一切后果由贵单位承担。

存 在 问 题	整 改 期 限

客户签收：＿＿＿＿＿＿

用电检查员：＿＿＿＿＿＿　　　　　供电单位公章

用电检查证号：＿＿＿＿＿＿　　　　检查日期：　年　　月　　日

××用营检查－××

附录七 _____供电（电力）公司

违章用电、窃电处理工作单

户号		户名		地址	
违章用电、窃电起止时间			年 月 日至 年 月 日		
违章用电、窃电设备容量					
检查违章用电、窃电人员					
举报人			协助检查人员		

违章用电、窃电行为内容（查电人员填写）：

处理意见和计算公式：
    补收电量＝
    补收电费＝
    收取违约使用电费＝

                     处理人签字：   年 月 日

处理决定：

                     负责人签字：   年 月 日

	项目	电量	金额	票据号	日期	收费员
收费记录						

一式两份，转营业收费后，一份营业存，一份用电检查存   ××用电检查－××

附录八　违章用电、窃电通知书

_____客户：   编号：

经现场检查，确认你单位（或个人）违反《中华人民共和国电力法》及其配套管理办法的有关条款，属于下列（☑）标注的第_____条_____行为。

违章用电行为：

□　1. 擅自改变电类别：原类别_____，现类别_____，改变时间_____。

□　2. 擅自超过合同约定的容量用电：合同受电设备总容量_____千伏安，现实际使用容量_____千伏安，违约起始时间：_____。

□　3. 擅自超过计划分配的用电指标：计划电力指标_____千瓦或计划电量指标_____千瓦时，实际超用次数及电力（电量）_____。

□　4. 擅自使用办理暂停手续或启用已被查封的电力设备：（暂停、查封）设备容量_____千伏安，（暂停、查封）期限_____至_____，擅自使用时间：_____。

□　5. 擅自迁移、更动或者擅自操作供电企业的计量装置、负控装置、供电设施以及约定由供电企业调度的客户受电设备：_____。

□　6. 未经供电企业许可，擅自引入、供出电源或者将自备电源擅自并网：擅自（引入）（供出）（并网）电源容量_____千伏安、时间_____。

窃电行为：

□　7. 在供电企业的供电设施上，擅自接线用电：窃电设备容量_____千伏安，起始时间_____。

□　8. 绕越供电企业的用电计量装置用电：窃电设备或计费电能表标定电流计算容量_____千伏安，窃电起始时间_____。

□　9. 伪造或者开启用电计量装置封印用电：窃电设备或计费电能表标定电流计算容量_____千伏安，窃电起始时间_____。

□　10. 故意损坏供电企业的用电计量装置：窃电设备或电表电流计算容量_____千伏安，窃电起始时间_____。

□　11. 故意使供电企业的用电计量装置计量不准或者失效：窃电设备或电表标定电流计算量_____千伏安，窃电起始时间_____。

□　12. 其他方法窃电：窃电设备或电表电流计算容量_____千伏安，窃电起始时间_____。

请你单位（或个人）自接到本通知书（一式两份）之日起 3 日内，到_____办理有关手续（联系电话：　　　　），逾期不到而引起一切后果由贵方负责。

客户签收：_____　检查证号：_____　供电单位公章：

日期：　　　　　　　日期：　　　　　　　　××用营检查－××

参 考 文 献

[1] 电力工业部综合管理司. 用电检查法规汇编. 沈阳：辽宁科学技术出版社，1998.
[2] 李景村. 防治窃电实用技术. 北京：中国水利水电出版社，1999.
[3] 中国华北电力集团公司. 用电检查工作标准. 北京：中国电力出版社，2001.
[4] 吴新辉. 用电检查. 北京：中国电力出版社，2004.
[5] 李建明，朱康. 高压电气设备试验方法. 北京：中国电力出版社，2005.
[6] 周泽存，沈其工，方瑜，王大忠. 高电压技术. 北京：中国电力出版社，2005.
[7] 屠志健，张一尘. 电气绝缘与过电压. 北京：中国电力出版社，2005.
[8] 李珞新，余建华. 用电管理手册. 北京：中国电力出版社，2006.
[9] 洪雪燕，林建军，王富勇. 安全用电. 北京：中国电力出版社，2005.
[10] 常美生. 高电压技术. 北京：中国电力出版社，2004.
[11] 陈向群. 电能计量技能考核培训教材. 北京：中国电力出版社，2002.
[12] 唐志平. 供配电技术. 北京：电子工业出版社，2006.
[13] 祝敏，许郁煌. 电气二次部分. 北京：中国水利水电出版社，2004.
[14] 裘愉涛，等. 继电保护. 北京：中国电力出版社，2005.
[15] 李火元. 电力系统继电保护与自动装置. 北京：中国电力出版社，2006.
[16] 张安成，等. 电力营销与使用1000问. 北京：中国电力出版社，2004.
[17] 陈天翔，等. 电气试验. 北京：中国电力出版社，2006.
[18] 国家电网公司人力资源部. 电力安全生产及防护. 北京：中国电力出版社，2010.